JN295793

日本の希少鳥類を守る

山岸 哲 [編著]

京都大学
学術出版会

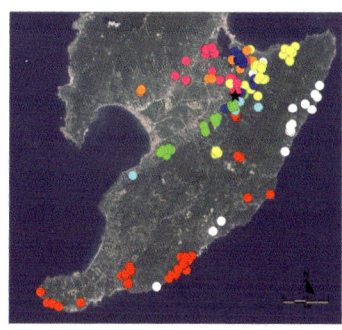

大空に　放たれし朱鷺
新たなる　生活求めて
野へと飛びゆく

　　　　　秋篠宮文仁

口絵1　上：佐渡の空に向かってトキを放鳥する秋篠宮殿下・同妃殿下（撮影：尾崎清明），下：放鳥して1ヶ月後の各個体の位置を色分けして●で示す．（第1章参照）

口絵 2　聟島北西端でクロアシアホウドリのヒナに給餌している様子
　　　　クロアシアホウドリは人手からの給餌を拒むヒナが多かったが，なかには自発的に口を
　　　　開けて餌を食べるヒナもいた．（第 2 章参照）

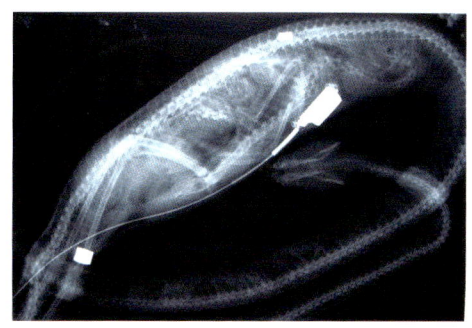

口絵3 ヤンバルクイナの個体数減少には外来種（マングース）の影響が大きく，それを積極的に排除する取り組みが求められる（上：総延長4.2kmにおよぶマングース侵入防止柵）．もちろん，在来種による捕食も無視できない（下：ヤンバルクイナを捕食したハブとそのレントゲン写真．追跡調査用の発信機や，足環の金属リングがみえる．撮影：金城道男）（第3章参照）

口絵 4 シマフクロウ保護事業の柱のひとつである巣箱の設置．1 つがいに対して複数個の巣箱が提供され，巣の断熱効果を高めるため巣の底に断熱材と木くずを敷く．（第 4 章参照）

口絵 5 エカルマ島に放鳥されるシジュウカラガン（撮影：阿部敏計）（第 5 章参照）

口絵6　個体識別による詳しい生態観察のため，足環を装着されたライチョウ（第6章参照）

口絵7　治療を終え，リハビリテーションケージに放されるオオワシ（第7章参照）

口絵8 電波発信機を付け放鳥されるオオタカ雄成鳥．保全を進めるには，対象となる種の生態を明らかにする必要がある．オオタカは，森林内にいることや低空を飛行することが多いため，詳しい行動範囲や利用環境などを把握するためにはテレメトリー調査が不可欠だ．（第8章参照）

口絵9 「十三崖のチョウゲンボウ繁殖地」の河川敷で外来植物の刈り取りを行う．この作業によってチョウゲンボウの営巣場所と餌場を管理するとともに，子どもたちが参加することで，環境教育活動の一環として次代を担う人材を育てる．（第9章参照）

口絵10 ブッポウソウは,こうした橋梁の上の巣を好む.巣箱の設置もクレーン等を使った大がかりなものになる.(第10章参照)

口絵11 給餌によってタンチョウは過密化しこのように牛舎に入りこむ例も増えている.こうした過密化の管理も保全の重要な課題だ.(第11章参照)

口絵 12　コウノトリの野生復帰への取り組みは着実に進み，かつての懐かしい光景が戻ってきた．
下：1960 年の写真．上：2006 年の写真（写真提供：神戸新聞社）
（第 12 章参照）

はじめに

鳥類保全の「臨床」的な議論のために

　本書は，先年出版された『保全鳥類学』（京都大学学術出版会，2007年）の姉妹編にあたる．医学にたとえるなら，前著『保全鳥類学』は「基礎医学」にあたり，稀少鳥類の保全を進める上での生物学的な基礎課題を明らかにした．「基礎医学」らしく，鳥にとどまらず，生物全般の保全に応用できる問題を明らかにできたと思っている．

　一方，それに続く本書は「臨床医学」に相当する内容だとお考えいただいてよい．すなわち，絶滅が危惧される個々の種に関して，保護のための具体的課題と方策を明らかにしたという意味である．もう一つ，「臨床」という語には，問題を人とのかかわりを中心に据えてまとめた，という意味が込められている．つまり本書では，生物学的な問題とともに，現代社会のもつ諸問題，たとえば，開発，エネルギー，食糧（農業）問題，都市化や過疎化，教育といった問題と密接に関わった形で，具体的な保全の在り方，進め方を明らかにしようと意図したわけである．

　取り上げた種は12種である．第1部では，絶滅種の復活についてのトキの最新の話題から始まり，アホウドリ，ヤンバルクイナ，シマフクロウ，シジュウカラガン，ライチョウ，オオワシ，オオタカ，チョウゲンボウ，ブッポウソウ，タンチョウに関わる保全の課題と取り組みを，それぞれ第一線で活動されている方々に書いていただき，最後に，市民活動の成果としてのコウノトリの野生復帰に関して豊岡市長中貝宗治さんの話で締めくくった．これらの活動の場は，北海道から沖縄まで全国に及び，生息地は村落，草原，河川，里山，森林，無人島，高山までほぼすべての環境に及ぶ．

　そうは言うものの，わが国で取り組まれている鳥類の保全活動は上記の12種に限られるわけではない．そこで，第2部1章では，全国の状況を日本野鳥の会の金井裕さんと山階鳥類研究所の鶴見みや古さんに概観していただいた．

はじめに

　ところで前書『保全鳥類学』の序章で，私は，わが国の野生生物の保全がレッドデータブックに基づくこと，それがかかえる問題点を提起しておいた．本書では，レッドデータブックと種の保存法，野生生物保護増殖事業計画の関係を含め，わが国の鳥類保全に関する法制度と希少鳥類保全施策の概要について，環境省野生生物課長の星野一昭さんに詳述していただいた．このように第1部の各論を支えるデータブックの役割を第2部に与えたことが本書の特徴である．

　さらに本書の大きな特徴は，コラムを設定したことである．本文で扱った用語の解説や本文では扱いきれなかった問題を，バードリサーチの植田睦之さんら3人の方に手際よく簡潔にまとめていただいた．コラムを設けたことによって本書には幅と深みが増したと考えている．

　鳥類の保全については，その生息域内での保全（域内保全）が最も重要であることには異論がないだろう．そのためには，どのような要因がその種を危険に追い込んでいるのかを野外で明らかにする必要がある．そして，その主な要因は第1部で見られるように，種によってさまざまに異なっている．だから，各章のタイトルには種名ではなく，その「鍵要因」となるだろうキーワードを据えてみた．もちろん種名はサブタイトルとして添えてある．

　一方，域内保全を補填する意味での生息域外保全（域外保全）の重要性が近時急速に高まりを見せている．鳥類にかかわらず，野生生物の保全は，【域内保全】と【域外保全】をどうバランスさせるかにかかっている．非常にいいタイミングで，このほど環境省は「絶滅のおそれのある野生動植物種の生息域外保全に関する基本方針の概要」を発表した．これに対して，日本鳥学会は会長名で保護委員会から意見書を提出した．この意見書は，環境省が「生息域外保全」について基本方針を定め，また現状を広く把握しようとする今回の意図を高く評価した上で，「生息域内保全」の重要性をあえて指摘している．そこでは「絶滅危惧種を保全する場合は，あくまでも生息域内保全を優先すべきであり生息域外保全が生息域内保全への努力不足あるいは過去の失敗への免罪符として用いられることのないよう強く要望する」と言っているが，まさにその通りである．

　しかし，野外でどのような状態になったときに，「再導入（Reintroduction）」

や「補強的導入 (Supplementation)」を図るべきか，どのようにそれを実行していくのか，その判断のために必要な生態学的情報を，生息域内保全派は域外保全の専門家に十分に提供してきたとは思えない．もちろん，考慮すべきは生態学的情報だけはない．本書の多くの章が主張しているように，その土地に生きる生き物は，その土地にとって「文化」であり「歴史」であり，それを切り離した保全の議論は，単なる「遺伝子の保全」に過ぎないということも私たちは肝に銘じるべきではなかろうか．

ともすると，域外保全と域内保全に関わる専門家は，お互いの足りないところをなじり合うだけで終わってきた嫌いがある．本書が今後両者が力を出し合って鳥類保全を進めるきっかけになることを望んでやまない．前書『保全鳥類学』とあわせ読んでいただければ幸いである．

最後になってしまったが，山階鳥類研究所総裁・秋篠宮文仁親王殿下には，新年の「歌会始」でお詠みになったお歌を本書に掲載することを快くお許しいただいた．ここに謹んでお礼を申し上げたい．

2009年2月　著者を代表して

　　　　財団法人山階鳥類研究所 所長　　　　山岸　哲

目 次
CONTENTS

口　絵

はじめに　　i

I　わが国の希少鳥類をどう保全するか

第1章　絶滅種の復活とその妥当性　—トキ—　山岸　哲 ────── 3
　1 トキという鳥　3
　2 トキがたどった道　4
　3 生息域外保全の努力　6
　4 トキを再び佐渡の空へ　8
　5 今後の問題　16

❖ column 1　農薬等の汚染物質による鳥類の減少　植田睦之 ────── 20

第2章　絶海の孤島への再導入　—アホウドリ—　出口智広 ────── 23
　1 アホウドリとは　23
　2 アホウドリが危機に陥った要因　25
　3 アホウドリの再確認とこれまでの保護の歴史　26
　4 二つの繁殖地が抱える問題点　30
　5 第三の繁殖地を小笠原に　30
　6 誘致の方法　32
　7 人工飼育の開始時期　33
　8 ニュージーランドでの取り組み　33
　9 誘致の手順　34
　10 近縁種を用いた試験飼育　35
　11 アホウドリの移送と飼育　38
　12 再導入　41
　13 今後の課題　44

❖ column 2　新しい生息地づくりによる希少種の保護　植田睦之 ——————— 48

第 3 章　「飛べない鳥」の絶滅を防ぐ　—ヤンバルクイナ—　尾崎清明 ——— 51
　1　ヤンバルクイナの発見　51
　2　すぐに訪れた絶滅の危機　53
　3　減少の要因　55
　4　「飛べない鳥」の保全の難しさ—グアムクイナの教訓　58
　5　域内保全と域外保全　59
　6　外来種のコントロール　61
　7　外来種侵入防止柵の設置　64
　8　交通事故の防止　64
　9　飼育下における繁殖　66
　10　遺伝的多様性の維持　67
　11　多角的保護と保全のネットワーク—保全の担い手は誰か　68

❖ column 3　移入生物の鳥類への影響　植田睦之 ————————————— 71

第 4 章　生息地保全が大切ではないか？　—シマフクロウ—　早矢仕有子 — 75
　1　シマフクロウ保護の始まり　77
　2　保護と研究の拡大　79
　3　個体の人為的移動　83
　4　飼育体制の充実　84
　5　生息地を守る試み　85
　6　死因と事故対策　88
　7　報道と保護　89
　8　飼育か野生か？　91
　9　大きな課題　92
　10　分布域復元のために　94

❖ column 4　生息地の開発と分断化　植田睦之 ——————————————— 99

第 5 章　繁殖地放鳥と回復の軌跡　—シジュウカラガン—　呉地正行 ——— 103
　1　シジュウカラガンとはどのようなガンか　103
　2　シジュウカラガンの分布・個体数の歴史的変遷　106
　3　繁殖地の島へのキツネ放獣により，絶滅の危機に瀕したシジュウカラガン　108

目次

　　4 米国でのシジュウカラガン羽数回復計画の歩み　109
　　5 アジアでのシジュウカラガン羽数回復計画の歩み　111
　　6 今後の課題　121
　　7 おわりに　125

❖ column 5　希少種の保護のための国際的な連携　市田則孝 ──── 128

第6章　信仰心と法律で守られてきた鳥の保護
　　　　　　　　　　　　─ライチョウ─　中村浩志 ──── 133
　　1 世界の最南端に隔離分布　133
　　2 人を恐れない日本のライチョウ　134
　　3 分布と生息個体数の現状　138
　　4 地球温暖化の影響　141
　　5 低山の動物の高山への侵入　143
　　6 保護のために　149

❖ column 6　地球温暖化の鳥類への影響　植田睦之 ──── 152

第7章　鉛中毒から猛禽類を守る　─オオワシ─　齊藤慶輔 ──── 155
　　1 越冬地における脅威：銃弾による鉛中毒　157
　　2 繁殖地における脅威：石油資源開発　173
　　3 渡りルートにおける潜在的な脅威：風力発電施設　175

❖ column 7　風力発電の風車とバードストライクの問題　植田睦之 ──── 180

第8章　密猟との闘い・開発からの保全　─オオタカ─　遠藤孝一 ──── 183
　　1 オオタカとはどんなタカか　183
　　2 オオタカ保護に関わって　184
　　3 これからのオオタカ保護　193

❖ column 8　大量捕獲と捕獲規制　古南幸弘 ──── 200

第9章　営巣地と採食地を回復する　─チョウゲンボウ─　本村　健 ──── 205
　　1 普通に観察されるタカ，チョウゲンボウ　205
　　2 珍しい集団営巣　207

3 減少している本来の集団営巣地　208
4 世界的にも貴重な自然の集団営巣地「十三崖」　209
5「十三崖のチョウゲンボウ繁殖地」における営巣数の減少とその要因　211
6「十三崖のチョウゲンボウ繁殖地」環境整備事業の実施　213
7 普及・啓発活動と「十三崖チョウゲンボウ応援団」の設立　218
8 十三崖のこれから　220

❖ column 9　なぜ普通種を調べ，守る必要があるのか　植田睦之 ──── 224

第 10 章　巣箱を使った保護活動　—ブッポウソウ—　田畑孝宏 ──── 227
1 はじめに　227
2 生　態　227
3 分布の現状　230
4 巣箱を使った保護活動　239
5 今後の課題　245

❖ column 10　増えた鳥の保護管理　髙木憲太郎 ──── 252

第 11 章　給餌活動による過密化を克服する　—タンチョウ—　百瀬邦和 ── 257
1 保護活動による個体数の回復の歴史　257
2 現在の生息状況　260
3 現在および近い将来への懸念　267
4 新たな保護活動　272

❖ column 11　一極集中化と分散　植田睦之 ──── 278

❖ column 12　感染症が鳥類にもたらす影響　植田睦之 ──── 281

第 12 章　地域をあげた市民の取り組み　—コウノトリ—　中貝宗治 ──── 283
1 絶望と希望の物語　283
2 コウノトリとともに生きる　284
3 自然再生の取り組み　295
4 環境経済戦略　300
5 帰ってきた子どもたち　304
6 今後の課題　304

7 命への共感　305
❖ column 13　農林業の変化の鳥への影響　植田睦之 ———————— 307

II　鳥類保全のためのデータブック

第 13 章　鳥の保全に参加しよう　鶴見みや古・金井　裕 ———————— 313
　1 鳥の保全を学ぶ　313
　2 絶滅危惧種の保全活動へ参加しよう　318
第 14 章　鳥類保全に関する法制度と希少鳥類保全施策の概要　星野一昭 ———— 329
　1 鳥類保全に関する法制度の概要　329
　2 レッドリスト　332
　3 種の保存法　336
　4 保護増殖事業　339

索　　引　351
著者略歴　359

I ── わが国の希少鳥類をどう保全するか

第1章

山岸　哲
Yamagishi Satoshi

絶滅種の復活とその妥当性
―― トキ ――

　2008年9月25日，人工飼育されてきた10羽のトキが27年ぶりに佐渡の空に放たれた（口絵1）．私たちは生物種を創出することはできない．いったんある生物種を失ってしまうと，それを取り戻すには，おびただしい人手と，気の遠くなるような長い時間と，膨大なお金がかかる．そこまでして，トキを日本の空に再び飛翔させる意味を本章では考えてみたい．

1 | トキという鳥

　トキはコウノトリ目トキ科に属し，くちばしが長く，下方に弧を描くように湾曲する中型の渉禽である（図1）．成鳥は全身が白色で，風切り羽根は淡いピンク色を帯び，飛翔するときには翼に薄い赤色が見られる．この色を鴇（とき）色と古来呼んでいる．
　くちばしの先は赤く，額，頭，顔，下額の裸出部はしわのある赤い皮膚に覆われ，跗蹠，足および脚の裸出部分は薄赤色である．後頭部には細長い柳葉状の冠羽が生えている．その学名を *Nipponia nippon* といい，「日本」が二つもついた，わが国を代表する鳥のように思える．

図1　中国のトキ（洋県で．撮影：尾崎清明）

　しかし，2001年のバードライフ・インターナショナルの『レッド・データブック』によると，歴史的に見ると，この鳥はロシア・朝鮮半島・中国（含む台湾）にも広く分布していた[1]．わが国では，江戸時代には日本全域で見られ，さほど珍しい鳥ではなかったようだ[2]．

2　トキがたどった道

　ところが，明治時代には主に狩猟によりその数が激減し，1908年やっと保護鳥に指定されたが，大正末期には絶滅したと信じられていた．その後トキがたどった道を，安田健の「文献にあらわれた世界のトキ」[2]からまとめてみよう．昭和の初期にトキが再発見されてからは，佐渡島や能登半島の地域住民などにより，トキの営巣地の地道な保護活動が続けられてきたものの，

1950年代初めには，野生の個体数は40羽を割っていたようだ．1952年には特別天然記念物に，1960年には国際保護鳥に指定されたが，時すでに遅く，1970年に能登半島で1羽，1981年に佐渡で5羽の野生のトキが捕獲されて飼育下に移され，日本に野生のトキはいなくなった．この昭和の減少の原因は，1) 農薬に汚染された餌を食べた，2) 繁殖地の森林が破壊された，ことによるらしい．そして，飼育されていた日本産トキの最後の1羽，「キン」が2003年に36歳（人間で言えば100歳以上）で死亡し，わが国のトキは完全に絶滅してしまったのである．

　ロシア，朝鮮半島，台湾の状況も日本と似ている．ロシアではアムール川，ウスリー川流域でトキの記録があるが，19世紀の半ばには，すでに大変珍しい鳥になってしまっていたらしい．そして1971年には，A.A. ナザレンコが「沿海個体群は絶滅した」と述べている．その10年後の1981年には，ウスリー川のほぼ中流部，ハンカ湖のやや北の同川左岸で3羽が発見されたことが報告されたが，現在の状態ははっきりしない．韓国では，1911年に金提で1000羽の大群が観察された記録がある．1975年にG. アーチボルドが非武装地帯の大城洞村付近で5羽の野生トキを観察したが，1979年に再び訪れたときには1羽しか確認できず，翌年訪れたときには全く観察することができなかった．台湾では1932年を最後に記録が無い．つまり，かつて分布していた日本，ロシア，韓国，台湾ではトキは絶滅してしまったのである．

　一方，中国での状況はこれらとは少し異なる．中国においても，トキは1964年に甘粛省康県岸門口で発見されただけで，全く見られなくなっていた．そこで，中国科学院動物研究所は1978年から9省にわたって徹底した生息調査を行い，この調査で生息が無いことが確認されれば「トキの絶滅宣言」をする予定であった．ところが，1981年5月，陝西省洋県の標高1200〜1400mの金家河と姚家溝の山中で，それぞれ1巣が発見され，中国政府はこれに手厚い保護を加えて今日に至っている．1981年と言えば，奇しくも日本では，佐渡に残された野生のトキを全鳥捕獲して人工飼育に移した年であった．

　中国では，その後，再発見された野生個体群の保護（生息域内保全）と，人工増殖による保護（生息域外保全）がバランスよくなされ，2007年現在で，

野生で約 600 羽，飼育下で約 490 羽（北京動物園 43 羽，陝西省楼観台 220 羽，陝西省洋県トキ救護繁殖センター 160 羽，陝西省寧陝県 50 羽，河南省薫塞国家級自然保護区 17 羽），合計 1090 羽になって，これに日本で飼育されているものも加えると，ひとまず世界的な絶滅の危機は脱したといえる．こうした経緯は，2004 年に上海で発刊された『朱鷺研究』[3]によくまとめられている．これまでも，トキの飼育増殖面（生息域外保全）では日本と中国との国際交流がかなり図られ，知識と技術の交換が行われてきたように思われるが，生態的情報の交換は必ずしも十分だったとはいえない．そのうえ，中国の科学者の論文は中国語で書かれたものが多く，なかなかまとまった形で入手しづらいという難点があった．この本は，2007 年に『トキの研究』（山岸哲 監修）として邦訳されたので，詳しくはこれを参照されたい．

さらに，中国において特筆されるべきは，わが国での本年の野生復帰の試験放鳥に先立ち，生息域内である洋県の華陽鎮で 2004 年に 12 羽，2005 年に 11 羽が放鳥されたことである．2007 年には，かつては生息していたが現在は生息していない，陝西省寧陝県で 26 羽が放鳥された．これらの結果は，本章の最後でも触れるように，わが国の試験放鳥に大変有益な情報を提供している．

3 生息域外保全の努力

わが国では，1981 年に佐渡で全鳥が捕獲され人工飼育に移されたことは先に述べたが，その頃のトキの状況はどうだったのだろうか．1967 年には，清水平に「トキ保護センター」が出来ている．1976 年には，日本でのトキの生存数は 9 羽に減少していた（そのうち 1 羽はトキ保護センターで飼育）．1977 年には，佐渡両津市の立間の 2 か所で 5 個の産卵が確認されたが孵化に至らず，雛を捕獲して人工飼育する計画は 3 年連続して失敗する．1978 年には，人工孵化を試みるために，三つの卵を採取して上野動物園に送るも孵化せず．1979 年，環境庁は「野生トキの全鳥捕獲，人工増殖への移行」を決定する．そして，1981 年には，山階鳥類研究所が佐渡に残る野生個体のすべてを捕

図2　環境省トキ保護センターの飼育ケージ（提供：環境省）

獲するわけである．5羽のトキたちは，以前からいた1羽とあわせ，合計6羽で飼育されるがペアリングに失敗する．その後も死亡が続き，死亡した雌から産卵直前の卵を採取して人工孵化を試みたが，これも失敗する．このように，初期の試みはことごとく失敗に終わった．順調にトキが増え始めるまでは，全鳥捕獲から数えてもほぼ20年，さらに放鳥までは，それから約10年が必要だった．この間の，なかなか増殖しない苦衷は近辻宏帰や中川志郎が記している[4,5]．トキ保護センターは1993年には長畝に移転し，現在の「佐渡トキ保護センター」になった（図2）．

　飼育下のトキの繁殖に成功したのは，1999年に中国から贈呈された友友（ヨウヨウ）と洋洋（ヤンヤン）の間に優優（ユウユウ）が初めて生まれたときだった．日本産のトキたちはすでに高齢になっていて，繁殖能力が失われていたのかもしれない．2000年には，再び中国から優優のパートナーとして美美（メイメイ）が到着し，2003年には日本産最後のトキ，キンが死亡す

るものの，2000年代には，着々とトキが増えていく．そして，2007年には，中国より華陽（ホワヤン）と溢水（イーシュイ）が加わり，遺伝的多様化が図られる．一方，18羽が中国へ返された．こうして，2008年7月10日現在で，飼育されているトキは122羽（佐渡トキ保護センター83羽，野生復帰ステーション28羽，多摩動物公園11羽）に増え，野生に戻すことがいよいよ現実味を帯びてきたのである．

4 トキを再び佐渡の空へ

(1) 何羽放すのか

　前項で述べたように，1999年にわが国でトキの人工増殖が成功し，以後順調に個体数が増加する見通しがついたことから，環境省では，野生トキの全鳥捕獲以来の夢であるトキ野生復帰の実現へ向け，2000年度より3ヵ年で「共生と循環の地域社会モデル事業」を実施した．その結果は2003年3月に，「およそ10年後の2015年頃，小佐渡東部に60羽のトキを定着させる」という「環境再生ビジョン」として公表された．

　60羽という数字は，「存続可能最小個体数」（MVP：minimum viable population）を求めたものであり，トキの初期導入数を10羽，15羽，20羽，25羽，30羽，35羽に設定し，それぞれ確率論的に50年後の増減を1000回の反復によってシミュレーションした結果である．解析にあたっては，中国での野生トキの個体群成長率 (1.0783) と生存率 (0.7350) を用いた．その結果，絶滅のリスクを回避するためには30羽が最低限必要であろうと推定され，さらにこれに，倍の安全性を見込み60羽という数字が出されたのである[6]．

　上記の予測は用いられたパラメーターが狭い範囲で変動することを想定した楽観的なシナリオであることを踏まえ，大きな変動幅を与え，「個体群持続可能性分析」（PVA：population viability analysis）が行われた．60羽から出発する1000集団の20年後までの動態が予測されたのである．その結果では，1000羽以上の予測が約10%ある一方で，100羽以下が11%，さらに50羽以下が5%も発生した．このうち最少数は15羽であった[7]．つまり，生息数の

60羽の放鳥目標は不適当ではないものの,生息数が大きく変動したり,予想を超えた出来事があれば,もろい側面があることが危惧された.そのためにも,放鳥後トキの動態をきめ細かくモニタリングし,不測の事態や要因をできる限り排除することが大切なのである.

(2) 中国産のトキを日本の空に放していいのか

さて,こうして実際に放鳥するとなると,一番問題になるのは,「日本の空にそこまでして中国産のトキを放すのか」という問題である.分類学的には中国のトキも日本のトキも *Nipponia nippon* で同種であるが,日本産と中国産のトキが遺伝的にどの程度違うのか,同じなのかを調べておく必要があった.

そこで,環境省はトキの遺伝的系統関係を明らかにする研究を山階鳥類研究所へ委託した.同研究所では,兵庫医科大学の山本義弘(山階鳥類研究所客員研究員)の協力を得てこの解析に当たった.結果的には,トキのミトコンドリア DNA の全塩基配列は 16782 塩基対あったが,中国産(ヤンヤン)と日本産(ミドリとキン)では,わずか 11 箇所(0.065%)が異なっていたにすぎない.これは同種と考えるに十分の値であった.また,山階鳥類研究所保存のトキの剥製を含む合計 17 個体の剥製から,ミトコンドリア DNA のコントロール領域 534 塩基対の塩基配列をグループ分けして,全部で四つのハプロタイプが得られた.

今回の解析結果で特筆すべきは,新穂歴史民俗資料館に保存されていた,1926 年(昭和1年)に佐渡市新穂大野で死体で発見された剥製の塩基配列が,現在の佐渡トキ保護センターで繁殖しているトキのものと一致したことである.言うまでもなく,佐渡トキ保護センターで飼育繁殖しているトキは,中国から移入されたヨウヨウ,ヤンヤン,メイメイの子孫であり,ハプロタイプとしてはタイプ 2 に属している.これと同じ遺伝系統のトキが昭和初期には佐渡に生育していたことになる.同じタイプ 2 に属する剥製は,山階鳥類研究所所蔵の 1934 年(昭和 9 年)に韓国で採取されたトキの個体にもあり,この時代には,同じタイプ 2 の遺伝系統のトキが,日本,中国,韓国に広く分布して生息していたことを示している[8].

しかしながら，中国と日本の飼育下で増えたトキたちは，中国で再発見された2家系の子孫の可能性が高く，すでに遺伝的多様性は著しく低くなっている．そのため，対立遺伝子が固定してしまわないように配慮する必要があり，将来的には，MHC多型のような適応度に関連した遺伝子マーカーを開発していくべきであろう．また近親交配による悪影響もモニタリングしながら，餌や飼育環境による有害遺伝子が出る危険性や，鳥インフルエンザに代表される感染症の危険を分散するためにも，一部行われつつある分散飼育を模索していかなければならないだろう．

　まとめてみると，以上の結果は，問題はあるものの中国と日本のトキが遺伝的にほぼ同じものであることを強く示唆している．山階鳥類研究所では，全国の高等学校にトキの剥製を所持するかどうかのアンケート調査を行い，35校からあるという回答を得ている[9]．今後，これらの剥製について同様の解析が進むことが期待される．

　さらに，遺伝的違いの問題だけではなく，生態的にも中国のトキと日本のトキはほとんど同じであるので[3]，日本の生態系のなかへ出しても大きくその系を乱すことはあるまいと思われる．

(3) 順化施設と訓練

　トキがいくら増えたからといって，狭い禽舎で飼育されていた個体をそのまま野外に放すというのは乱暴な話である．そこで野生化のための訓練施設が必要になった．国は2004年度から3年間で約15億円の大型予算（土地の買収費や整地や管理棟の費用を含む）をつけ，約4億円をかけて，面積約4000m^2（幅50m×奥行き80m）の大型順化ケージを完成させた（図3）．このなかへ，2007年には15羽の試験放鳥候補個体が放たれ訓練が行われた．訓練内容は，(1) 採餌訓練，(2) 飛翔訓練，(3) 天敵回避訓練，(4) 社会性訓練であったが，訓練中に繁殖齢（2歳以上）に達していた12羽すべてがペアを形成し，うち4ペアが造巣・産卵し，さらに1ペアは孵化，育雛し，2羽の雛を巣立たせている（図4）．このことは予想外のことであり，(5) 繁殖訓練までできたことになる．

　ケージ内は，なるべく彼らが放される外部環境に似せ，水田を作ったり，

図3　環境省トキ順化ケージ（提供：環境省）

第Ⅰ部　わが国の希少鳥類をどう保全するか

図4　順化ケージのなかで親鳥に育雛された巣立ち間近の2羽の雛（提供：環境省）

　池を作ったり，大きな木を植栽してある．これらの訓練の過程で，順化ケージ内のトキたちの行動や生態を詳細に観察することができ，この点でも興味深い新知見が得られている．たとえば，1年間にわたり採餌行動を観察したところ，これまで，トキの餌というとドジョウだと考えられていたが，水中での採餌探索と同時に，地面で昆虫を採餌することが意外と多いことが明らかになった．水・陸での採食割合は季節変動し，冬は陸生生物が激減するために地面での採餌時間が短くなるが，春には昆虫類が増え，再び地面での採餌時間が増加することが分かった．このことは，生息環境の整備において，水面だけではなく，草地が重要であることを示唆している．
　さらに，水中と陸上を比べると，水中の方が採餌成功率が高いことも明らかになった．面白いことに，彼らのなかには直線的な順位関係が存在し，高順位のものほど，採餌成功の高い水中で採餌する割合が高くなることも分かった（環境省，未発表）．

ケージ内のトキたちは，このように放鳥後の環境に順化するように訓練されるだけでなく，人が入って田植えや稲刈りをすることにも馴れるよう，ケージ内で農作業なども行ったり，稲の踏みつけの被害なども精査されたのである．

(4) 生息環境の整備
　ところで，これらの活動と平行して，佐渡島ではトキの放鳥に備え，以前から民間や行政の手によって生息環境の整備が粛々と進められてきた．現在，佐渡島では旧新穂，旧両津地域を中心に20近い数の環境NPOが立ち上がり，放鳥予定地域の小佐渡東部でエサ場環境の整備を目的として環境保全型農法や放棄水田のビオトープ化に精力的に取り組んでいる(図5)．その活動は，地点数にして24地区150地点，面積にしてビオトープ31.4ha，冬期湛水70.2haにも及ぶ．行政も，これら民間セクターの活発な動きに後押しされる形で生息環境整備に取り組み，現在，トキの放鳥を推し進めてきた環境省はコーディネーター的役割を担い，国土交通省北陸地方整備局が河川関連の環境整備（トキの野生復帰に向けた川づくり事業・2008年度～）を，農林水産省北陸農政局が農地関連の整備（生息環境向上技術調査・2006年度～2010年度）を，林野庁が営巣環境となる森林整備（営巣木等保全事業・2005年度～）をそれぞれ担う体制となっている．これらの事業の一部には国の直轄事業として行われているものもあるが，その大部分は新潟県佐渡地域振興局の各担当部局が実施主体となり実践されている．さらに地元自治体の佐渡市も，国・県と連携しエサ場整備の一環としてビオトープ造成を積極的に推進するとともに，トキをシンボルとし佐渡米作りを目的とした認証制度の導入を2007年度から図り，多くの農家の協力を得て2007年度実績として，すでに約100haの水田に冬水田んぼの導入を図ることに成功している．
　このように放鳥に備えた生息環境の整備は，点から面の再生へと少しずつ広がりを見せているが，縦割り行政の弊害もあり，その取り組みはこれまで連携を欠いた事業として行われてきたのも事実である．また野生動物は，一般に生活を営むうえで，繁殖，ねぐら，休息，採餌などを行う適当な環境要素が一連のセットとして行動圏内に包含されることが不可欠であるが，再生

第 I 部　わが国の希少鳥類をどう保全するか

図5　新潟大学によって造成されたビオトープ．林を切り開いて，100枚近い水田跡地を復元した（キセン城で，撮影：本間航介）

場所を選定する手続きにおいて，これらトキの生態情報が十分考慮されているとは言い難かった．

　そこで，2007年には，トキを佐渡に定着させるという最終ゴールに向けた具体的かつ統一的な生息環境再生に向けたシナリオを作成すべく，七つの研究機関からなるプロジェクト（環境省地球環境研究総合推進費「通称，トキの島再生研究プロジェクト」）が立ち上がり，自然再生の手続きの検討とともに，それを受け入れる社会の仕組みの再生を検討する取り組みが始まった（研究代表者：九州大学教授・島谷幸宏）．プロジェクトでは，佐渡全域を視野に，エサ場となる水田や河川環境あるいは営巣場所となる森林環境を調査し，その情報を GIS 上でデータベース化したうえで，中国におけるトキの営巣・ねぐら情報などを組み込み，ランドスケープレベルの再生プログラムを立案・提案することを目指している．今後，これらの情報に，各集落の人口や

平均年齢，自然再生に対する意識レベルなどの社会科学情報が組み込まれることにより，自然と社会の両側面を加味した現実的な再生重点地域の抽出がなされることとなろう．その結果が明示されることで，どの地域を，どのような手法で再生すべきかといった具体的な再生手順が提示できることになる．その再生手続きを佐渡島における自然再生のマスタープランとして位置づけ，各組織の役割分担を今以上に明確にすることで，組織横断的な連携が強化され，環境整備をより効率的に進める体制が整備されると期待される．

(5) 地域住民との同意の形成

「一番一番にくいとりは，どう（トキ）とさんぎ（サギ）と子すずめ（スズメ）押して歩くカモの子　立ち上がれ　ホーイホーイ」（新潟県南魚沼郡大和町）という鳥追い歌があるぐらい，トキはサギやスズメなどとともに，田畑を荒らす嫌われ者の害鳥だったという[10]．こうした住民の意識をどのように変え，全島が前向きにトキを迎えられるように社会的環境を整備するかが，これからトキが佐渡島で自立した道を歩むことができるかどうかの最大のポイントとなる．

先に紹介した「トキの島再生研究プロジェクト」は，トキの野生復帰に向けた自然再生計画の立案に関する自然研究チームとともに，社会的手続きに関する研究を行う「トキと社会」チームから構成されている．「トキと社会」チームの課題は，まず佐渡各地でワークショップを繰り返し，ステークホルダーの関心・懸念を掘り起こしながら，トキ放鳥に向けた佐渡島の社会環境を認識することである．これをもとに，全島が前向きにトキを迎えられるように社会的環境を整備することを二つ目の課題とする．このような課題に答えるために，佐渡島独自の試みとして実施しているのが「佐渡巡りトキを語る移動談義所」というワークショップである．このワークショップの課題は，以下の5点に集約される[11]．

　(1)　佐渡島で暮らす人びとの関心・懸念を把握する
　(2)　多様な立場・世代の人々による協働をサポート・推進する
　(3)　子どもたちが地域と自然について考える力を育む
　(4)　佐渡島の自然再生計画について考える力を育む

(5) 佐渡島で展開する新たな自然再生の考え方を生み出す

「トキと社会」チームが佐渡島で展開してきた移動談義所は，2008年9月1日現在で31回に及び，参加者は延べで1000人を越えた．佐渡市の人口が6万5000であるから，100人に1人は談義所に参加したことになる．様々な意見の存在を知り，その異なる意見の背景にある理由を克服しない限り，社会的合意形成を得ることは難しい．「トキと社会」チームは，1000人もの人々とワークショップを繰り返し，一人一人の意見を聞き，その背後にある理由を推理・考察することで，トキの野生復帰に対する地域の課題を捉えようと日々努力しており，それはトキが地域にとけ込むまでしばらくの間続く作業となる．

5 今後の問題

ところで，ここまでしてトキを日本の空に取り戻すことの意義は何であろうか？「どう考えても優先度が高いとはいえない（中国産）トキの野生復帰に向けて，ハコモノや外交などに膨大な国家予算を投入し，先の見えない計画を実行しようとしているのではないか」という専門家の意見もある．

トキを野生復帰させ，中国だけでなく，もともとの生息地であった日本国内に野生トキが生息している状態にすることは，地球的規模で複数のトキの生息地が確保できるという点で有意義であり，さらに将来的には，韓国，台湾，ロシアなど過去の分布域を回復するためにわが国が果たす国際的役割の一つとなろう．このように，絶滅してしまったトキという鳥を再生することは，生物の多様性を増やすという直接の効果もあろうが，決してトキだけを守ることではないと私は思っている．トキを放鳥するということは，トキが生息していける環境全体を守ることであり，それは，私たちが失いつつある里山の生態系全体を再生することであり，さらにそこに住んでいる地域の人々の生活を再生することでもあるだろう．その場合，トキと共生することが地域の人にとって強制された共生でなく，納得して受け入れられるものでなくてはならない．それは，佐渡の農業がどうあるべきかを考えることであり，こ

のことは佐渡にとどまらず，新潟県，ひいては日本全体の農村の好ましいあり方を考える，いい機会にもなるのではあるまいか．トキの再生は，地域社会の再生でもあるのだ．

また，トキの放鳥を契機に日本の野生生物の保全を考えるきっかけになれば，膨大な予算の投入もその対価として見合うものになろう．現在，わが国には絶滅が危惧されている種が，鳥類だけでも92種存在する．その多くが，近い将来，トキやコウノトリがたどった道を再び歩む可能性を秘めているといえる．それを回避するために，生息地の早急な保全を実施することはいうまでもないが，加えて，遺伝的多様性が極度に失われた種については，絶滅リスクの分散として，個体群絶滅した地域への再導入もいずれは検討する必要性が出てくるであろう．その際，コウノトリやトキの再導入で得られた様々な知見と手続きは，その結果が成功であっても，あるいは必ずしも成功したとはいえない結果に終わっても，後続の種にとって大いに参考になるであろう．

さらに，再導入された種あるいは個体群のモニタリング体制についても，今現在確立したスタイルは無いが，コウノトリやトキの取り組みを通し，今後充実させていく必要がある．モニタリングの結果が，その後の自然再生計画に速やかに反映される柔軟な管理システムの構築とともに，その仕組みを定着に至るまでの長期間にわたり持続的に支える体制（キャパシティー・ビルディング）が必要となる．トキについては現在，先述したように様々な組織やプロジェクトが活動を進めているが，定着というゴールに向けて長期間にわたり持続的にモニタリングや自然再生を進めていくためには，佐渡市や新潟県といった地域の行政機関との連携のもと，地域基幹大学としての新潟大学が強力なリーダーシップを図っていくことが望まれている．新潟大学では，放鳥後を見据え，分野横断的な全学的学際プロジェクト（「トキをシンボルとした総合的な地域再生に関する研究」）が始動し始めたことをここにあらためて付記しておく．

最後に，試験放鳥は無事終了したわけだが，私たちがすぐに直面しなければならない問題の一つは，トキの死という現実に，これからいやでも向き合わなければならないことだろう．その場合，ただ，1羽死んだ，2羽死んだ，

表1 野生トキの生命表（丁長青編著『トキの研究』から）

年齢	生存数	年死亡数	年死亡率	年生存率
0	94	48	0.5106	0.4894
1	46	14	0.3043	0.6570
2	32	9	0.2812	0.7188
3	23	5	0.2173	0.7827
4	18	8	0.4444	0.5556
5	10	1	0.1000	0.9000
6	9	3	0.3333	0.6667
7	6	2	0.3333	0.6667
8	4	1	0.2500	0.7500
9	3	1	0.3333	0.6667
10	2	1	0.5000	0.5000
11	1			

だから失敗だったのだと一喜一憂するのではなく，その死亡原因をどこまでも追求しなければならない．

表1には，中国で野外のトキ個体群から集められたデータに基づく生命表を示した．さらに2007年5月に寧陝県で放鳥された26羽は，放鳥直後に6羽が回収され，翌年5月までに5羽が死亡，12羽が生存し，3羽が行方不明となっている（蘇私信）．死なない生きものというのは無い．その死に方が問題なのであり，死因が自然死か避けうる死なのかを明らかにすることこそ重要な課題なのだ．そのためにも正確なモニタリングは欠くことのできないものである．

参照文献

1) Birdlife International (2001) *Threatened birds of Asia: the BirdLife International Red Data Book:* 315-329. Cambridge, UK.
2) 安田健 (1983)「文献にあらわれた世界のトキ」山階芳麿・中西悟堂監修『トキ』, 250-269. 教育社.
3) 丁長青 主編 (2004)『朱鷺研究』上海科学教育出版社, 上海. (山岸哲 監修 (2007)『トキの研究』新樹社.)
4) 近辻宏帰 (2002)「トキ保護センターの16年の記録」山階芳麿・中西悟堂監修『トキ』,

198-209．教育社．
5) 中川志郎（2002）「トキの人工増殖をめざして」山階芳麿・中西悟堂監修『トキ』，222-231．教育社．
6) 久保田正秀（2003）『平成14年度共生と循環の地域社会づくりモデル事業（佐渡地域）報告書』，財団法人自然環境研究センター：307．
7) 三浦慎悟（2008）『ワイルドライフ・マネジメント入門』岩波書店．
8) 山岸哲・山本義弘（2004）『平成15年度トキの遺伝的系統関係の解析に関する報告書』（環境省へ提出）．
9) 浦野栄一郎・小林さやか・百瀬邦和（2005）「学校が保有する鳥類標本の実態に関するアンケート調査」『山階鳥類学雑誌』37：56-68．
10) 安田健（1983）「トキと人間とのかかわり」山階芳麿・中西悟堂監修『トキ』，276-277．教育社．
11) 桑子敏雄（2008）「自然再生の社会的課題」応用生態工学会・日本緑化工学会・日本景観生態学会公開シンポジウム講演要旨集『自然再生の課題と展望』，26-37．

column 1

農薬等の汚染物質による鳥類の減少

● 植田睦之

　農薬等の汚染物質の鳥類への影響は，沈黙の春[1]で注目され，自然保護活動の先駆けとなった．この汚染物質は，その後の研究で鳥たちに直接的，間接的に大きな影響を与えることが分かってきている[2]．直接的な影響としてはそれらを摂取することにより個体が死亡してしまったり，繁殖成績が低下したりすることがあげられる．また間接的な影響としては，農薬等の使用で鳥の食物が減少することがあげられる．

　直接的な影響は，特に鳥食性や魚食性の鳥や種子食の鳥に大きな影響を与えたと考えられている．種子食の鳥は昆虫の食害を防ぐために有機塩素系化合物で処理された穀物の種子を食べて多くの個体が死亡したことが知られている．また，鳥食性や魚食性の鳥はディルドリン（HEOD）等の有機塩素系農薬による個体の死亡およびDDTによる卵殻の薄化が影響した．卵殻が薄くなると，抱卵中に卵が破損したり，卵の水分の過剰蒸発によりふ化率が低下したりする相乗効果によって繁殖成績が悪くなってしまう．哺乳類は鳥に比べてHEODの解毒能力が大きい．そのため，哺乳類食性の鳥ではその影響が小さかったと考えられている．

　日本での状況は明らかでないが，ヨーロッパではHEODの影響が強く，アメリカではDDTの影響が強かったと言われている．イギリスのハイタカでは，肝臓中のHEOD濃度が測定されており，その濃度が上がった時期

コラム1　農薬等の汚染物質による鳥類の減少

獲物を探すハイタカ．ヨーロッパでは，農薬による個体数の激減と復活が知られているが日本での現状は明らかでない．（撮影：内田博）

（HEODを含む農薬が使われていた時期）に個体数が急激に減少した．しかし農薬の使用禁止とともにハイタカの肝臓中のHEOD濃度は急激に下がり，個体数も回復した．HEODは残留性が少ないため，影響は短期的で治まったものの，極めて強い影響があったことがうかがえる．また，DDTによる卵殻薄化の影響はアメリカ東海岸で最も大きかったことがハヤブサの研究により示されている．個体を直接殺すHEODと比べると，DDTの影響は短期的には大きなものではないが，DDTの残留性の高さが，その影響を長期にわたらせる．そのため，DDTはアメリカのハヤブサの個体群に大きな影響を与えた．この問題に対して，DDTを規制して環境中のDDTを減らすとともに，卵殻薄化で自然界ではふ化しにくくなった卵を孵卵器でふ化させて親元に戻したり，飼育下で繁殖させたハヤブサを野外復帰させたりしてハヤブサを復活させることに成功している．

　日本でも近年，カワウやアオサギなど大型の魚食性の鳥，オオタカなどの鳥を食べる猛禽類が増加している．これらの鳥の過去の個体数の変遷は必ずしも明らかでないが，日本にも欧米と同じ農薬の使用と規制の歴史があったので，これらの鳥の増加には欧米と同様に，農薬による減少とその回復という一面があるのではないかと考えられる．

有害物質の間接的影響は昆虫食や種子食の鳥で顕著だと言われている．殺虫剤の散布は耕作地の害虫だけでなく，その他の虫の個体数も大きく減少させる．また，空中散布した場合はその影響は耕作地だけでなく広い範囲にわたる．そのため，地域の節足動物は激減し，それを食物とする鳥も減少する．また除草剤の散布も同様に地域の植物を大きく減少させ，その種子を食物としている種子食性の鳥の個体数を大きく減少させる．コラム13で農業の近代化について述べるが，そこで述べた耕作形態の変化と同じかそれ以上に，農耕地の鳥の減少には農薬による食物の減少が強く影響しているのではないかと考えられている．

　汚染物質にはここまでに述べてきた農薬以外にも，PCB，薬剤，油汚染，富栄養化など多数あり，またチェルノブイリの核汚染など被爆の影響についても最近発表されている[3]．これらの物質の多くは人間が便利に生活しようとするとどうしても排出されてしまうものであり，今後も新たな物質が多数作られ，環境に排出されていくだろう．さらにこれらの物質は風や水の流れにのって発生源から遠い場所に移動する．また，間接的な影響は思ってもみないような影響を与えるので，汚染物質が鳥類の減少の原因になっていることがなかなか分からなかったりもするだろう．また，何らかの物質が影響を与えていると分かっても，無数の物質のなかから真の原因を明らかにすることは難しい．現在分かっている以上に汚染物質が鳥たちに大きな影響を与えている可能性は極めて大きく，分かったときにはすでに取り返しのつかない状態になっていることもありうる．この問題は近年生じるようになったまだ新しい問題であり，今後，希少種を護るための重大な問題になってくる可能性がある．

参照文献

1) レイチェル・カーソン（1974）『沈黙の春』新潮社．
2) Newton, I. (1998) *Population Limitation in Birds*. Academic Press. London.
3) Moller, A. P. and Mousseau, T. A. (2007) Birds prefer to breed in sites with low radioactivity in Chernobyl. *Proc. R. Soc.* B 274: 1443–1448.

第2章

出口智広
Deguchi Tomohiro

絶海の孤島への再導入
—— アホウドリ ——

1 アホウドリとは

　国際自然保護連合（IUCN）の絶滅危惧Ⅱ類に指定されているアホウドリ（英名：Short-tailed Albatross あるいは Steller's Albatross，学名：*Phoebastria albatrus* あるいは *Diomedea albatrus*）は，赤道域から北半球にかけて生息する4種のアホウドリ*のなかで最も大型で，成鳥では翼開長2.4m，体重5-6kgに達する．その他17種のアホウドリ類はすべて南半球に生息することから，アホウドリ類は南半球起源の鳥と言われている[1]．赤道域・北半球に生息するアホウドリ類4種はかつて，亜南極域に生息するワタリアホウドリなどの大型アホウドリ類 *Diomedea* 属と同じ分類群とされていたが，分子系統学的な研究結果[1]により，近年は異なる分類群（*Phoebastira* 属）として扱うことが通例である．

　アホウドリの体色は，綿羽に覆われた孵化して間もない頃だけでなく，正羽に生え変わり巣立った後もしばらく，ピンク色の嘴と青灰色の脚を除いて全身黒褐色である．そして，4-5歳頃から胸・腹部が，6-7歳から背面が白くなり，10歳になってほぼ全身が白くなり，後頭部から頸部背側に黄金色

＊他3種はコアホウドリ，クロアシアホウドリ，ガラパゴスアホウドリ

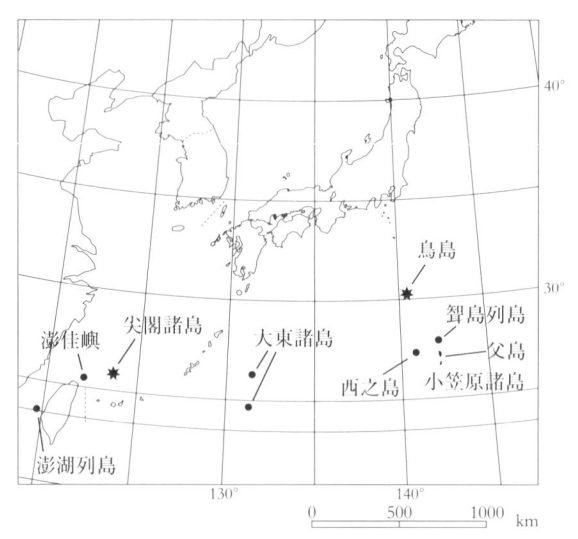

第I部　わが国の希少鳥類をどう保全するか

図1　これまで記録されている北太平洋のアホウドリの繁殖地
●印は過去に失われた繁殖地，★印は現在の繁殖地

の羽が見られるようになる．アホウドリは毎年1回繁殖を行う鳥である．10月中旬になると繁殖地に訪れ始め，11月には約380gの卵を一つだけ産み，両親が交代で約65日間抱卵し，ヒナは12月末から1月初旬にかけて孵化する[2]．両親は繁殖地を渡去する4月末から5月初旬までヒナに餌を与え続け，ヒナはその後2-3週間の絶食期間を経て繁殖地から飛び立つ．卵からヒナが無事巣立つまでの繁殖成功率は年によって異なり，平均30-70％である[3]．繁殖地を離れたヒナはその後しばらく海上で生活し，4歳頃になるとつがい相手を探しに繁殖地に戻るようになり，6-7歳から繁殖に参加するようになる[4]．アホウドリの巣立ち後の生存率は年95.5％と非常に高い[3]．これまでの記録では31歳の個体がヒナを育てたことがある．アホウドリは海表面で採餌を行い，イカ類，甲殻類（アミ類），トビウオなどを食べている[4]．彼らの非繁殖期の主な分布域はアリューシャン列島付近およびベーリング海中央部であるが，アラスカ湾や北米西部沿岸域でも見られることがある[4,5]．アホウドリの繁殖地は，現在，世界中で伊豆諸島の鳥島と尖閣諸島の2箇所のみであるが，かつては伊豆諸島，小笠原諸島，大東諸島，尖閣諸島，台湾近

くの澎佳嶼,綿花嶼,澎湖諸島,フィリピン・セブ島の西側にあるペスカドール島など北太平洋の島々に数百万羽が繁殖していたと推定されている(図1)[6),7)]. また,最近の報告では,米国フロリダ湾の東側に位置するバミューダ島でアホウドリの卵,ヒナ,成鳥の化石が多く出土しており,中期更新世(今から36-42万年前)には北大西洋にも繁殖地があった可能性が指摘されている[8)].

2 アホウドリが危機に陥った要因

　江戸時代までは,一般人の狩猟が禁止されていたことで,国内の野生鳥獣は保護されていた.しかし,一般人の狩猟が許されるようになった明治時代に入ると,今までの一方的な禁令に対する反動も手伝って,大型の鳥類の著しい乱獲が始まるようになった.これに加え,19世紀後半の蒸汽船の発達にともない,量がかさばる割に安価であったため,それまで貿易的価値の乏しかった羽毛が注目されることとなった.実際,ハワイ諸島では,1909年に当時の大統領セオドア・ルーズベルトが野鳥保護区に指定するまで,羽毛布団や枕,羽飾りの材料を得るためにクロアシアホウドリやコアホウドリが日本人狩猟者によって大量捕殺された[9),10)]. 時を同じくして,それまで無人島であった伊豆諸島鳥島に羽毛採取を目的とする玉置一族が1886年に移住した.彼らは毎年20万羽以上のアホウドリを捕殺しており,大噴火によって無人島に戻る1902年までの17年間の捕殺数は500万羽にのぼると言われている[11)]. さらに,近々アホウドリが保護鳥の指定を受けることを聞きつけた玉置一族は,この噴火の翌年から再び鳥島に渡り,大量捕殺を繰り返した[12)]. その後,1927年から再び大噴火した1939年までの12年間,伊豆鳥島には牛の放牧およびオーストンウミツバメの羽毛採取を目的とする奥山一族が移り住んだ.このような出来事により,1888年には探検家の服部徹が数十万羽の生息を確認した伊豆鳥島のアホウドリは,山階鳥類研究所の山階芳麿が1930年に渡島したときには約2000羽に減少し(図2),同研究所の山田信夫が1939年に渡島したときにはわずか30-50羽となった[11),12)]. 一方,尖

図 2　1930 年に山階芳麿が訪れた際の伊豆鳥島の様子
アホウドリはこの頃ですでに 2000 羽まで減少していた.

閣諸島では 1897 年，小笠原諸島でも 1905 年頃から羽毛採取のための乱獲が始まった[6]．尖閣諸島の黄尾嶼では年十数万羽，魚釣島では年数万羽が捕殺されたと言われている．また，1900 年代初頭の黄尾嶼，大東諸島の北大東島および沖大東島，綿花嶼では，彼らの糞を主な供給源とするリン資源が盛んに採掘され，繁殖地が破壊された[6]．これらの結果，アホウドリの繁殖地は 1900 年代前半までに次々と失われていった．

3 アホウドリの再確認とこれまでの保護の歴史

日本政府は 1907 年にアホウドリを保護鳥に指定したが，1947 年に法令が改正されるまで，アホウドリの狩猟は実質的に合法扱いだったようである[7]．繁殖数の著しい減少を受けて，1933 年に伊豆鳥島は禁猟区に指定されたが，

嘆かわしいことに，約3000羽のアホウドリが，この指定を事前に知った者たちによって前年冬からの数か月間に駆け込み捕殺されたと言われている[9]．一方，小笠原諸島の聟島列島も1926年に禁猟区となったが，このときすでにごくわずかなアホウドリが北之島周辺で繁殖しているだけだった[13]．当時の農林省が発行した狩猟統計では，1930年から1942年に捕獲されたアホウドリ類は年500-4000羽であったと報告されている[7]．1949年3-4月，連合国軍総司令部天然資源局野生生物課長のO.L.オースチンは，アホウドリの現状確認のために伊豆鳥島および小笠原諸島の近海で目視調査を行った．その際，姿が全く確認されなかったことから，アホウドリは絶滅したと一時報じられたが[7]，その後1951年に気象庁鳥島観測所の山本正司が伊豆鳥島南端燕崎に向かう火山砂の堆積する急斜面のススキ群落内において[14]，1971年には琉球大学の池原貞雄らが尖閣諸島の南小島において，それぞれ十数羽の生息を再確認した[6]．

具体的な保護活動は伊豆鳥島のみで行われてきた．伊豆鳥島には1947年に気象観測所が設置され，20-30名の観測員が常駐することになった．1958年にアホウドリが天然記念物の指定を受け，同所長が文化財保護委員会監視委員になったことも関わりがあるのだろうが，その大半は観測員たちの私的な努力によって，アホウドリの基礎的な生態調査や，戦時中に兵員が持ち込んだノネコの駆除，営巣地の地盤を安定させるためのススキの移植および施肥が試みられた[2]．その後，アホウドリは1960年に東京で開かれた国際鳥類保護会議において，我が国で最初の国際保護鳥となり，1962年には特別天然記念物に昇格指定された．観測員たちの献身的な保護によって，アホウドリは絶滅の淵で踏みとどまり，1960年前半には毎年二十数つがいが繁殖し，十羽程度のヒナが巣立つようになった[4]．しかし，1965年，鳥島では火山性地震が頻繁に起こるようになり，噴火の危険性が高まった．そのため，観測所は閉鎖され，鳥島は再び無人の島に戻ってしまった．

この時鳥島は噴火に至らなかったが，それまで行われてきた調査および保護活動は残念ながら中断してしまった．8年後の1973年，国際鳥類保護会議，ニューヨーク動物学会，イギリス海軍の艦船の支援を受けたイギリス人鳥類学者のW.L.N.ティッケルは，山階鳥類研究所の吉井正らとともに鳥島

に上陸し，24羽のアホウドリのヒナを確認した[15]．ティッケルの熱意に強い刺激を受けた東邦大学の長谷川博は，1977年から毎年鳥島で繁殖状況を調査するようになり，その後の保護活動を飛躍的に前進させた．長谷川が調査を始めた頃のアホウドリの繁殖成功率（卵からヒナが無事巣立つまで）は平均44%と低かった[6]．彼はこの原因が，増加したアホウドリが与える負荷（巣材利用，踏み付け，排便）によって営巣地が裸地化したことにあると考え，鳥島に自生するハチジョウススキやイソギクの移植案を環境庁（当時）に提言した．環境庁はこの提案を東京都に委託する形で1981-82年に実施した．その結果，移植した植物の生育後の繁殖成功率は67%となり，51羽のヒナが巣立ちに成功するようになった．しかし，1987年，斜面上部に堆積していた火山砂の地滑りによって周辺の土地環境が一変した．これにより，翌年から営巣地に土砂が流れ込むようになり，繁殖成功率は再び40%台に落ち込んだ[6]．この危機を乗り切るために，長谷川は砂防工事と植物の植栽によって営巣地を保全する案をあらためて提言した．環境庁と東京都は，上部から流れてくる土砂の排水路の掘削，斜面上部における土留めの堰堤の設置，営巣地の浸食を防ぐための丸太の埋設，シバ・チガヤの植栽など，大規模な営巣地改善工事を1993年から2004年まで実施した[3]．その結果，1997年以降の繁殖成功率は地滑り発生前の水準（67%）に保たれるようになった（図3）[3]．

　1987年の地滑りの後，長谷川は営巣地の改善工事だけでなく，このような危険のない安全な場所に繁殖鳥を誘致し，新たな営巣地を作るという中長期的な案も提言した．長谷川と山階鳥類研究所は，彫刻家の内山春雄氏に製作いただいた原型を元とするアホウドリの実物大模型（デコイ）と，彼らの鳴き声を流す音声装置を用いて1991-1992年に予備実験を行ったところ，アホウドリはデコイと鳴き声に反応して近づくことが確認された．そこで，環境庁から事業委託を受けた山階鳥類研究所は，様々な企業や団体の支援のもと，将来的に植生が安定しており，大雨による土砂の移動が起こらない地形で，噴火が起きた場合に最も被害が少ない地域である，という条件を満たす鳥島西側の初寝崎の斜面に，1993年3月からデコイ50体とソーラーシステムを用いた音声装置を設置した[16]．その結果，設置後まもなく5羽のアホウドリがこの場所に降り立ち，その数は毎年増加した．着地個体の年齢は4-

図3 繁殖中のアホウドリで賑わう伊豆鳥島南側の燕崎繁殖地
大規模な営巣地改善工事によって,アホウドリは高い確率で繁殖に成功するようになった.

6歳が多く,1996年2-3月の調査では60％を占めた.そして,1995年11月には1つがいの産卵が初めて確認され,生まれたヒナは翌年6月に無事巣立った.

以上のような保護活動により,50年前には十数羽しか見られなかった伊豆鳥島のアホウドリは,つがい数350組・総個体数2000羽以上にまで回復し,2005年にはデコイと音声装置が設置された営巣適地で15つがいの繁殖が確認された[3].また,尖閣諸島でも空からの調査により,1988年に初めてヒナ7羽が確認され,その後1991年10羽,1992年11羽,2001年24羽,2002年33羽とその数は順調に増え,現在はつがい数60組・総個体数300-350羽程度のアホウドリが生息すると推定されている[3].

第Ⅰ部　わが国の希少鳥類をどう保全するか

4 | 二つの繁殖地が抱える問題点

　全繁殖個体数の8割以上が営巣する伊豆鳥島は，1902年と1939年に大噴火を起こした島である．近年では2002年の小噴火の後，2005年にもM6.2の地震が起こるなど，現在も火山性の地震が頻繁に確認されており，気象庁は伊豆鳥島を近い将来に噴火する可能性が極めて高い火山の一つに指定している．伊豆鳥島で大規模な噴火が起きた場合，繁殖個体数の半分近くが失われるおそれがあり，アホウドリは再び絶滅の危機に瀕すると推測される．一方，数十つがいのアホウドリの繁殖が確認されている尖閣諸島では，日本，台湾，中国の間で領土問題が未解決であるため，現状の把握が難しく，十分な保護活動もできないのが実状である．二つの繁殖地はこのような問題を抱えるため，関係者の間では，アホウドリという種を末永く存続させるためには第三の繁殖地を作るべきだろうという意見が20年も前から出されていたが，なかなか実現には至らなかった[17]．

5 | 第三の繁殖地を小笠原に

　非繁殖期のアホウドリが分布するベーリング海・アラスカ湾では，オヒョウ，タラ，ギンダラを対象とする底はえ縄漁業** が盛んに行われている．多くの海鳥が集まるこの海域では餌に食らいついてしまった彼らが混獲（魚と一緒に誤って漁獲すること）される事故が多発しており，アラスカ湾における海鳥の混獲数は年間4000-2万6000羽と推定されている[18]．当然ながらこのなかにはアホウドリも含まれており，1993-2004年の間の混獲数は計12羽であったと言われ[19]，少なくとも1995年に2羽，1996年に1羽，1998年に2羽の混獲が実際に確認されている．今後もアホウドリの混獲は十分起こりうる[20] という判断から，米国政府は2000年に本種を絶滅危惧種に指定した．

** 先端に釣り針のある枝縄がたくさん取付けられた1本の幹縄を重りで海底近くまで沈め，底付近に生息する魚を狙う漁法

米国では,絶滅危惧種の混獲に対する規制はとても厳しく,底はえ縄漁業によるアホウドリの混獲数が2年間で4羽を超えた場合,漁場を閉鎖するという決定が下った.また,米国の絶滅危惧種法は対象種の具体的な回復計画の作成も義務づけている.そこで,米国魚類野生生物局(USFWS)が中心となって,米国,日本,豪州,カナダの研究者,行政関係者からなる「アホウドリ回復チーム」が組織された.アホウドリ回復チームは2004年までに三度の会議を開き,回復計画の具体的内容について議論を重ね,アホウドリを絶滅危惧種の指定から解除する最終目標として以下の三つの基準を定めた.一つ目は1000つがい以上が三つの異なる地域で繁殖すること,二つ目は250つがい以上が伊豆鳥島以外で繁殖し,そのうち25つがいが尖閣諸島以外で繁殖すること,最後は三つの繁殖地の個体数が年率6%以上で増加することである.この回復計画は2005年10月に草案[21]が完成し,その後募集したパブリックコメントをもとに,現在完成に向けて取り組んでいる最中である.この計画には,漁具の改良,アホウドリの採餌海域の特定,伊豆鳥島と尖閣諸島の繁殖状況の継続調査などを行うことが組み込まれ,なかでも,最も重要な項目として位置づけられた第三の繁殖地の形成は,山階鳥類研究所が米国政府と日本の環境省の協力を得ながら取り組むことが決まった.

　第三の繁殖地として選定された場所は,小笠原諸島の北側に位置する聟島列島である.伊豆鳥島から南に350km離れた聟島列島は,噴火のおそれや政治問題の無い場所である.1930年頃まではアホウドリの繁殖が確認されており[22],現在も数羽のアホウドリが飛来する状況にある.アホウドリ類は同種や近縁種のそばで繁殖する傾向が強い鳥である[16].アホウドリの近縁種であるクロアシアホウドリ,コアホウドリが繁殖する聟島列島は,アホウドリの繁殖を促す効果が今後期待できる場所でもある.さらに,聟島列島は無人島であるため,アホウドリの繁殖が人間に干渉されるおそれが小さく,小笠原諸島の中心地である父島から遠く離れていないため(父島からの距離:50-70km),調査や保護活動のための渡島が比較的容易な場所である.

6　誘致の方法

　伊豆鳥島では，デコイと音声装置を用いることで，島内の新たな場所に繁殖地を形成させることに成功した．同様の方法で，私たちは尖閣列島にもアホウドリを誘致しようと考えている．しかし，この方法だけでは不安もある．伊豆鳥島での試みは，同じ島内の，わずか数 km しか離れていない場所への誘致であったにもかかわらず，この場所で繁殖する個体が最初の 1 つがいからその数を増やし始めるまでに 10 年以上の歳月を要した．もし，同様の方法だけで伊豆鳥島から尖閣列島にアホウドリを呼び寄せ，最低でも数十羽が営巣する繁殖地を作るとなれば，とても長い歳月が必要となるだろう．しかし，いつ噴火が起きてもおかしくない伊豆鳥島の状態を考えると，それほど悠長なことは言っていられない．そこで，新たな方法として検討されたのが，アホウドリの特性を生かす方法である．無事巣立ったアホウドリ類のヒナは，海上で数年間暮らし，繁殖場所を探す年齢になると，再び自分が育った場所に戻ってくる特性 (habitat-imprinting) を持っている．そのため，デコイと音声装置の設置に加え，伊豆鳥島で生まれたヒナを尖閣列島へ毎年運び，そこで調査員が育て巣立たせることは，できるだけ早く新しい繁殖地を作るための有効な方法と言える．

　このような，ヒナを移送して人工飼育する試みは穴居性の海鳥では数多く行われており，米国メイン州のイースタンエッグ岩礁 (1973-86 年) とシール島 (1984-89 年) では，約 1610km 離れたカナダのニューファンドランドからニシツノメドリのヒナ 1000 羽程度がそれぞれ移送され，巣立ちまで人工飼育が試みられた[23]．その結果，両地ともに 8 年後から移送個体による繁殖が始まり，1996 年にはイースタンエッグ岩礁では 19 つがい，シール島では 40 つがいが繁殖するまでになった．これに対して地表営巣性の海鳥についての試みは乏しい．これまで行われたハワイでのアカアシカツオドリ，ニュージーランドでのオーストラリアシロカツオドリおよびニュージーランドヒメアジサシの試みはいずれも良い結果が得られておらず[24]，アホウドリ類となると行われたことすらない．

7 人工飼育の開始時期

聟島列島で人工飼育するにあたり，どのくらい若いヒナを伊豆鳥島から運ぶべきかは，慎重な検討が必要である．運ぶ時期が早すぎると人間に対する「刷り込み (filial imprinting)」が生じ，その後の繁殖活動に悪影響 (sexual imprinting) が生じるかもしれない．しかし逆に，運ぶ時期が遅すぎると繁殖のために戻ってきたアホウドリは，自分が生まれた伊豆鳥島を営巣地として選ぶ可能性が高くなる．アホウドリ類は，ヒナが約1か月齢になるまで片親が常時そばに付き添っており，その後はヒナを残して両親ともに数日間の採餌へ出かけ，ヒナのそばで過ごす時間は格段に短くなる．1960年代，当時まだ軍用地として使われていたミッドウェイ環礁では，数十万つがいが繁殖するコアホウドリが離発着する軍用機に衝突する事故が起きており，この事故を防ぐ目的で，1か月齢 (97羽) と 5.5か月齢 (991羽) のヒナを誕生地のサンド島から5km離れたイースタン島の他個体の巣に移す実験が行われた[25]．その結果，1か月齢時に移したなかで無事巣立ったヒナの35％は，求愛行動が見られ始める3年後に移送先の島で確認され，誕生地に戻ったヒナは確認されなかった．一方，巣立ち間際の5.5か月齢時に移したヒナのなかで3年後に移送先の島で確認されたヒナはわずか5％で，誕生地で確認されたヒナは13％だった．そして，7年後では移送先で確認されたヒナは0.2％で，誕生地で確認されたヒナは26％だった．これらの情報をもとに，自身の種認識および帰還場所を記憶する時期を推測すると，1か月齢のヒナを伊豆鳥島から運ぶことが妥当と考えられる．

8 ニュージーランドでの取り組み

数少ない情報のなかで貴重な参考例となるのは，ニュージーランドのオタゴ半島で行われている取り組みである[26]．孤島ではないこの場所には，例外的に，1920年あたりからシロアホウドリが繁殖を始めるようになり，1938

年に初めて1羽のヒナが無事巣立った．ニュージーランド環境保全局（DOC）は，1951年から，この場所に訪れるシロアホウドリに対して，捕食者の除去，抱卵の補助，地温の上昇の抑制，巣立ちに失敗したヒナの救出，観光客の立ち入りの制限など，様々な方法で積極的に保護することによって3割以上の個体の死亡を防いだ結果，この地を訪れる個体数は順調に増え続け，現在100羽以上の個体が繁殖地で見られるようになった．特に，彼らは，何らかの理由によって親鳥が途中で世話をしなくなったヒナに，魚やイカなどの餌を与え，無事巣立たせる取り組みを数多く行っており（片親の代わりをするケースが大半で，人手のみで巣立ちまで育てたことはこれまで数例しかない），この方法の確立に努めている．

9 誘致の手順

　まずこの取り組みを始めるにあたって，アホウドリの知識が豊富な長谷川博の協力を得て，2006年3月に聟島列島内のいくつかの島を視察し，アホウドリの営巣地としての適性，物資の搬入のしやすさ，他分野の調査研究と活動場所が重なる可能性の有無から，繁殖地の候補を聟島の北西端に絞り込んだ（図4）．「東洋のガラパゴス」と呼ばれる小笠原諸島には地域固有の動植物が非常に多く生息していた．しかし，近年は，人間活動に伴って，ヤギ，クマネズミ，グリーンアノールなどの外来種が侵入し，小笠原の貴重な自然環境が急速に失われつつある．聟島列島の自然環境も野生化したヤギの食害などによって大きなダメージを受けたが，所々で小笠原固有の動植物をまだ見ることができる．そのため，2006年6月に，新繁殖地の候補である島の北西端，ベースキャンプを設営する島の中央部南側の林，および両地を結ぶルートについて，固有動植物の現況調査を専門家に依頼した．その結果，特段の配慮を必要とする固有種は生息・生育していなかったため，外来種を持ち込まないように注意すれば，これらの場所での作業による影響は軽微だろうという判断を受けた．また，この調査と平行して，2006年3-7月にハワイでコアホウドリのヒナの試験飼育を行った．そして，その年の10月には，

第 2 章　絶海の孤島への再導入：アホウドリ

図 4　アホウドリの新しい繁殖地として選んだ聟島北西端
　　　地盤，植生が安定しているこの場所は，3 方が海と崖に囲まれ，背の高い樹木が無いため，アホウドリにとって遠方からの発見が容易で，離着陸がしやすいと考えられる．

聟島北西端にデコイ 30 体を設置し (図 5)，2007 年の 3-6 月には聟島でキャンプ生活をしながら，クロアシアホウドリのヒナの試験飼育を行った．また，この年の 10 月にはソーラーシステムを用いた音声装置が環境省により設置された．このような手順を踏んだ後，ようやく伊豆鳥島から聟島へアホウドリのヒナを運び，人工飼育に取り組むという慎重な流れとなっている．

10 ｜ 近縁種を用いた試験飼育

アホウドリ類の大半は，人間の立ち入りが困難な外洋の孤島で繁殖してい

る．そのため，実際にアホウドリを飼育するにあたり，親鳥がどのようにヒナを育てているかという情報は十分に集めることはできない．また，動物園などでヒナが人工飼育されたこともほとんどない．そこで，実際にアホウドリのヒナを人工飼育する前に，絶滅の危機に瀕していない近縁種のヒナを用いて，基本的な飼育技術を習得する必要がある，というアホウドリ回復チームの判断を受け，私たちは，USFWSの全面的な支援のもと，2006年にハワイでコアホウドリの試験飼育を行った[27]．先ほど述べたミッドウェイ環礁で3月上旬に捕獲した約1か月齢のヒナ10羽（雌5羽・雄5羽・平均体重1.2kg）を，そこから約2000km離れたカウアイ島まで飛行機で運び，7月上旬の巣立ちまでの4か月間，島の北部にあるキラウエア野生生物保護区内で野外飼育した（図6）．餌は現地での入手が容易だったイカ類とワカサギ類を選んだ．飼育ヒナに与えた餌量（1日当たり250-450g）は，ヒナの成長パターンがコアホウドリと比較的類似するハイガシラアホウドリの給餌量と成長のデータ[28]をもとに算出した．これらの餌だけでは不足する栄養はビタミン剤などで補い，脱水を防ぐために乳幼児用のイオン溶液も適宜与えた．残念ながら，飼育開始から1か月の間に3羽，巣立ち間際に2羽のヒナが死亡した．その他にも，ヒナ1羽が翼の靱帯を損傷し，今後飛行できる見込みが無いと判断されたため（その後モントレー湾水族館が引き取り，現在飼育中），最終的には4羽しか巣立ちに成功しなかった．現地の獣医師の検死結果では，ヒナの直接的な死因はすべてバクテリア感染による消化不良の疑いが強く，その理由として，若齢のヒナが環境の変化や人間の接触によるストレスに対して脆弱であること，および私たちの餌の衛生管理が不十分であったことが考えられた．

　この貴重な経験を踏まえて，私たちは，USFWSおよび文部科学省の資金助成のもと，2007年の3月下旬に約50日齢のクロアシアホウドリのヒナ10羽（雌4羽・雄6羽・平均体重2.6kg）を，聟島列島の一つである媒島から北へ5km離れた聟島の北西端に運び，現地で滞在しながら6月上旬の巣立ちまで飼育した（口絵2）．ヒナに与える餌はなるべく自然繁殖下に近いものとして，トビウオとスルメイカを選んだ．鮮度の極力良い餌を用意し，手袋の着用，給餌器具の滅菌など，餌に触れる物すべての衛生管理に気を配った．さらに，消化の負担を軽減するために，餌の大部分はフードプロセッサーでミ

図5 聟島北西端に設置したアホウドリのデコイ
2006年10月に，成鳥型22体（背中が白色で首の後ろが黄色）と亜成鳥型8体（背中と首の後ろが茶色）のデコイを設置した．

ンチにして与える，一度に多量の餌は与えない，飼育を始めてしばらくは整腸剤を与えるなどの工夫もした．また，飼育ヒナの餌量は，聟島で自然繁殖するクロアシアホウドリのヒナと飼育ヒナの成長速度を比較しながら調節した．その結果，1羽だけは飼育開始から3週間後に消化不良によって死亡したが，その他9羽は5月下旬から6月上旬の間にすべて無事巣立った．この成功率は自然繁殖下のクロアシアホウドリと同程度だった．さらに，巣立った日にちや巣立ち直前の骨格および翼の長さも飼育下と自然繁殖下のヒナの間で差は認められず，重い方がその後の生存に有利と言われる巣立ち時の体重は，飼育ヒナの方が重たい結果となった．ヒナに噛まれて給餌のたびに手が血まみれになったり，大雨でテントが浮いて流されそうになるというハプニングもあったが，その苦労も報われる十分な成果を得ることができた．

11 アホウドリの移送と飼育

　野生生物に対する我が国の保護方針が話し合われる場である，環境省野生生物保護対策検討会の一つ，アホウドリ保護増殖分科会が2007年9月に開かれた．この会合で報告された，伊豆鳥島のアホウドリの繁殖状況，聟島でのクロアシアホウドリの飼育結果などの情報をもとに，今後の保護計画が検討された結果，2008年からいよいよ，伊豆鳥島のアホウドリのヒナ10羽を聟島に運び，現地での飼育を試みることが承認された．

　この決定を受け，私たちは，USFWS，朝日新聞社，North Pacific Research Board（北太平洋調査委員会，米国の研究助成団体），公益信託サントリー世界愛鳥基金，文部科学省の資金助成のもと，2008年2月中旬に，クロアシアホウドリのときより10日ほど若い約40日齢のアホウドリのヒナ10羽（雌6羽・雄4羽・平均体重4.5kg）を伊豆鳥島の燕崎繁殖地で捕獲し，約6時間かけて聟島の北西端まで運んだ．伊豆鳥島から聟島までの移送時間が長引くと，そのストレスがヒナの生理状態を著しく悪化させ，その後の生存率を下げるおそれがあるため，伊豆鳥島からの移送にはヘリコプターを用いた（ヘリコプターによる移送時間は1.5時間）．クロアシアホウドリのときと同様に衛生管

図6 カウアイ島キラウエア野生生物保護区でコアホウドリのヒナに給餌している様子
2006年3月のカウアイ島は例年よりも著しく雨が多く，衰弱したヒナが多く現れた．人工給餌に慣れるまでは，ヒナを抱えながら口のなかに餌を押し入れた．

理には十分配慮しながら，トビウオとスルメイカをベースとし，その他にオイルサーディン，オキアミ，乾燥サクラエビ，ビタミン剤などを加えた餌を1日に600-900g 与えた．これらの餌の量や比率は，近縁種から推定した日当たり代謝エネルギー量（200kcal／体重 kg）[29], [30] を目安に，飼育ヒナの成長速度と伊豆鳥島で過去に測定されたデータから推定した成長速度を比較しながら調節した．また，脱水を防ぐための水分も1日に 300-400ml 与えた．さらに，ニュージーランドでシロアホウドリの保護に長年携わる DOC の L. ぺリマンに聟島に来てもらい，ヒナの警戒ストレスを低く抑えるための接近方法や，ヒナの保定方法，給餌方法について指導を受けた．

　その結果，1羽も死ぬこと無くすべてヒナが5月20日前後に巣立ちに成功した（図7）．人への刷り込みが生じていないか気になっていたが，ヒナが調査員になつくことはなく，数羽のヒナは空腹時になると，飼育地に設置するデコイに向ってしきりに餌乞いするという，私たちを安心させる行動も見られた．飼育ヒナの巣立ちは伊豆鳥島のヒナよりもやや早い傾向が見られたが，巣立ち直前の骨格成長に両者の間で差はなく，翼の長さや体重は飼育ヒナの方がむしろ大きい結果となった．また，この試みでは，移送および人工飼育が巣立ち後のヒナの行動や方向定位に悪影響を及ぼすことが無いかを調べるために，飼育ヒナと伊豆鳥島のヒナの5羽ずつに，太陽電池式の衛星対応型発信機（約 22g）を装着した．今回の装着では 8-9月までの約3か月間の位置情報をそれぞれ4羽について得ることができた．いずれのヒナも巣立ち後まもなく東に移動し，その後北に進路を変え，千島列島からカムチャツカ半島沿岸を通りながら，アリューシャン列島東部沿岸からベーリング海中央部の海域に約1か月をかけて到達しており，両者の間でそのルートに顕著な違いは見られなかった．伊豆鳥島を離れた成鳥も非繁殖期を同じ海域で過ごしているが[5]，彼らはわずか 7-10 日間でここまで到達しており，それに比べると巣立ちヒナは広範囲をゆっくりと移動することが分かった．また，位置情報を詳しく見ると，巣立ち時のヒナの多くは1週間から10日ほど，聟島近くの海上を漂った後に飛翔を始めること，昼に比べて夜の移動距離が短いこと，直線距離にして毎時 20-30km で飛翔することが多いが，時には 40km くらいで移動することなどが明らかとなった．

第 2 章　絶海の孤島への再導入：アホウドリ

図7　巣立ち間際のアホウドリのヒナ
　　アホウドリのヒナは巣立ちが近づくにつれて寄り集まるようになり，稚拙な求愛ディスプレイを行うなど個体間で社会的な行動を示すようになった．

　伊豆鳥島から聟島へのヒナの移送は 2008 年を含めて計 5 年間毎年継続して行う予定である．巣立ちしたアホウドリのヒナは，早ければ 3 年後につがい相手を求めて繁殖地に戻ってくるだろう．私たちはこの取り組みを続けている間に，これまで無事巣立ったヒナたちと再び聟島で会えることを期待している．

12 ｜ 再導入

　私たちの取り組みのように，過去に絶滅した生息地にその種を再び定着さ

せる試みは，専門的には「再導入 (translocation)」と呼ばれ，IUCN や米国動物園・水族館協会は以下の内容を再導入のガイドラインとして細かく定めている．

1. 「再導入」に向けた下準備
    1-1   対象種の生活史，生態，行動，遺伝的情報の取得
    1-2   対象種が導入先の生態系に及ぼす影響の評価
    1-3   存続可能な個体群の形成に向けた導入個体数，構成，継続年数の検討
    1-4   個体群全体の存続可能性分析に基づいた再導入計画の検討
    1-5   すでに実施されている再導入についての情報収集
    1-6   過去に生息記録があり，適切な生息環境が現存する候補地の選択
    1-7   候補地における過去の減少原因の解明と排除
    1-8   導入個体の捕獲が供給個体群へ及ぼす影響の評価
    1-9   資金の長期的確保
    1-10   再導入が地域住民にもたらす社会的・経済的影響の評価
    1-11   再導入を地域住民に理解させる取り組み
    1-12   人間活動が再導入個体に及ぼす影響の評価
    1-13   再導入を含む対象種の保護政策についての行政的な調整
    1-14   導入先を管理する行政機関から許認可を得るための情報収集
    1-15   導入先の生態系を保護するための導入個体除去を含めた予防措置の検討

2. 具体的計画の作成および実施
    2-1   関係行政機関，土地管理者，地域の保全団体との調整
    2-2   専門家によるチーム作り
    2-3   短期および長期的成果を示す指標の確認と実施期間の予測
    2-4   遺伝的・生態的特性および健康状態に基づいた導入個体の選択
    2-5   移送中の獣医学的管理と導入する際の検疫
    2-6   導入個体のストレスを軽減させる移送方法の確立
    2-7   導入個体が導入先でかかるおそれのある感染症への対策

2-8 　導入個体が導入先の環境に順応し，生存能力を獲得するための訓練
2-9 　導入する個体数，構成と継続年数および代替動物を用いた試験的再導入の検討
2-10 　導入個体のモニタリング体制作り
2-11 　導入個体の救護方針の検討
2-12 　教育活動，専門技術者の育成，地域住民や報道への情報発信などの環境整備

3. 「再導入」実施後の取り組み
3-1 　導入個体のモニタリング調査の実施
3-2 　導入個体，個体群の適応過程についての調査の実施
3-3 　導入個体の救護
3-4 　計画の再考，中断
3-5 　導入先の生態系の保護，回復
3-6 　計画の普及啓発活動
3-7 　計画の成果についての評価
3-8 　科学・一般雑誌における成果の公表

　日本における鳥類の再導入の先駆的な試みである兵庫県豊岡市でのコウノトリの野生復帰は，このガイドラインを十分に考慮して進められており[31]，私たちもこれに倣う必要があるだろう．小笠原はエコツーリズムや漁業活動が重要な基幹産業となっている地域である．絶海の孤島で暮らすアホウドリを，人の営みの近くに連れてくると決めた以上，もはやアンタッチャブルな存在として保つことが不可能なことは明白である．そのため，アホウドリが地域の大切な財産となりえるよう，上のガイドラインにある「教育や情報発信の環境整備」に積極的に取り組む必要がある．

第 I 部　わが国の希少鳥類をどう保全するか

13 今後の課題

　2008年8月8-10日，4回目となるアホウドリ回復チームの会議が，南アフリカのケープタウンで4年ぶりに開かれた．ここでの主な議題は，2005年に作成した回復計画の草案に対して，パブリックコメントで指摘された，絶滅危惧種の指定を解除する際の基準の改訂についてであった．パブリックコメントの指摘に基づいて，個体群存続可能性分析によって導かれる絶滅確率から回復基準の数値を検討し直した結果，指定解除の二つ目の基準を「250つがい以上が伊豆鳥島以外で繁殖し，そのうち75つがいが尖閣諸島以外で繁殖すること」に改訂することが決まった．また，指定解除を達成するための実行項目を再検討し，参加者による投票で全41項目の優先順位を判断した結果，上位5項目は，1) 鳥島からのヒナの移送および人工飼育，2) 鳥島集団の繁殖状況の継続モニタリング，3) 鳥島と聟島の巣立ちヒナの衛星発信機による追跡，4) 聟島飼育地のモニターと維持管理，5) 聟島へのデコイと音声装置の設置およびその維持管理，5)（左と同点）尖閣諸島集団の繁殖状況調査，の順となった．鳥島の過去の歴史と照らし合わせてみると，聟島列島の繁殖個体数が75つがいに到達する時期は，私たちの取り組みがこのまま順調に続いたとしても，早くて35年後の2045年頃になるだろうと長谷川博は推測している．目標達成には調査員の十分な体力と組織の潤沢な財力が欠かせないことがあらためて浮き彫りとなった．

　ここまで繁殖地の保全および確保についてのみ述べてきたが，採餌海域の保全も重要な課題である．今回の回復チームの会議において，米国マサチューセッツ大の P.R. シーベルトは，アホウドリの個体数の動向についてシミュレーションモデルを用いて予測したところ，まれにしか起こらない噴火よりも，わずか1%でも巣立ち後の生存率が長期にわたり低くなった方が，遥かに強い絶滅要因となるという結論を示した．巣立ち後の生存率の長期的な低下をもたらす主な要因は，漁業活動との摩擦（混獲や資源をめぐる競争）や海洋汚染である．アホウドリに限らずすべての海鳥を，これらのことから守るために今後行うべき最も重要な取り組みは，彼らの洋上分布域を通年で明ら

かにし，その情報を世界各国で共有することであるという考えが関係者の間の共通認識となりつつある[32]．アホウドリの洋上分布域については，幼鳥ではすべての時期，成鳥では秋から冬にかけての繁殖地に戻る時期および産卵・抱卵期の情報が乏しい．今後は，衛星発信機による追跡や船上での目視観測[33]によってこれらの情報を収集し，その内容を公開していく必要がある．

　ウミスズメ類のなかでは飛び抜けて大きくペンギンほどのサイズであったオオウミガラスや，数億羽にのぼる巨大な群れを作ったリョコウバトなど，長い年月をかけて興味深い形質を獲得した多くの鳥類は，人間の乱獲によって地球上からあっという間に姿を消した．同じ過ちを繰り返さないために，私たちは地域の行政，漁業，観光，自然保護に関わる方，および住民と十分な意志疎通を図りながらこの取り組みを成功させたいと思っている．

参照文献

1) Nunn, G. B., Cooper, J., Jouventin, P., Robertson, C. J. R. and Robertson, G. M. (1996) Evolutionary relationships among extant albatrosses (Procellariformes:Diomedae) established from complete cytochrome-B gene sequences. *Auk* 113: 784-801.
2) 渡部栄一 (1963)「鳥島のあほう鳥」『南鳥島・鳥島の気象累年報および調査報告』: 156-168. 気象庁.
3) 長谷川博 (2007)「大型海鳥アホウドリの保護」『保全鳥類学』, 89-104. 京都大学学術出版会.
4) Hasegawa, H. and DeGange A. R. (1982) The Short-tailed Albatross, *Diomedea albatrus*, its status, distribution and natural history. *American Birds* 36: 806-814.
5) Suryan, R. M., Sato, F., Balogh, G. R., Hyrenbach, K. D., Sievert, P. R. Ozaki, K. (2006) Foraging destinations and marine habitat use of short-tailed albatrosses: A multi-scale approach using first-passage time analysis. *Deep-Sea Research* II 53: 370-386.
6) 長谷川博 (2003)『50羽から5000羽へ アホウドリの完全復活をめざして』どうぶつ社.
7) Austin, O. L. (1949) The status of Steller's Albatross. *Pacific Science* 3: 283-295.
8) Olson, S. L. and Hearty, P. J. (2003) Probable extirpation of a breeding colony of Short-tailed Albatross (*Phoebastria albatrus*) on Bermuda by Pleistocene sea-level rise. *Proceeding of the National Academy of the United States of America* 100: 12825-12829.
9) 山階芳麿 (1931)「鳥島紀行」『鳥』7：5-10.
10) Rice, D. W. and Kenyon, K. W. (1962) Breeding distribution, history, and populations of north

Pacific albatrosses. *Auk* 79: 365-386.
11) 山階芳麿 (1942)「伊豆七島の鳥類」『鳥』11：191-270.
12) 藤沢格 (1967)『アホウドリ』刀江書院.
13) 山下史人 (1934)「小笠原島の鳥」『野鳥』1：619-627.
14) 山本庄司 (1954)「鳥島の"あほうどり"」『中央気象台測候時報』21：232-233.
15) Tickell, W. L. N. (1973) A visit to the breeding grounds of Steller's Albatross, *Diomedea albatrus*. *Sea Swallow* 23: 21-24.
16) 佐藤文男・百瀬邦和・鶴見みや古・平岡考・三田村あまね・馬場孝雄 (1998)「伊豆諸島伊豆鳥島においてデコイと音声によりアホウドリを新営巣地に誘致し繁殖させることに成功」『山階鳥類研究所報告』30：1-21.
17) 長谷川博 (1990)『渡り鳥地球をゆく』岩波書店.
18) Cox, T. M., Lewison, R. L., Zydelis, R., Crowder, L. B., Safina, C. and Read, J. (2007) Comparing effectiveness of experimental and implemented bycatch reduction measures:the ideal and the real. *Conservation Biology* 21: 1155-1164.
19) NMFS (2006) Summary of seabird bycatch in Alaskan Groundfis fisheries, 1993-2004. National Marine Fisheries Service, Seattle.
20) Suryan, R. M., Dietrich, K. S., Melvin, E. F., Balogh, G. R., Sato, F. and Ozaki, K. (2007) Migratory route of short-tailed albatrosses: Use of exclusive economic zones of North Pacific Rim countries and spatial overlap with commercial fisheries in Alaska. *Biological Conservation* 137: 450-460.
21) U. S. Fish and Wildlife Service (2005) Draft recovery plan Short-tailed Albatross (*Phoebastria albatus*)Anchorage: 62. Available from: URL:http://ecos. fws. gov/docs/recovery_plan/051027. pdf
22) 山階芳麿 (1930) 「鵞島列島の鳥類」『鳥』6：323-340.
23) Kress, S. W. (1997)「Using animal behavior for conservation:case studies in seabird restoration from the Maine coast, USA」『山階鳥類研究所報告』29: 1-26.
24) Gummer, H. (2003) Chick translocation as a method of establishing new surface-nesting seabird colonies: a review. *DOC Science Internal Series* 150: 40 Department of Conservation, Wellington.
25) Fisher, H. I. (1971) Experiments on homing in Laysan Albatrosses, *Diomedea immutabilis*. *Condor* 73: 389-400.
26) Robertson, C. J. R. (2001) Effects of intervention on the royal albatross population at Taiaroa Head, Otago, 1937-2001. *DOC Science Internal Series* 23: 13. Department of Conservation, Wellington.
27) 原田知子・出口智広・Brenda Zaun・Rachel Seabury Sprague・Judy Jacobs. (2008)「コアホウドリの人工飼育実験」『山階鳥類学雑誌』39：87-100.
28) Huin N., Prince, P. A. and Briggs, D. R. (2000) Chick provisioning rates and growth in Black-browed Albatross *Diomedea melanophris* and Grey-headed Albatross *D. chysostoma* at Bird Island,

South Georgia. *Ibis* 142: 550-565.
29) Hodum, P. J. and Weathers, W. W. (2003) Energetics of nestling growth and parental effort in Antarctic fulmarine petrels. *Journal of Experimental Biology* 206: 2125-2133.
30) Phillips, R. A., Green, J. A., Phalan, B., Croxall, J. P. and Bulter, P. J.. (2003) Chick metabolic rate and growth in three species of albatross: a comparative study. *Comparative Biochemistry and Physiology A* 135: 185-193.
31) 池田啓（2000）「コウノトリを復活させる」『遺伝』54：56-62.
32) Burger, A. E. and Shaffer, S. A. (2008) Application of tracking and data-logging technology in research and conservation of seabirds. *Auk* 125: 253-264.
33) 清田雅史・南浩史（2008）「船舶調査から推定した日本周辺におけるアホウドリの海上生息域」『山階鳥類学雑誌』40：1-12.

column 2

新しい生息地づくりによる希少種の保護

●植田睦之

　第2章で紹介したアホウドリ以外にも新しい生息地を作ることによる希少種の保護活動がいくつかの種で行われている．コラム11で紹介する佐賀県伊万里市でのツルの越冬地づくりもそうであるし，全国でコアジサシの繁殖地づくりの活動も行われている．ここでは東京都大田区の森ケ崎水処理センターでのコアジサシの繁殖地づくりの取り組みを紹介する．

　コアジサシは，従来，全国の河原や海岸で集団繁殖地を作って繁殖するごく普通の鳥だった．しかし，河川の改修やグラウンド化で河原が少なくなり，海辺の砂浜も痩せてしまった．一時は埋立地をその代替の繁殖地としていたが，工場用地などとして人が利用を始めたり，放置されて草原化したりしたことにより，繁殖地として利用できなくなってしまった場所も多い．そのため繁殖地が全国的に減少してしまっている[1]．そんななか，人為的にコアジサシの繁殖地を整備する保護施策が全国的に行われるようになった．

　東京都大田区の森ケ崎水処理センターの屋上では2001年に初めてコアジサシが繁殖していることが確認された．屋上は7haと広いものの，コンクリートむき出しの屋上だったため，粗末な巣しか作ることができず，風が吹くと卵が巣から吹き飛ばされてしまうことが多発した．少なくとも240卵の産卵が確認されたものの，巣立ったヒナはわずか5羽のみだった[2]．この状況を変え，屋上をコアジサシの繁殖地として定着させるために，下水道局，自治体，

コラム 2　新しい生息地づくりによる希少種の保護

コアジサシが営巣できるように，砂利を敷き，隠れ場所を整備した森ケ崎水処理センターの屋上（左）と，整備した屋上に渡来し繁殖している親子（撮影：大塚豊）．

市民団体（リトルターン・プロジェクト）による保護活動が始まった．2002年には卵が風で吹き飛ばされないように森ケ崎水処理センターの下水の汚泥を高熱で処理して作っているスラッジライト（園芸用の土）と貝殻をまいた．これにより，卵が風で吹き飛ばされる問題は解決し，巣立つことのできたヒナの割合は22％まで増加した[3], [4]．しかし，スラッジライトが水を含みやすいことなどから，雨天時に巣が水没してしまうことによる失敗が多くなった．そこでさらに翌年には水はけが良くなるようにコンクリート破砕片をまくなどの整備を行った．このような整備が実り，2003年には巣立ったヒナの推定割合は40％にまで増加した[4]．2004年には屋上に生える草が多くなり，草原化したことによりコアジサシが繁殖をしなくなってしまったが，屋上に撒くものをコンクリート破砕片や玉砂利を中心にしたことにより，草の問題も解決した．ハシブトガラスやチョウゲンボウによる卵やヒナの捕食の問題など解決しなくてはならない問題は依然として残っているものの，2007年まで毎年数百羽規模のコロニーが形成され続けている．

ここで紹介したコアジサシの保護活動は，地権者と行政，市民団体が協働して生息地を作りあげた保護活動の好例である．コアジサシを保護できただけでなく，活動を通して，多くの市民に自然の大切さや環境問題を伝えるこ

とができた教育的効果も絶大なものと思われる．さらに，このような新しい生息地づくりとそこへの鳥の誘致をするうえで，注意しなければならない問題点，そして行うべき対策をも示してくれている．それは，保護するつもりで誘致することが逆にその種に悪い影響を与えてしまう危険性があることである．このコアジサシの保護活動の事例では繁殖成績が40％になり，極めて良い成績になったが，初期段階では2％と繁殖成績は非常に悪かった．もしこのような場所にコアジサシを誘致してしまえば，たとえその場所でたくさんの個体が繁殖して，一見保護活動は大成功のように見えたとしても，繁殖成績を下げてしまうことによって，逆にコアジサシの減少につながってしまうことも考えられる．

　これは繁殖地に限ったことではない．越冬地の誘致の場合でも，生息条件の悪い場所に鳥を誘致してしまえば，誘引された個体の死亡率を高めてしまったり，翌繁殖期の繁殖成績を悪くしてしまったりするかもしれない．十分に誘致する場所の生息条件を吟味したうえでの誘致場所の決定，あるいは十分な生息環境の整備をすることなしに，新たな生息地に誘致するという保護活動はすべきではないだろう．実施後は「来た，来ない」といった表面的な結果だけでなく，その活動が本当の意味で保護につながっているか，そしてそうなっていない場合はどう改善したら良くなるのかを，十分なモニタリングをしながら，考えていくことが重要であろう．その点でも繁殖状況を把握しながら活動を進めていったこのコアジサシの保護活動は一つの良いモデルといえるだろう．

参照文献

1) 林弘・岡田徹 (1992)「わが国におけるコアジサシの繁殖状況」『Strix』11：157-168.
2) 林英子・早川雅晴・増田直也 (2002)「国内で初めて屋上営巣したコアジサシの繁殖状況について」『Strix』20：159-165.
3) 林英子・早川雅晴・佐藤達夫・増田直也 (2005)「屋上営巣誘致に成功したコアジサシの繁殖状況について」『Strix』23：143-148.
4) リトルターン・プロジェクトホームページ http://metro-npo.net/littletern/

第3章

尾崎清明
Ozaki Kiyoaki

「飛べない鳥」の絶滅を防ぐ
── ヤンバルクイナ ──

　佐渡に残ったトキが人工増殖のためすべて捕獲された1981年,沖縄において新しい鳥の種類の発見があった.沖縄本島北部の地名からヤンバルクイナと命名されたこの鳥の特徴は,日本産鳥類では唯一飛べないことで,飛べない種が多いクイナ科のなかで最も北に分布している.そして発見当初から危惧された絶滅の危機がすぐに訪れることになる.この章では,ヤンバルクイナを絶滅の危機に追いやっている原因,現在なされている保全策,そして今後取り組むべき課題について述べる.

1 ヤンバルクイナの発見

　1978年から1980年にかけて,沖縄本島北部の山中において,山階鳥類研究所の研究員によってクイナの仲間らしい不明種が観察された.1981年,同研究所はこの不明種を確認するための調査を実施し,6月28日には幼鳥,7月4日には成鳥の各1羽が捕獲され,形態や測定の記録,写真撮影など詳細な資料を得た.その後,入手した標本と捕獲した2羽の記録から新種の記載を行い,ヤンバルクイナと命名された.

図1　木の上で塒をとるヤンバルクイナのつがい（2007年11月）

「やんばる」とは山原と書き，沖縄島名護以北の台地状の地域を示す．自然豊かな地域という反面，不便な田舎という意味も含まれる．国頭村，大宜味村，東村にまたがる地域に限定して呼ばれる場合が多く，その広さは約340km^{2}で，森林がそのうちの約8割の266km^{2}である．ヤンバルクイナ発見以後，「ヤンバル」の名称は1983年に発見（1984年記載）されたヤンバルテナガコガネやヤンバルクロギリス（1995年記載），ヤンバルホオヒゲコウモリ（1998年記載）など，この地域で相次いだ動物の新種の名前に用いられている．ヤンバルクイナの属名は現在 *Gallirallus*（ニュージーランドクイナ属）とされることが多く[4]，日本鳥類目録[14]でもこちらを採用している．

新種発表の後，いくつかの過去の記録が見つかった[11]．1973年3月には与那覇岳付近で死体が取得され，1975年4月には国頭郡安波において樹上にいる成鳥（図1参照）がみごとなカラー写真で撮影されていた．さらに発見の17年も前の1964年には，西銘岳で声も録音されていた[13]．そして山仕

事をする人たちには，この鳥は身近な存在であり，「ヤマドゥイ」(山にいるニワトリの意)とか，「アガチ」(せかせか走り回るの意)などと呼ばれていたことも判った．鳥類の研究やバードウォッチングが盛んな日本で，これまで知られていない鳥が発見されるということは予想困難であったが，実はこれだけの記録例があったのである．ちなみにヤンバルクイナと同じ沖縄島北部からは，キツツキの一種のノグチゲラと，リュウキュウカラスバトがともに 1887 年に発見・記載されている．

ヤンバルクイナが発見された 1981 年から 1990 年までの 10 年間に，世界で発見された鳥の新種は 24 種と報告されている[4]．ヤンバルクイナを除く 23 種はそれぞれ，アフリカから 11 種，南米から 8 種，東南アジアから 3 種，オーストラリアから 1 種であった．新種の大部分が小型の鳥で，ヤンバルクイナは最大級である．

2 すぐに訪れた絶滅の危機

ヤンバルクイナの分布域は発見当初から狭く，個体数も少ないことが予想された．なぜなら一般にクイナ類は群生せず，つがい単位で縄張りをもって生息するからである．

はたして発見から約 10 年後の 1990 年頃になると，分布域減少の兆候が見られるようになった．従来知られていた分布域の南限付近(大宜味村塩屋～東村平良を結ぶ通称 ST ライン)で，その生息が確認できなくなっていることが認められた．特に最も南の大宜味村平南川や東村慶佐次では，繰り返して調査したにもかかわらず 1 羽も確認できなかった[2]．

ヤンバルクイナの分布域については，スピーカーで鳴き声を流して反応を調べるプレイバック法によって，広範囲で生息を確認することが可能となった．それは以下のような方法である．調査地域を約 1km 四方のメッシュに分割し，それぞれのメッシュのなかで，ヤンバルクイナの声を鳴らす．そこで帰ってきた反応の有無，個体数，方向や距離を記録し，地図上に図示する．この手法を用いた分布状況の調査は，1985 年の環境庁の特殊鳥類調査で始

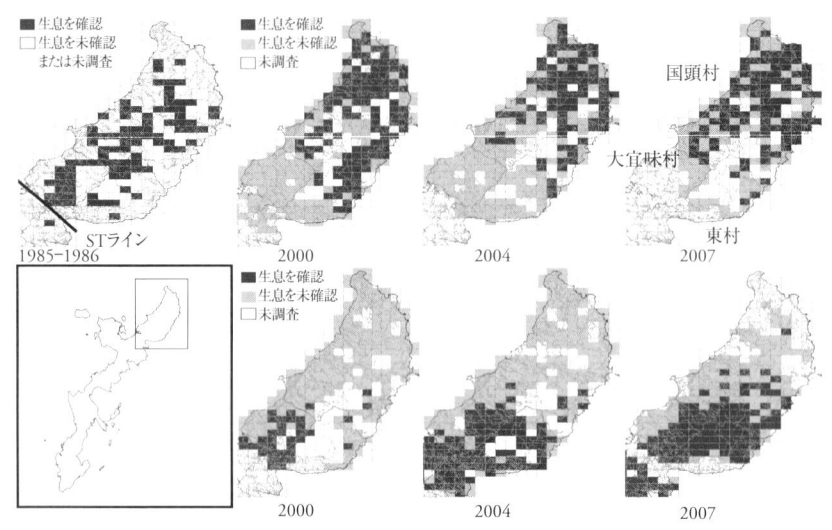

第I部　わが国の希少鳥類をどう保全するか

図2　ヤンバルクイナとマングースの分布域の変遷
　　上段：ヤンバルクイナ，下段：マングース　太枠は沖縄本島，細枠はやんばる地域の地図
　　（文献 9，16，17 などの資料による）

められ，その後山階鳥類研究所や環境省が，1996 〜 1999 年，2000 〜 2001 年にかけての2回と，2003 年から 2007 年まで毎年実施している．

　1985-86 年の調査でヤンバルクイナは ST ライン以南でも一部で生息が確認されていたが，1996-99 年の調査では国頭村謝名城周辺 — 東村福地ダム周辺以南で生息が確認できなかった．2000-01 年の調査では生息の南限ラインがさらに北上して国頭村比地-東村大泊となった．2004 年の調査ではついに東村と大宜味村でヤンバルクイナはほとんど確認されなくなり，現在ほぼ国頭村のみに分布域が限られる状態である（図2の上段）．すなわち分布域の南の方から次第に生息が確認できなくなり，ヤンバルクイナの生息域の南限は，1985 年からの 20 年間で約 15km 北上し，生息域の面積は約 40％減少したと推定される．

　一方生息個体数に関しては，環境庁の 1985 年の調査では，ラインセンサスで出現（鳴き声）した個体数から生息密度を求めて，植生で代表される生息環境の面積にかけることで，個体数を 1,500-2,100 羽と推定している．

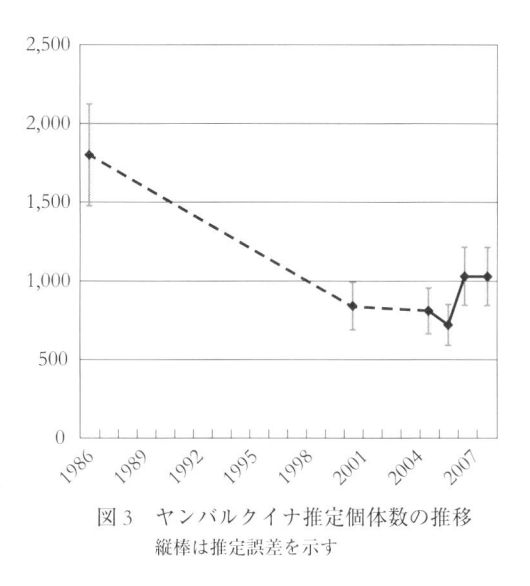

図3 ヤンバルクイナ推定個体数の推移
縦棒は推定誤差を示す

2000年からはプレイバック法で得られた結果により推定生息域における生息密度を推定し，これを定点調査によって得られたプレイバック法への反応率によって補正して求めている．この方法によると2000年から2005年にかけてヤンバルクイナの生息数は，1985年に比べるとほぼ半減していることが判った．ただし2006年と2007年はわずかに回復傾向にある[5), 17), 19), 20)]（図3）．はたしてこうした分布域や個体数の減少は，なぜ起こっているのか？

3 減少の要因

沖縄本島にはネズミとハブの駆除目的で1910年にマングースが人為的に放獣され，当初その数は13〜17頭であった．その後マングースは，放獣された那覇と名護の両市街地周辺から分布を拡大し，1990年前後には北部地域（いわゆる，やんばる地域）に侵入したとされている．1993年以降の捕獲調査ではこの地域で多数のマングースが捕獲されている．2003年3月末における沖縄島全島の個体数は約3万頭と推定されている[15]．

やんばる地域では1993年以降マングースの駆除事業が行われている．その捕獲された地点を2000-01年の調査で比較すると，ヤンバルクイナの生息が確認できなくなったやんばる地域の南西部に集中しており，メッシュで見るとヤンバルクイナの生息が確認されたメッシュとは3ヵ所を除いて重複していない．その後の2004年や2007年のヤンバルクイナとマングースの分布域の状況を比較して見ても，マングースが連続的に分布している地域でのヤンバルクイナの生息は認められない（図2）．

　ただし捕獲されたマングースを解剖して消化管を調べた結果によると，哺乳類，昆虫類，鳥類，爬虫類，両生類が確認されるものの，出現頻度が高いのは哺乳類と昆虫類であり，鳥類は比較的少なく，ヤンバルクイナはこれまでのところ確認されていない．2008年になってはじめて，マングースの糞からヤンバルクイナの羽毛が発見された．

　一方マングースにより養鶏場のひよこやアヒルの卵も食害を受けていることなどから，マングースが野生鳥類の卵やヒナを食することも推測できる．またヤンバルクイナの食性が，マングースと重複していて，両種の餌生物が競合している可能性も考えられる．

　このように，マングースが新たに侵入した地域のほとんどでヤンバルクイナの生息が見られなくなったこととその時期の一致，両種の生息環境が重複していて餌生物の競合の可能性があることなどから，ヤンバルクイナはマングースの侵入と分布拡大の影響を受けて分布域を狭めた可能性が高いと考えられる．また，こうした外来種の進出には，やんばる地域の環境が本来の常緑広葉樹林から，農地や道路，ダム建設などによって，変化してきたことが関係していることも予想される．

　ヤンバルクイナのネコによる捕食については，2001年8月21日，国頭村辺野喜の伊江林道で見つかった哺乳類の糞のなかから，ヤンバルクイナの特徴を有した羽毛が認められ，この糞をDNA分析したところ，ネコのものであると判定されたことによって，確実なものとなった．また1998年にはヤンバルクイナの卵が保護収容され，これを無事孵化して育て，大きくなった若鳥を野外復帰させる試みが行われた（図4）．このとき小型発信機を装着して，放鳥後の行動を追跡したところ，3羽中の2羽が数週間のうちに相次い

図4　保護収容後回復して野に放されるヤンバルクイナとそれを見守る子供たち

でネコによる食害にあった[23]．

　こうした外来種によるもの以外に，在来種による影響も無視できない．これまでヤンバルクイナの卵がハブによって食害された報告はあったが，成鳥も食害にあっていることが判った（口絵3下）．またハシブトガラスがヤンバルクイナを食害していることも確認された（尾崎未発表）．これらの在来種とはこれまで共存してきており，外来種のような極端な影響はないと考えられるが，ハシブトガラスは近年この地域で増加傾向にあるといわれるので注意が必要である．ヤンバルクイナの分布域と個体数の減少には，これらの複数の捕食者が関わっている可能性がある．

　外来種によるものは人間の間接的な影響であるが，直接的な影響として道路での交通事故死も見逃すことはできない．これに関しては後述する．

4 「飛べない鳥」の保全の難しさ ── グアムクイナの教訓

　クイナ科の鳥は極地を除く世界の大部分の地域に広く分布して，33属133種が知られている．島嶼にのみ分布する53種のうちの33種が飛ぶことのできない種，つまり無飛力となっている．17世紀以降にこの無飛力のうちの13種がすでに絶滅しており，現存する20種中18種が絶滅の危機にあるといわれている[11]．このクイナ科は17世紀以降に絶滅した鳥類75種の16%を占めていて最も多く，特に無飛力で島嶼に生息するクイナ類が絶滅しやすいことが知られている．絶滅に追いやってきたほとんどの原因は狩猟，環境破壊，外来種の持ち込みなど人間に関係していることも判っている．日本には現在ヤンバルクイナを含めて，11種類のクイナの仲間が生息している．かつて硫黄島にいたマミジロクイナ *Poliolimnus cinereus brevipes* は飼い猫などの影響で1911年に絶滅しており[24]，北太平洋ウェーク島特産のオオトリシマクイナ *Rallus wakensis* は，第二次世界大戦中に日本軍の食料となったことから滅んでしまったといわれている[3]．

　グアム島には現地語で「ココ」と呼ばれたヤンバルクイナと同属のグアムクイナ *Gallirallus owstoni* が生息していた．しかし野生個体はすでに絶滅して

おり，現在は飼育個体とこれを放鳥したもののみとなってしまっている．グアムクイナの場合は軍事物資に紛れて持ち込まれたミナミオオガシラというヘビによる捕食が原因で，かつては島全体に数万羽いたグアムクイナが，1981年には北部に2千羽のみとなり，2年後には100羽，そして1987年に1羽が観察されたのが野外最後の記録となった．野生個体群絶滅直前の1983年，グアム水生野生生物資源局と米国の動物園が人工増殖プログラムを開始し，人工飼育下での繁殖・増殖に成功したため，野生絶滅はしたものの種の絶滅は免れている．このときの個体数はわずか21羽であった．現在は飼育個体が数百羽となり，ヘビのいないサイパンのロタ島に放鳥し，自然繁殖にも成功している[1]．

しかしながら，ロタ島での天敵はネコで，人工飼育したクイナはネコの脅威を知らないためか，ことごとく捕食されてしまっている．これまでに放鳥したものは18年間の合計で約700羽にもなるが，野外に定着しているのは現在60羽程度といわれている．グアムクイナの例は，いったん野生個体がいなくなると，野生個体群を新たに作り出すのは非常に困難なことを物語っている．

5 域内保全と域外保全

ヤンバルクイナは法的な保護としては，国の天然記念物および国内希少野生動植物種に指定されている．また，環境省レッドリストでは絶滅危惧ⅠB類[8]にランクされていたが，2006年には最も絶滅の危険性が高い絶滅危惧ⅠA類となった．国ではこうした希少鳥類の保護のために，種類ごとに総合的な観点から効果的な保護を押し進めるための保護増殖事業がある[22]．

たとえば同じやんばるに生息するノグチゲラについてはすでに環境省，林野庁が共同で1998年から保護増殖事業を進めており，カラーマーキングによる個体識別によって，繁殖生態などの基礎的な研究が行われている．その結果，いままで不明であった行動圏の広がりやナワバリに対する固執性，産卵数や繁殖成功率などが次第に判明してきて，効果的な保護策への手がかり

が得られている．ノグチゲラの場合は，幸い現在のところ急激な個体数や分布域の減少は認められていないので，まず対象となる鳥の生態を充分に解明する必要があるという観点からこの事業は進められている．

しかしながら，ヤンバルクイナでは明らかな分布域や個体数の減少が認められ，原因についても明確となっていることから，より具体的な保護策が急務と考えられる．すでに，減少傾向が明らかになった最初の報告のなかでも，必要な保護策について以下の提案がなされている[2]．

1) 主要な生息環境であるイタジイの森林の保全
2) 外来の捕食動物のコントロールや除去
3) 将来の本格的な保護増殖プログラムにさきがけたヤンバルクイナの人工増殖技術の開発
4) ヤンバルクイナの生息に適した新たな地域への移住手法の開発
5) 地域の自然歴史遺産への関心を高めるための教育啓蒙プログラムの作成
6) 保護対策を検討するうえに必要な科学的基礎となる，生息に必要な環境条件，繁殖生態，行動生態などの調査研究の充実
7) 沖縄の動物相や植物相の保全を適切に実施することができる法的な整備

さらにこれらのなかで，マングースなど外来動物の影響が明らかとなったことから，その除去は最優先して実施する必要性がある．それには，以下の方法が考えられる．

1) 駆除または排除：トラップや薬品等による捕獲をし，適切な処置をほどこす．
2) 隔離：フェンスなどでヤンバルクイナと外来種を物理的に隔離する．これには，効果的な構造のフェンスの開発や定期的なメンテナンスが必要である．また，ヤンバルクイナやその他の動物の移動を制限することへの評価や対策も必要である．

3) 外来種の持ち込みを防止するための啓蒙活動：ペットの適正な管理の指導や，教育啓蒙活動の実施．

　ヤンバルクイナの保護増殖事業計画は，2004年に文部科学省，農林水産省，国土交通省および環境省によって策定された．そこでは，(1) 生息状況の把握，(2) 生息地における生息環境の維持および改善，(3) 飼育下における繁殖およびその個体の再導入，(4) 普及啓発などの推進，(5) 効果的な事業の推進のための連携の確保，を事業内容として掲げている．(1) と (2) はいわゆる域内保全で，(3) は域外保全である．
　「(2) 生息地における生息環境の維持および改善」，のための具体的な対策として，外来種のコントロール，外来種侵入防除柵の設置，交通事故防止策などが行われている．
　また，「(3) 飼育下における繁殖およびその個体の再導入」については，前段の「飼育下における繁殖」がまさに進められようとしている．以下にそれらを詳述する．

6 外来種のコントロール

■マングース

　やんばる地域のマングースについては，1993年から沖縄総合事務局北部ダム事務所，2000年から沖縄県，2001年から環境省による駆除事業が実施されており，やんばる地域およびその隣接地域において，2008年3月までに約1万300頭が捕獲されている (図5)．
　捕獲の方法は，金属性のカゴワナ (15 × 15 × 43cm) を用い，誘引にはスルメが主に使われている．林道沿いに約100m間隔で設置して，毎日最低1回の見回りを行い，マングース以外の動物が混穫された場合の衰弱を防いでいる．使用するカゴワナの数は次第に増加し，現在では約2000個となっている．またカゴワナの形式も従来は餌を引くことによって扉が閉まるトリガー式であったが，近年は踏み板式も併用されている．また，さらに捕獲の効率を向

第I部　わが国の希少鳥類をどう保全するか

図5　カゴワナで捕獲されたマングース

上させるため，筒式ワナの導入試験も行われている．このワナはカゴワナと違って捕殺する方式であるため，混穫を避ける工夫をしながら使用していくことが必要である．

　環境省と沖縄県は，2014年度までにやんばる地域のマングースの根絶を目的としている．しかしながら，今までの捕獲状況から，これまでの推定生息数を大幅に上回る2000頭程度のマングースが生息している可能性があるとされ，さらにここ2年間は生息数の減少傾向も見られていない[9]．捕獲努力の大幅増加と同時に，より効率の高い捕獲方法の開発も急務である．

■ネコ

　ネコのコントロールで難しいのは，飼い猫とノネコの区別である．種としてはイエネコ *Felis catus* であるが，生息状況の違いによって，大まかに以下の三つに分けられている．1) 飼いネコ：特定の飼い主によって飼育管理さ

れている．2) ノラネコ：人あるいは人間生活に依存しているが，特定の飼い主が無い．3) ノネコ：人間生活に依存せず，自立生活し，自然環境下で繁殖している[12]．

やんばる地域でノネコが目立ち始めたのは1995年頃といわれている．これは大規模な林道の開通に伴って，車両で直接林内に入りやすくなり，「飼いネコ」の遺棄が山中で行われるようになったからではないかと推定されている[12]．

マングースの駆除でもノネコが捕獲されていたが，当初はネコの区分と取扱いが未整理であったため，捕獲されてもほとんどが放逐されていた．しかし，ハンティング能力の高いノネコは生態系への影響が大きいことが明白であるため，環境省が2002年からノネコの排除を決定して，鳥獣保護法における有害鳥獣駆除の対象として捕獲し，これを沖縄県の保健所が一定期間保護収容して，飼い主や新たな飼い主を捜すこととなった．これは動物愛護法での取り扱いである．

こうしてネコはこれまでに，約1700回（放逐個体を含む．ただし北部ダム事務所の数を除く）捕獲されている[9],[16]．さらに地域住民による捨てネコ防止の対策や，村による「飼い猫適正飼養条例」の制定，獣医師の団体による避妊手術の奨励やマイクロチップによる登録などが進められている[7],[21]．

環境省はこうした民間などの取り組みをきっかけに，2003年から2年間，やんばる地域を対象に「飼養動物との共生推進総合モデル事業」を実施した．2年間で飼いネコ約500頭に避妊・去勢手術とマイクロチップが無償で施された．このマイクロチップによって，飼いネコとノラネコとの区別が可能となり，272頭中232頭のノラネコが民間団体を通じて新たな飼い主へ譲渡された．

こうした様々な取り組みの結果，やんばる地域で捕獲されたノネコの個体数は2002年の140頭余りから2006年には20頭へと激減しており，ネコ問題には，解決の明るい兆しが見えてきている[12]．

7 外来種侵入防止柵の設置

　先に述べたように，マングースは沖縄島の南部から次第に分布域を北に拡げ，そのスピードは年間約1kmと推定されている．沖縄総合事務局北部ダム事務所が1993年から，主にやんばる地域の入り口であるSTラインにおいて，マングースの捕獲事業を実施し，沖縄県もそれを継承している．しかしながら，これより南部の地域はマングースが高密度で生息しているため，いくらこのラインで捕獲しても，マングースの侵入を防ぐことができない状態が続いた．

　そこで，やんばる地域を南部のマングース高密度地域から分断する目的で，防止柵の設置が計画された．設置場所は地理的に東西の幅が最も狭くくびれた塩屋湾と福地ダムを結ぶラインで，沖縄県が約2.8km，それに続けて北部ダム事務所が1.3kmを受け持ち，総延長4.2kmの防止柵が完成した[6]（口絵3上）．

　柵の形状に関しては，琉球大学などが試行実験を繰り返し，高さが1.2mで金属製の縦のメッシュとなっており，上部には鋼板を取り付け乗り越えを阻む構造となっている．

　柵と同様に検討を要するのは，交差点の路面の構造である．もちろん柵で交通を遮断するわけにはいかないので，家畜の放牧管理に用いられているドライブオーバーゲート（グレーチング）の応用が考案されている．これは交差点の道路上に一定幅の溝を設け，そのうえにマングースが渡りづらい金属製の網を被せて車などを通す方法で，その幅や素材などが試されている．

　これらの外来種侵入防止柵は，設置後その効果を検証するとともに，他の動物への影響をモニタリングする調査も実施されている．

8 交通事故の防止

　ヤンバルクイナの交通事故死の問題が顕在化してきたのは，1998年に環

境省やんばる野生生物保護センターが設置されて以来である．センターではこの地域に生息する野生生物の情報を収集管理するとともに，ヤンバルクイナなどの死亡個体に関して，正確な位置や日時を特定し，死亡要因の解明を行っている．その結果 1998 年からのヤンバルクイナの交通事故個体数は，2007 年までの 9 年間で合計 73 個体となっている．数の変動を見ると，2004 年までは年間最大 6 羽であったが，2005 年は 12 個体，2006 年は 13 個体，そして 2007 年は 23 個体と近年になって急増している．2008 年も 9 月までに 14 羽が報告されている[10]（やんばる野生生物保護センター資料）．

　この増加傾向の背景には，マスコミにたびたびこの問題が取り上げられるようになって，地域住民の関心が高まったことにより情報が集まりやすくなったことがあげられる．半面それほど交通事故の危険性が啓蒙されているにもかかわらず，数が減少するどころか急増していることから，状況の深刻さがうかがわれる．発見されてさらに報告される交通事故例は，当然全体の一部であり，この数の裏にはさらに多くの死亡や負傷個体の存在があることは間違いがない．その上死亡個体の多くは繁殖期の成鳥であることも判っており，抱卵や育雛中の親鳥であった場合の残された卵やヒナの被害を考慮すると，影響を受けた個体の数は何倍にも膨らむであろう．

　これまでのデータを解析すると，ヤンバルクイナの交通事故発生のメカニズムは以下のように説明される．発生時期は梅雨時の 5 月，6 月が圧倒的に多い．すなわち，ヤンバルクイナの繁殖期，特に育雛時期である．この頃，路上や路側で採餌する個体をよく見かける．雛連れであることも多い．餌は路上にいる昆虫類などの小動物や，路側に溜った落ち葉のなかのミミズなどである．おそらく雨に流されるなどして，道路には多くの餌が溜っていて効率よく採餌できることから，特に餌を大量に必要とするこの時期に，利用頻度が高まるものと推察される．

　また通常は警戒心の強いヤンバルクイナも，育雛中は比較的それが薄れ，車の接近に気付くのが遅れるかもしれない．あるいは車が近付いてきたときに，道路の反対側にいる雛のところに駆け寄ろうとする場合もあるだろう．道路の直線化，車の高速化と走行音が静かになっていることなども複合して作用しているのではないだろうか．

図6 交通事故個体などを救護する施設（獣医師など民間による保護の取り組み）

2004年には関連機関が集まって，「やんばる地域ロードキル発生防止に関する連絡会議」が発足して，野生物の交通事故防止への取り組みが開始された．活動内容は，小動物に配慮した側溝の設置，動物の飛び出し注意を促す標識の設置，道路脇の除草，傷病鳥獣救護体制の整備（図6），普及啓発などであり，今後その成果が期待される．

9 飼育下における繁殖

ヤンバルクイナの人工飼育は，これまで偶然に保護収容された卵，雛，成鳥に関して緊急避難的に実施されてきた．このうち最も長期間のものは，1994年に保護された個体が，名護のネオパークオキナワにおいて飼育されているもので，14年が経過している．その他は，ほとんどが2005年以降の

保護収容個体で，これらはNPO法人どうぶつたちの病院によって飼育されている．

卵の人工孵化が成功したのは，2006年3月と4月に保護収容された計4卵が初めてである．3月の1卵は孵卵器に入れて19日目にハシウチを始め，21日目に孵化した．4月の3卵は15日目に孵化した．しかしいずれの個体も自然孵化ができず，卵殻を切開するなどの助力を要した．さらに2007年には前年生まれ同志のペアが，飼育下で初めて自然繁殖にも成功した．これらの飼育や繁殖の試みはいずれも民間団体の努力によってなされている．

国としての保護増殖事業計画による，域外保全の取り組みである飼育下における繁殖は，2005年度に設置された「ヤンバルクイナワーキンググループ」で具体的な内容が検討されてきた．そして飼育下繁殖に関する基本方針や実施方針などが策定された．2008年度から，飼育施設の建設が開始され，2009年度中にはヤンバルクイナの本格的な飼育が開始される計画となっている．

基本方針や実施方針に盛り込まれている内容は，1) 飼育下繁殖の目的，2) ファウンダー（繁殖の基礎となる親鳥）の確保，3) 飼育下個体群の管理，4) 再導入による野外個体群の回復などである．そして飼育下繁殖の目的は，「将来に向けた再導入の可能性を見据え，飼育下繁殖技術の確立と飼育下における生態的知見の把握および遺伝的多様性を維持する（一部省略）」としている．そして実際の目標を「2017年度末までに飼育下個体を200羽程度確保」と定めている．

10 遺伝的多様性の維持

飼育下繁殖で特に留意すべきことは，いかに遺伝的多様性を確保するかという点である．野生の177個体について，ミトコンドリアDNAのコントロール領域を分析したところ，これまでに六つのハプロタイプが認められており，このうちの二つは各1個体のみで見つかっている（尾崎未発表）．今後具体的にどの地域から，どのようにして遺伝的多様性を確保しながらファウンダー

を入手していくのかを，十分に検討する必要がある．当然，飼育下での交配に際しても，血統登録を確実に行いながら，最適な個体の創出を図らなければならない．

「日本産トキの絶滅」の例は，人工増殖への取り組みが遅かったことが大きな要因ではないかと考えられている[18]．また，いったん自然界から姿を消した鳥類の再導入計画は，飼育個体の野外への適応の問題やその鳥に適した環境の維持など，非常な困難を伴うことも教えてくれた．これはグアムクイナのロタ島における例で明らかなように，おそらくヤンバルクイナでも同様であろうことは想像に難くない．

ヤンバルクイナはこれらの鳥に比べると，まだ個体数は多く，トキやグアムクイナのように野生での繁殖が見られなくなっている状態ではない．できるだけ野生個体数の多い時点で飼育繁殖を開始して，飼育や人工増殖技術の確立を目指すことは理にかなっている．

なぜなら，グアムクイナの例で，21羽というわずかな個体数から飼育繁殖が成功したのは，すでにその20年以上前に動物園で人工増殖技術が確立されていたことによるからである．トキについても中国からの個体を，わずか10年足らずの短期間に増殖させ試験放鳥できるまでになった背景には，長年の飼育技術の積み重ねがあったからである．

野生個体が極端に少なくならないうちにファウンダーの確保ができれば，遺伝子の多様性維持にも好条件といえる．現時点であれば，それは十分に可能であろう．

11 多角的保護と保全のネットワーク ── 保全の担い手は誰か

発見からの歴史が浅いヤンバルクイナであるが，保護に関しては非常に多彩な取り組みが，各方面でなされてきている．まず研究者による分布域減少の警鐘があり，それに呼応して北部ダム事務所，沖縄県や環境省による外来種防除事業が開始されて現在も継続されている．さらに獣医師や地元国頭村の住民などによる，飼いネコの管理は大きな成果をあげつつある．国道事務

所などによる交通事故防止の取り組み，国頭村などによる外来種からヤンバルクイナを守る「シェルター」の設置，沖縄県や北部ダム事務所による外来種防除柵の建設，等々の取り組みも評価できる．

特に人工飼育については，「NPO法人どうぶつたちの病院」とネオパークオキナワの先駆的な試みが，国の飼育下繁殖事業開始の牽引力となっているといえる．そのうえこれら一連の動きを取り上げてきたマスコミの報道は，地元をはじめ沖縄県や全国に情報を提供し，保護の重要性についての世論を後押ししている．

外来種の防除についての技術的な研究開発は，琉球大学が民間企業との協力で進めており，国際的なシンポジウムの開催なども計画されている．ヤンバルクイナの保護に関するシンポジウムやワークショップは，研究機関や地元の大学，行政などによって，これまでに何度も開催されている．

今後とも，こうした多方面からの保護に対する取り組みが継続され，それらが有機的に補い合っていくことが，ヤンバルクイナの保全に欠かすことのできない課題である．

参照文献

1) Beck, R., Brock K., Aguon, C. Witteman, G. (1996) Reintroduction Project History and Status. Symposium for Okinawa Rail. Yamashina Institute for Ornithology.
2) Harato, T. and Ozaki, K. (1993) Roosting behavior of the Okinawa Rail. *Journal of Yamashina Institute for Ornithology.* 25: 40-53.
3) Ripley, S. D. (1977) *Rails of the World. A monograph of the family Rallidae.*, M. F. Feheley Publ., Tronto.
4) Vuilleumier, F., LeCroy, M. and Mayr E. (1992) New species of birds described from 1981 to 1990. *Bull B. O. C. Suppl.* 122A: 267-309.
5) 花輪伸一・森下英美子 (1986)「ヤンバルクイナの分布域と個体数の推定について」『昭和60年度環境庁特殊鳥類調査』: 43-61.
6) 飯島康夫 (2005)「沖縄県におけるマングース対策の実際と今後」『緑の読本』 No.78: 70-79.
7) 伊澤雅子 (2005)「ノネコ，マングースによるヤンバルクイナの捕食」『遺伝』 59 (2): 34-39.
8) 環境省自然環境局野生生物課編 (2002)『改訂・日本の絶滅のおそれのある野生生物-

レッドデータブックー 2鳥類』，自然環境研究センター．
9) 環境省那覇自然環境事務所 (2008)『平成19年度沖縄島北部地域ジャワマングース等防除事業報告書』．
10) 小高信彦 (2005) 「ヤンバルクイナの交通事故死」『遺伝』 59 (2)：40-44.
11) 黒田長久・真野徹・尾崎清明 (1984)「クイナ科とその保護について-ヤンバルクイナの発見に因んで-」『山階鳥類研究所50年のあゆみ』: 36-57.
12) 長嶺隆 (2007)「沖縄やんばる地域におけるイエネコ対策」『緑の読本』 No.78：54-60.
13) 松田道生 (2004)『野鳥を録る』 東洋館出版社．
14) 日本鳥学会 (2000)『日本鳥類目録』日本鳥学会．
15) 沖縄県 (2003) 『平成14年度マングース対策事業（沖縄県マングース生息調査）報告書』．
16) 沖縄県 (2008)『平成19年度沖縄島北部地域生態系保全事業（マングース対策事業）報告書』．
17) 尾崎清明 (2005)「ヤンバルクイナの分布域と個体数の減少」『遺伝』 59 (2)：29-33.
18) 尾崎清明 (1997)「日本におけるトキ絶滅の歴史」『科学』 67：703-705.
19) 尾崎清明・馬場孝雄・米田重玄・金城道男・渡久地豊・原戸鉄次郎 (2002)「ヤンバルクイナの生息域の減少」『山階鳥類研究所研究報告』 34 (1)：136-144.
20) 尾崎清明・馬場孝雄・米田重玄・広居忠量・原戸鉄二郎・渡久地豊・金城道男 (2006)「ヤンバルクイナの生息域と生息数の減少」 『日本鳥学会2006年度大会講演要旨集』．
21) 澤志泰正 (2005)「環境保全の現状40 やんばる，国頭村の森の保全」『遺伝』 59 (2)：84-90.
22) 山岸哲 監修 (2007)『保全鳥類学』 京都大学学術出版会．
23) 山階鳥類研究所 (1999) 『平成10年度ヤンバルクイナの放鳥及び追跡調査事業報告書』 沖縄県委託調査．
24) 山階鳥類研究所編 (1975)『この鳥を守ろう』 霞会館．

column 3

移入生物の鳥類への影響

●植田睦之

　人為的に外から連れてこられた移入生物は在来の生態系に大きな影響を与えることがある．第3章で紹介したように，移入した捕食者により在来種が大きな影響を受けることがある．特に大きな影響を受けるのはそれまで捕食者がいなかった島嶼に捕食者が入った場合である．ヤンバルクイナの例の他にも，マングースやノネコによる奄美大島のアマミヤマシギの減少[1]，イタチによる三宅島のアカコッコの減少[2]，ドブネズミによる福岡県小屋島のカンムリウミスズメの減少[3]などが日本でおきている．

　移入生物は捕食以外の仕組みでも鳥類に影響を与える．一つは移入種の採食による食物の減少である．食物が減少してしまうことにより，そこに生息できる鳥も少なくなってしまう．この影響により生じたと考えられるのがオオクチバスによる水鳥の減少である．オオクチバスは小型の魚や甲殻類などを捕食するため，オオクチバスが移入した水域では小型の魚が減り，魚の全長分布が大型化する[4]．そのため，小型の魚類を食物とする水鳥類がオオクチバスの移入により減少したと考えられている[5]．また，イタチが入った三宅島ではオカダトカゲをはじめとする地上性の小型生物が激減している[6]．アカコッコの減少はイタチによる捕食が最大の原因と考えられているが，オオクチバスの例と同様に食物をめぐる競争も少なからず影響していると思われる．

移入生物による鳥類への影響の別の仕組みとしては，移入生物による生息環境の破壊もある．小笠原諸島に持ち込まれたヤギが野生化した例では，ヤギが島の植物を食い尽くし，裸地化させてしまった．鳥島のアホウドリでは，おそらく個体数の増加と乾燥により集団繁殖地の裸地化が進みそれが繁殖成績の低下につながった[7]．同様の仕組みでヤギが小笠原の海鳥に影響を与えた可能性がある．

他にもコラム 12 で紹介するような移入生物が持ち込む病気により在来種が減少するなど様々な仕組みで，移入生物は在来種に影響を与える．

このような移入生物の影響を元に戻すためには，その駆除が必要になる．実際に小笠原でのヤギの駆除や奄美大島でのマングースの駆除事業が実施されている．開けた場所にいるヤギはともかくとして，林内に生息しているマングースの駆除は極めて困難である．在来種を混獲してしまう危険を考えると最も効果的な駆除手法をとれないことは多く，また，最初はたくさん捕獲できても最後に残った警戒心の強い個体を捕まえることは極めて困難である．そして，それらの個体を捕獲することができなければ，再び個体数は回復してしまう．一度移入した生物を駆除するのには膨大な労力と予算を必要とし，かつそれを達成できるかどうかすら分からない．ここまでに例としてあげてきた移入生物は，ドブネズミを除けば人間が意図的に放ったものである．意図せず移入生物が生じることがないように輸入等の規制をするとともに，移入生物の危険性を普及啓蒙し，今後，新たな意図的な移入生物が生じないようにすることが重要だろう．

また，移入生物ではないが，人為的な影響で個体数が増加し，希少種に影響を与えている在来生物もいる．その代表的な例がハシブトガラスである．人間生活から排出される生ゴミを食物資源として東京のハシブトガラスが増加していることは有名だが[8]，それに伴い，ハシブトガラスによる捕食で開放営巣性の鳥の繁殖成績が極めて悪くなっていることが報告されている[9]．一時，都市緑地に分布を拡大させていたツミもハシブトガラスの影響により再び分布を縮小させている[10]．このようなハシブトガラスの増加は東京に限ったことではない．奄美大島でのアマミヤマシギの減少にも移入生物と同様にハシブトガラスの増加が関わっていると考えられている[1]．移入生物と

同様に，人間の活動が特定の種を増加させ生態系のバランスを崩すこと（たとえば特定種への大量の給餌）についても十分注意していく必要があるだろう．

参照文献

1) 石田健・高美喜男・斎藤武馬・宇佐美依里 (2003)「アマミヤマシギの相対生息密度の推移」『Strix』21：99-109.
2) 高木昌興・樋口広芳 (1992)「伊豆諸島三宅島におけるアカコッコの環境選好とイタチ放獣の影響」『Strix』11：47-57.
3) 武石全慈 (1987)「福岡県小屋島におけるカンムリウミスズメの大量晃死について」『北九州市自然史博物館報告』7：12-131.
4) 高橋清孝 (2002)「オオクチバスによる魚類群集への影響 —— 伊豆沼・内沼を例に」日本魚類学会自然保護委員会編『川と湖沼の侵略者ブラックバス』，47-59. 恒星社厚生閣.
5) 嶋田哲郎・進東健太郎・高橋清孝・Bowman, A. (2005)「オオクチバス急増にともなう魚類群集の変化が水鳥群集に与えた影響」『Strix』23：39-50.
6) 長谷川雅美 (1986)「三宅島へのイタチの放獣その功罪」『採集と飼育』46：444. 447.
7) 長谷川博 (2007)「大型海鳥アホウドリの保護」山岸哲監修『保全鳥類学』，89-104. 京都大学学術出版会.
8) Ueta, M., Kurosawa, R., Hamao, S., Kawachi, H. and Higuchi, H. (2003) Population change of Jungle Crows in Tokyo. *Global Environmental Research* 7: 131-137.
9) 植田睦之 (1998)「東京都の緑地における開放巣性小型鳥類の低い繁殖成功率」『Strix』16：67-71.
10) 植田睦之 (2001)「ハシブトガラスの増加がツミの繁殖におよぼす影響」『Strix』19：55-60.

第4章

早矢仕有子
Hayashi Yuko

生息地保全が大切ではないか？
—— シマフクロウ ——

　シマフクロウ *Ketupa blakistoni* は我が国では北海道にのみ生息する世界最大級のフクロウである（図1）．フクロウ類のなかでは珍しく魚類を主食としている．その分布はアジア北東部に限定されており，日本海沿岸の北緯60度のマガダンからロシア沿海地方南部，クナシリ，サハリン南部，そして北海道に生息している[1]．エトロフでも繁殖の証拠があるが[2]詳しい状況は不明である．中国東北部や北朝鮮も分布域に含まれてはいるが近年正確な調査は実施されていない[3]．ロシアの分布情報に関しても必ずしも近年の調査結果に基づいているわけではなく，3) の論文中では，英語で記された分布資料にはロシア語の誤訳に基づいた記述や古い情報のまま用いられた情報も含まれていることが指摘され，たとえばサハリンに関しては近年の生息を伝える報告は無いと記述されている．

　ロシア沿海地方ウスリー川流域における最近の調査結果より，大陸部におけるシマフクロウの個体数は，森林伐採と狩猟によってこの半世紀に4分の1に減少したと推定されている[4]．分布域全体の総個体数は数百羽と推定されているうえに，分布域全体での減少が確実で[1]，IUCN（国際自然保護連合）のレッドリストでは「絶滅危惧種」に指定されている[5]．

　我が国においては，19世紀後半の明治中期には北海道南部の函館近郊および札幌市を含む石狩平野にも生息していたことが標本資料より明らかに

図1 我が国では北海道にのみ生息する世界最大級のフクロウ，シマフクロウのオスの成鳥．

なっているが，北海道南部からは1950年代前後に，北海道北部からは1970年代，石狩平野からは1980年前後に分布が絶え[6]，現在では北海道東部を中心に約35つがいが生息しているにすぎない[7]．日本版レッドデータブックにおいては，近い将来最も絶滅の危険性が高い「絶滅危惧ⅠA類」に指定されている[7]．

分布域縮小と個体数減少の主な原因は，主食である魚類が河川環境の悪化により減少したこと，および，営巣木となる広葉樹の大径木を有する天然林の森林面積が，開発行為ならびに高度経済成長期の針葉樹造林地への転換により大きく減少したことによると考えられる．

シマフクロウの生態に関して我が国で初めて科学的な調査結果を報告した永田洋平は，1950年代後半から70年代前半に北海道東部において10か所の営巣地を確認し，繁殖生態の概要および魚類の他に鳥類や哺乳類も常食としている食性を報告している[8]．さらに，自然林の後退および河川上流部へ

の遡河魚類の遡上量減少に伴い，一つの沢沿いにテリトリーを有していたシマフクロウが，隣接河川を横断する形にテリトリーを変化させた事例を複数報告し，人為的な環境改変に伴いシマフクロウが生活様式を変化させつつある状況を報告している[8]．

シマフクロウは，1971年に国の天然記念物に指定されたが，1975〜76年に実施された公的機関による初めての生息調査の結果，北海道東部においてわずか29個体の存在しか確認されず[9]，あらためて絶滅の危険性が強く認識された．しかし，保護や研究活動に専念する「誰か」がいない状況では保護に大きな前進は望めなかった．

1 シマフクロウ保護の始まり

1982年，その「誰か」が登場した．関西から根室に移住した山本純郎が絶滅の危機に瀕していたシマフクロウの保護活動を開始したのがこの年である．氏の存在がなければシマフクロウは今でも「幻の鳥」のままであっただろうし，我々後進の誰もこの鳥を研究するきっかけすらつかめなかっただろう．彼とシマフクロウの出会いや黎明期の保護活動については，高田勝による好著『飛びたてシマフクロウ』[10]に詳しく，そこには山本とシマフクロウとの運命的な絆も描かれている．その高田をはじめとする根室および周辺に住む理解者たちの支えが加わり，山本が始めた保護活動は軌道に乗り始めた．根室や知床を中心にいくつもの巣箱を架け，主食の魚を生きたまま提供する人為給餌を始めた．幸いなことにシマフクロウも人の手を拒まなかった．タライから魚を捕り巣箱で子育てをすることで期待に応えた[10]．

とはいえ，個人の努力だけで絶滅危惧種の保護を達成するには限界がある．シマフクロウの保護史にとって大きな出来事は1984年，国による保護事業が開始されたことだ．この事業の骨格を担ったのが，山本と彼を支えてきた人々であり，そこに見識豊かな動物学者が加わることで事業は科学的な肉付けを得た．いわゆる「学識経験者」と呼ばれる人たちのまさに「学識経験」と，毎日シマフクロウに接している山本を中心とした「現場経験」が融合しシマ

フクロウの保護が本格的に始まった．最初の会合は，高田が経営する根室の民宿で行われた．その記録を書き留めた手書きの議事録には関係者たちの熱意と意欲が溢れ，何かが始まる期待感に満ちている．誰もが自分の経験を精一杯生かし，シマフクロウの保護を成功させようと一生懸命だった．提案が湧き出し，誰のアイデアも重宝され，いくつもの試行錯誤が行われた．その試みのなかには，シマフクロウが魚類だけではなく小型哺乳類も捕食しているという永田や山本の観察結果に基づき，根室市の2箇所の生息地でネズミ檻とモモンガの巣箱を設置するというものもあった．これらの試みは成果が得られず4年ほどで打ちきりになったが，なんとか安定した餌資源を提供しようとする貴重な取組ではあっただろう．

一方で，事業開始時に実施あるいは計画された巣箱の提供と魚類の給餌は現在に至るまで継続され，常に保護事業の核となってきた．

巣箱に関しては，保護事業が開始される以前に，22個の巣箱が山本と日本野鳥の会によりすでに設置されていたが，さらに1984年，国の事業として知床および根室に新たに19個の巣箱が設置された．繁殖つがいはその行動圏のなかに複数の営巣木を持っているという山本の観察結果に基づき，1つがいに対して複数個の巣箱が提供された．巣箱設置にあたっては，巣の断熱効果を高める対策を講じるため，事前に産卵床の温度測定実験が実施されるなど試行錯誤が繰り返された．シマフクロウは自分で巣材を運び込まないため，厳寒の北海道東部において，巣箱の底板だけでは天然の樹洞と異なり卵の冷却を防げないからだ．実験の結果，巣の底に断熱材と木くずを敷くことで保温効果が高まることが分かり，巣箱製作に取り入れられた．

もう一つの主要な保護策が魚類の給餌である．タライによる給餌だけではなく，生きた魚を飼育しながら提供できる給餌池設置が計画され，まずは根室の1箇所で実現した．さらに知床半島の複数河川において，サケマス捕獲場の協力を得て，採捕されたサケマスの一部を遡上河川に放流する試みも提案され，2年後より実施されている．

また，検討会議では人為的事故死の多さが問題視され，感電事故および交通事故への対策が話し合われている．電線および電柱における感電事故死は古くは1954年に知床半島の羅臼町で報告されて以来シマフクロウの主要な

死因の一つであるが[6]，1981年には羅臼町の海岸沿いの道路で立て続けに2件の感電死がおこっていた．

さらに大きな死因となっていたのが魚を食べに訪れた養魚場での事故死であった．保護増殖事業が具体化されたこの年も，阿寒湖畔で2羽のシマフクロウが魚網にからまり溺死するという哀しい事故が報じられていた．この死亡事故によってシマフクロウの生息が確認された阿寒湖畔においては，翌年より魚類の放流を実施したが，その後シマフクロウの生息が確認されることはなかった．未だ人為的要因による個体数減少および分布域縮小が続いていたなかで時間と競争するかのように保護事業が始まった．

巣箱と給餌，あるいは事故対策という直接的な保護策とは別に，個体群動態の把握を目的とした巣立ちヒナへの足環装着による個体識別も提案され，翌年より実施されている．また，すでにこの時点で検討会座長である阿部永 北海道大学助教授（当時）が，長年つがいを形成していない単独個体の存在に触れ，人為的なつがい形成の必要性を提示しているのも注目すべきであろう．

個人の試行錯誤から始まったシマフクロウの保護活動は，国による事業に拡大し既に四半世紀が経過した．保護に係わる人の数も増え，シマフクロウの認知度も少し上がった．この年月のなかで得られた成果は大きいが，抱えている問題点はさらに多い．以下に保護の歴史を急ぎ足で振り返りながら早急に解決が求められている課題も紹介する．ただ，あくまで一当事者の視点からなので，客観性に欠ける部分はお許しいただきたい．

2 保護と研究の拡大

(1) 対象地の拡大

1985年，本格的に公的な保護事業が開始され，事業として根釧地域および知床に11個，前年度に2羽の事故死があった阿寒湖畔にも（財）前田一歩園により4個の巣箱が設置された．この年，根室に設置された2箇所の巣箱から巣立った計2羽の巣立ちヒナに事業として足環が装着された（図2）．

第 I 部 わが国の希少鳥類をどう保全するか

図 2 巣立ち後間もないシマフクロウのヒナ

　当初，根室および知床に限定されていた保護事業の対象地はすぐに拡大し始めた．大雪山系に位置する十勝地方内陸部 2 箇所でも生息が確認され，1986 年より養魚場での給餌が開始された．保護や調査の範囲が，北海道の東端から西へと拡大を始めたのだ．1987 年には根室 3 羽，知床 2 羽の巣立ちヒナに加えて十勝で初めて 1 羽の巣立ちヒナに足環が装着された．この十勝の生息地においては継続的な生態研究が開始され，成鳥つがいと生まれて 2 年目の亜成鳥の捕獲にも成功し足環が装着された．

　保護事業が開始された当初の 3 年間に確認されたシマフクロウの生息地は 20 箇所であり，生息数は約 40 個体と推察された．ただし，1973 〜 1982 年の間に 13 個体が別地域で観察されていることから，北海道全域での生息数は 40 〜 50 個体と推定された．

　その後，1991 年，前年から生息が確認されていた日高山脈西麓でも人為給餌が開始された．保護事業開始以来，日高山脈の西側でつがいの生息が確

認されたのは初めてのことだった．同じ年，JR日高本線勇払駅構内で列車にはねられ運ばれたらしい死体が発見された（北海道新聞1991年12月20日付）．この事故自体は哀しいことであったが，北海道東部だけではなく，日高山脈の西側にまだシマフクロウの生息地が複数残されている可能性を示唆する出来事でもあった．

　この年，環境庁（当時）は保護事業開始から7年間の成果を公表した．その内容は，1984年度から複数の生息地において給餌を継続していること，計75個の巣箱を設置し，そこから合計32羽のヒナが巣立ったことなどであった．

　保護事業が開始されて満10年となる1993年までに確認された巣立ちヒナの数は合計66羽を数えた．この増加は，魚の給餌と巣箱の設置がシマフクロウ保護の第一歩として確実な成果をあげたことを示している．

(2) 個体識別の成果

　1987年，足環による巣立ちヒナの個体識別を開始して3年目にして大きな成果が得られた．2年前の1985年5月に根室で足環標識を装着されたメス個体が，直線距離で65km分散しつがいを形成したことが確認された（北海道新聞1987年7月29日付）．足環によって個体識別されたシマフクロウの出生地からの分散先が明らかになった初めての事例であった．

　個体識別から明らかになった出生地からの分散記録は，分布域の拡大と新規繁殖つがいの誕生を明らかにしてくれたが，事業が年数を重ね，識別された個体数が増加するに伴い，血縁個体間でのつがい形成も次々と明らかになった．最初に近親つがいが確認されたのは1992年，父娘間で1例および同い年の同腹兄妹間で1例の計2例が相次いで発生した．父娘間のつがい形成は，娘がいったん分散を開始した後も出生地へたびたび戻っていたことが契機となり娘の出生地で発生し[11]，兄妹間のつがい形成は，出生地に隣り合う養魚場でおこっていた．この二つがいはともにその後何年にもわたってヒナを巣立たせている．これら近親交配の発生は，好適な生息環境消失に伴う個体群の縮小と生息地の分断化により若鳥の円滑な交流が妨げられていることが原因である可能性が示唆された[11]．この後1990年代の間に新たに3組の近親交配つがいが誕生し[2]，さらに2003年には祖母と孫，2004年には両

図3 シマフクロウの若オス．満5才のこの年，初めて父親になった．巣立ちヒナの性比に関してオスへの偏りが報告されていることは，個体群保護にとって留意すべき現象である．

親を同じくする兄と6才年下の妹の間でのつがい形成とヒナの巣立ちが確認されている[12]．つがい相手が近親者へ交替した前後で著しい卵孵化率の低下が生じた事例もあり，近親交配が原因である可能性も危ぶまれている[12]．

また，シマフクロウは外見で雌雄の判定が困難であるため，巣立ちヒナの足環装着時に少量の皮膚組織あるいは血液を採取することで，染色体の核型分析（1985～96年）あるいはDNAの塩基配列解析（1997年～）により性判定を実施してきた[13]．その結果から巣立ちヒナの性比におけるオスへの偏りが報告されるなど[13]，個体群保護にとって留意すべき現象も明らかに成りつつある（図3）．

3 個体の人為的移動

　近親つがいが相次いで誕生した1992年，自力での出生地からの分散が困難な状況に人が手を貸し分布域の復元を目指そうと，北海道の東端根室から北海道南西部，石狩低地帯の太平洋岸に位置する北海道大学苫小牧演習林（名称は当時）へ1羽のオスが運ばれた．苫小牧での生息確認は昭和30年代の記録が最後であるから[6]，およそ30年ぶりの生息を目指した事業であった．そしてこの事業は一時的に飼育下におかれた個体を人為的に移動させ野外へ放す初めての試みでもあった．演習林内で特に原生的な自然環境が保全されている区域にフライングケージが設置され，環境への馴化のためほぼ3か月，ケージ内で個体を飼育した．放鳥後の採餌を補助するためにケージ周辺の沢において流れの一角を区切り，同じ水系から集めたウグイを放飼し，林内には6個の巣箱も設置されるなど，受け入れ体制は万全だった[14), 15)]．

　ただ，残念なことに，当初予定されていたつがいでの導入が事情によりオス単独での導入となったこと，追跡調査のために装着された小型発信機のアンテナが放鳥前に破損してしまったことなども災いし，1993年1月の放鳥後，個体の行方は分からずじまいとなっている．この後も，苫小牧演習林への人為的移動が検討された機会はあったが，結局現在まで実現されていない．

　その後も個体の人為的移動は保護事業の一環として数例が実施されてきた．1994年には単独メスの生息地に，幼鳥時に保護され飼育されていたオス個体を持ち込み放鳥し，つがい形成に成功している．飼育下でつがいを形成し新規生息地へ放鳥する試みも1998年に実施されたが放鳥一月後から2羽の行方は分かっていない．他に3例，衰弱あるいは負傷した個体を回復後，保護された場所とは別の場所に放す試みも実施され，いずれも一定期間追跡に成功し自力での採餌等が確認されているが，行動圏の確立までは至らない間に追跡不能になった．

4　飼育体制の充実

　1990年代以降,飼育下でも増殖事業が実施され成果をあげている．1991年,日本動物園水族館協会は6羽のシマフクロウを飼育し繁殖を試みていた釧路市動物園に,国内の動物園に飼われている全個体,すなわち上野動物園の1羽と鹿児島市立平川動物園の1羽を集め,飼育下での増殖を本格的に目指すことを決定した．釧路市動物園における繁殖の試みは当初,無精卵の産卵が続いていたが,1994年,初めてヒナの孵化に成功した．このヒナは間もなく死んでしまったが,翌1995年,無事にヒナが2羽生まれ育ち,飼育下での繁殖が軌道に乗り始めた．

　飼育下でヒナの孵化に成功したのは動物園だけではなかった．1994年,山本純郎が,野生個体が抱卵を放棄した卵を持ち帰り人工孵化に成功した．残念ながらこのヒナは孵化後約2か月で死んでしまったが,1997年,再び人工孵化に挑戦した山本は,今度は孵化に引き続きその後成鳥まで育てることに成功している．

　1994年,さらに,環境庁(当時)が設立した「釧路湿原野生生物保護センター」に1億7千万円の総工費をかけた屋外飼育ケージが設置され,そこに野外から保護された個体を収容し治療および野生復帰に向けたリハビリが可能となった．この年早速3個体が収容され,専門の獣医師によって野外復帰への準備が開始された．この施設は現在に至るまでシマフクロウの保護増殖事業に貢献し続けているが,開設初期は多難な出発だった．まず,同年8月,若鳥1羽がケージ内の給餌池で溺死した．95年には2羽の巣立ちヒナを栄養不良等で保護収容し計4羽の収容となったたが,2羽がウイルス性肝炎に感染し1羽が死亡．96年にも巣立ちヒナを1羽収容したが,11月にこの個体と2年前から飼育していた1羽の計2羽が体内の大腸菌異常増殖により相次いで死亡した．

5 生息地を守る試み

　飼育下でどれだけ個体を増殖させようと，保護された個体の野生復帰の準備が整おうとも，生息環境の保全が進まなければシマフクロウを守ることはできない．そのために欠かせない要素の一つが，野外の生息地を保全するための法整備である．

　1993年4月，絶滅のおそれのある野生動植物種の保全を目的とした「絶滅のおそれのある野生動植物の種の保存に関する法律（種の保存法）」が施行された．この法律では日本に生息または生育する絶滅のおそれのある野生動植物種を「希少野生動植物種」として指定し，捕獲・譲渡の規制や生息地保全等を実施することになっており，シマフクロウは39種の「希少野生動植物種」の鳥類種の一つとなっている（2008年3月現在）．この法指定に基づき，シマフクロウの保護は，「個体数の回復，生息・生育環境の維持回復のために，人工飼育，給餌，巣箱の設置，営巣地の改善や回復，モニタリングなどの取組を具体的に行う」保護増殖事業として位置づけられ（「」内は《参照文献16》による），環境庁（当時）と農林水産省により「シマフクロウ保護増殖事業計画」が設計された．これまで「シマフクロウ給餌等事業検討会」だった集まりは，「野生生物保護対策検討会・シマフクロウ保護増殖分科会」とさらに長い名称に替わった．

　シマフクロウ生息地の約8割は国有林に属しているが，1995年，その国有林における生息地保全に具体的な進展があった．保護事業開始当初から，シマフクロウが棲む国有林にこそ保護策が望まれてきたが，筆者がシマフクロウに関わり始めた1980年代後半は未だ，営巣地周辺といえども施業の対象となり，その伐採をいかに食い止めるかの戦いの日々であった．1990年，シマフクロウの最大の生息地である知床半島において「知床森林生態系保護地域」が設定され，地域内の「保存地区」においては原生的な天然林の保全が保証されたが，これはシマフクロウそのものを対象とした保護区ではなかった．林野庁がシマフクロウを主体とした保護区域を初めて設定したのは「種の保存法」施行から2年後の1995年のことであり，十勝川上流域にシ

マフクロウひと家族の生息地を対象として990ヘクタールの「特定動物生息地保護林」が設けられた．当初，北海道森林管理局帯広営林支局（当時）が提案していた面積はその5分の1にも満たないもので，そこでの施業に関しては，河畔林の天然林内ですら，シマフクロウをとまり木へ誘導するための移動空間確保のために中層木や高層木の伐採が計画されていた．しかし，結局はその生息地で生態調査を重ねていた筆者らの要請に基づき，繁殖つがいの行動圏面積の約8割が保護林として指定された．保護林内の森林施業に関し，1～6月の繁殖期には施業を実施しないこと，営巣木と営巣候補木を伐採しないこと，人工林は将来的に広葉樹を主体とする天然林へ誘導すること，営巣木と繁殖期の主要な採餌場所を含む周辺一帯の天然林は原則的に伐採しないこと，などの基本方針が1998年に帯広営林支局により定められた．ただ，この方針では，「営巣候補木」をどう選定するのか，あるいは「周辺一帯」とはどの範囲なのか等，不鮮明な点も多く，解釈によっては保護林内であっても天然林の伐採が可能とも受け取れる文面であった．その後，2008年3月末に公表された「十勝国有林の地域別の森林計画変更計画書」において，シマフクロウの保護区域内においては「天然林については，風害等による森林の維持管理のために行う伐採を除き，原則伐採は行わない」と明記された．

シマフクロウを対象とした「特定動物生息地保護林」は，その後各地に設定され2007年現在，北海道東部から中央部に合計9か所設定されている．

シマフクロウにとって最初の生息地保護林となった十勝川上流域では，1996年度より森林技術第四センター（当時）によって，シマフクロウの生息環境を向上させるための様々な挑戦的施業が実施されてきた．まず，育成されていた外来樹種のストローブマツ *Pinus strobus* を大きく間引き，針葉樹の造林地を天然林へと誘導するため伐採跡に在来樹種の広葉樹が植樹された．ミズナラ *Quercus mongolica* やカツラ *Cercidiphyllum japonicum* 等，将来シマフクロウの営巣木になりうる樹種に加えて，果実で小鳥やリス等を誘引するためにクルミやナナカマド *Sorbus commixta* も加えられた．ところが，初年度はほとんどの稚樹がエゾシカ *Cervus nippon* に食べられてしまった．そこで様々な食害対策が模索された結果，農業用シートと竹材を組み合わせて稚樹を囲う対策が考案され効果をあげた．2年後からは，生育の早いドロノキ改良種も

図4 シマフクロウの生息環境を向上させるため,針葉樹の造林地を天然林へと誘導する努力が行われている.

加え,針広混交林形成の早期化を目指している.さらに実験林の周辺には,シマフクロウの食料となるエゾアカガエル *Rana pirica* やエゾサンショウウオ *Hynobius retardatus* の産卵地となるような溜まりも作り,実際に産卵に利用されるようになった.保護林内では,このような実験地以外の場所でも,針葉樹造林地で間伐を実施する際には造林地内に自生している広葉樹を残し,その生育を助長するように間引く針葉樹を選んでいる(図4).

これら長期的効果を目指した施業に加え,まずは現在の生存と繁殖を支えるため,保護林への巣箱の設置と魚類の給餌も実施されてきた.これらは環境省が中心として進めてきた保護増殖事業と重複する内容であるが,環境省事業で設置している巣箱が軽量化と耐久性を重視した強化プラスティック(FRP)製であるのに対し,国有林による巣箱は木製で,一個一個手作りである点を,筆者自身はたいへん気に入っている.その代わりに1個の重量が

100kg を優に超え，樹上へ設置する苦労は並ではない（口絵4）．

6　死因と事故対策

そもそも北海道においてシマフクロウが減少した理由は，上述したとおり生息環境の改変にあるが，現在では人為的要因による事故死が個体群存続にとって大きな障害となっている．1971〜95年の間に死因が特定できた31個体はすべて人為的要因による事故死であり，最多の死因は採餌に訪れた養魚場での溺死等で14件（36.8％）を占め，第2位の交通事故8件，感電死5件を上回った[6]．生息地内の養魚池では防鳥ネットを張らない等の対策が講じられているが養魚場での溺死は現在でも散見する．

また，1980年代から90年代前半には，まだ飛行能力を備えていない巣立ち後間もないヒナがキタキツネ *Vulpes vulpes schrencki* に捕食される例が相次いだが，その後，北海道におけるキツネ個体群は疥癬の発生により大きな打撃を受け1990年代中期から個体数は減少し始め，被害の報告は減少していった．逆に近年，巣内ヒナの大きな死亡要因となっているのがエゾクロテン *Martes zibellina brachyura* による捕食である．

キツネやテンによる捕食はヒナや幼鳥に被害が集中するが，飛行能力を獲得し行動範囲が拡大してから被害を受けるのが交通事故であり，近年，養魚場での事故死を抜いて最も主要な死因となっている．1991〜2001年に回収あるいは保護された死亡・傷病個体49例のうち，交通事故が12例で最も多く，養魚場での溺死等9例，感電2例を上回った[17]．感電事故は，常に養魚場での事故や交通事故に次ぐ死因となり続けている．

事故対策もなされてはいる．たとえば1992年，シマフクロウの主要な死因となっていた交通事故と感電事故への防止策が相次いで根室で実施された．2年続けて幼鳥の交通事故が発生し1羽が死んでしまった生息地において道路沿いにドライバーに喚起を促す看板が設置され（北海道新聞1992年9月22日付），同じく根室半島の国道沿いの電柱46基に感電防止の止まり木が北海道電力によって設置された（北海道新聞1992年7月11日付）．同様の事

第 4 章　生息地保全が大切ではないか？：シマフクロウ

故防止の取組はその後，各地の生息地へ拡大し続けているが，現在に至るまで交通事故と感電事故はシマフクロウの主要な死因であり続けている．

7 | 報道と保護

　直接の死因とは言い難いが，シマフクロウの繁殖および採餌に大きな悪影響を与えかねないのがメディアおよび個人による過度の接近と写真および映像の撮影，その結果の公表である．

　保護事業開始初期の 1985 年 7 月 4 日，北海道新聞に，足環の付いた巣立ちヒナの近接撮影写真が多数「絶滅危機の天然記念物　エゾシマフクロウを見た!!」との見出しとともに特集記事として掲載された．この報道に対し，事業実施生息地を部外秘とし報道機関にも協力を求めていた保護増殖事業主体の環境庁阿寒国立公園管理事務所長（当時）および委託を受けていた事業実施者の㈳北海道自然保護協会は，北海道新聞社に対して文書にて抗議を行っている．

　なぜ巣立ちヒナに関する報道が批判されたのか？　理由は二つある．まず，記者の接近がヒナを捕食の危険に晒す可能性があるためである．巣立ち直後の幼鳥はまだ飛ぶことができず，接近するヒトから逃げることもできない．通常，親鳥が子どものそばに待機し外敵から守っているが，親もヒトの接近を防ぐことはできず，諦めて子から離れてしまうこともある．したがってヒトが近づくことは親を子から引き離すことにつながり，その間，幼鳥が外敵等の危険に晒される危険性が増すことになる．また，ヒトの歩いた道をたどり，キツネ等の捕食者が幼鳥の存在を知るかもしれない．さらにせっかく安全な場所に身を置いていた幼鳥が，ヒトの接近に懲りて別の場所へ移動しようとすることもある．飛べない幼鳥の移動は危険きわまりない大冒険である．地上に降りているときに捕食者に襲われてはひとたまりもない．さらに，これら直接的生命の危険とは別に，写真や映像記録が公表されることでもう一つ不都合が生じる．それは個体とともに周辺の風景が写されることで生息場所が特定できる可能性があることだ．バードウォッチャーや写真家の接近は，

本人に悪気が無くてもシマフクロウの日常生活を乱すことになる．ヒトの接近そのものが繁殖や採餌活動の大きな妨げになりうるからだ．

　このような写真撮影による生息への妨害を恐れ，環境庁（当時）が巣箱からのヒナの巣立ちを正式に公表したのは1985年の11月になってからのことであった．ニュースとしての速報性を重視するメディアと，生息地への人的妨害を恐れる保護事業者間の葛藤は現在に至るまで大きな課題となっている．

　大きなメディアだけではなく，個人による撮影や接近が繁殖活動を妨害してしまう事態も発生している．営巣木に登り卵を撮影しようとした写真家の不注意により卵が破壊されてしまったり，抱卵期の巣に写真家が接近した後に親鳥が卵を放棄した事例も発生した．

　とくに接近が容易な生息地を訪れる"シマフクロウウォッチャー"数は増加を続け，採餌や繁殖活動への悪影響が危惧されている[18]．

　しかし，だからといってシマフクロウへの接近をすべて遮断し続け情報の発信を妨げることは，人々のシマフクロウへの関心を低下させる弊害を生む．そこで環境庁（当時）は1991年，根室における一生息地を公開しメディアの取材に協力すると発表した．報道機関に対しては常に取材の自粛要請がなされていたが，シマフクロウを隠すだけではなく，保護事業者が取材行為に関わったうえで節度有る撮影を実施させようとする方向への転換であった．

　同時に，特に北海道内に拠点をおくメディアに対して，繁殖行動の攪乱につながる行為・給餌場やねぐらにおける攪乱を避けること，また，その攪乱を侵した写真撮影等の行為を避けること，さらに生息場所を明らかにしたあるいは類推が容易な報道を避けることがあらためて要請された．メディアに対するこの依頼は現在に至るまで継続されているが，文書の題名が「シマフクロウの取材についてのお願い」であるとおり，要請以上の強制力は無い．しかも，筆者の知る限り，報道各社内において社員に全く周知徹底されていないのが現状だ．そのため，今でも生息地に関する情報満載の新聞記事やテレビコマーシャルが後を絶たない．

第4章　生息地保全が大切ではないか？：シマフクロウ

8 飼育か野生か？

　1995年に，保護増殖事業の小委員会的存在として，「シマフクロウ野外つがい形成促進計画（アクションプラン）」が設置された．このアクションプランは，北海道内におけるシマフクロウ個体数をおよそ倍増の200羽とすることを当面の目標とし，個体数増加・分布域拡大のための方策を具体的に設計し提案することが任務であった．しかし，3年間にわたる議論の行方はまさに「会議は踊る」という表現がふさわしいものになってしまった．

　最も議論が白熱したのは，どこでシマフクロウを増やすのか，という問題だった．動物園は健全な野生個体を飼育下に導入し，飼育下でヒナをどんどん生産すべきだ，と主張した．そのために2羽のヒナが孵化した巣から1羽を飼育下へ移す手段が提案された．一方で野生個体を研究対象としている筆者らは，その提案に賛成できなかった．筆者が研究対象としている個体に関して，ヒナが巣立ちまでの間に死んでしまう例が無かったため，「2羽のヒナのうち1羽は生存率が低い」という議論の出発点そのものに同意できなかったからだ．また，毎年せいぜい10～15羽の巣立ちヒナから健康に育っている何羽かを飼育下に移すことへの心理的抵抗は拭えず，さらに，飼育下の生存率が野外に比べて特段高くもない実態への不信感もあった．特に，1999年7月，動物園に飼育されていた個体のうち5羽が相次いで死に，その原因がビタミン薬大量投与にある可能性が高いと公表された時点で，不信感は最高潮にたっした．

　アクションプランの紛糾は，そのまま上部組織の分科会に持ち込まれ，アクションプランで行動計画を練り上げ分科会で承認を得るという既定路線は全く成立しなかった．

　アクションプランに与えられた期限は終わり，力作の報告書はできあがった．しかし，何一つ前進したとは思えなかった．

　アクションプランが終了しすでに10年が経過したが，未だこの「シマフクロウをどこで増やすのか」という問いに対して我々事業に関わる者たちは見解の一致を見ることができない．

9 大きな課題

　アクションプランは成功しなかったが，シマフクロウへの保護増殖事業は様々な蓄積を重ねてきた．これまで設置された巣箱は延べ200個を超え，事業開始直後から人為給餌を継続してきた根室や十勝は今でも北海道個体群の核となる成績優秀な繁殖地だ．巣箱の利用度は高く，年ごとの巣立ちヒナが20羽を超えることも珍しくなくなった．動物園で生まれたヒナも10羽を超えた．野生生物保護センターに保護収容された個体から何羽もが野生へ復帰を遂げ，野生復帰が不可能な個体は動物園へ移され後に繁殖に成功した例もある．

　しかし，筆者がシマフクロウに関わって22年が過ぎた今，25年前の保護事業開始時からシマフクロウが抱える問題点が何一つ解決していないこと，ここ数年の分科会での議論が，25年前の論点から進歩していないことに愕然としているのも事実である．

　現在我々が抱えている特に大きな困難は以下の2点であろう．

■その1　事故対策

　事故対策を重ねてきても，交通事故や感電事故で命を落とす個体は後を絶たない．たとえば，2004年1年間に収容された死体は過去最高の12羽にのぼり，死因は巣内でテンに捕食された幼鳥が3羽，交通事故が2羽，養魚場等での溺死が2羽，感電1羽，不明が4羽であった．この年は特にテンによる捕食が目立つ年であったが，相変わらず人為事故も多い．大雪山系東部に位置する十勝地方においては，相次いで2か所の生息地でつがいの片方が感電死の被害に遭い，子の産出が途絶えてしまった．本稿執筆中の2008年春にも，筆者の調査地で前年生まれたメス個体が，満1才を迎え親元から独立への第一歩を踏み出した途端，車に轢かれて死んでしまった．これら事故死体はもちろんすべてが発見・回収されているとは考えられず，特に出生地を離れた分散途中の若鳥に至っては，いったいその何倍の個体が人為的事故により命を落としているのか想像もつかない．電力会社や道路管理者も様々な

対策は実施しているが[19]，残念ながら技術開発も含めなお一層の対策が必要である．

■その2　法的生息地保全

絶滅の危機に瀕した野生生物保全にとって，生息地を保全することが必須であることは言うまでもないが，これこそ最も達成困難な課題でもある．人為的給餌と巣箱の設置は大きな効果をあげているが，一方で肝心要の生息地保全を後回しとする免罪符ともなってきた．そもそも人為給餌の対象となっている生息地は自然に生息している魚類生息量が極めて乏しく[20]，人為給餌が実施されている繁殖地では，親が巣内のヒナに運ぶ餌重量の8割以上が人為給餌されている魚類で占められている[21]．そのような場所で魚類生息環境が改善する兆しは無い．応急処置のはずの人為給餌が「普遍的保護策」になっている．

せめてこれ以上現生息地の環境を悪化させないために，2004年から日本野鳥の会による土地買い取りが進んでいる．すでに公表された買い取りによる保護区は根室市の一つがいの生息地内約20ヘクタールだが，別地域での準備も進行中である．

それと対照的なのは，「種の保存法」施行から15年が経過した2008年春現在でも，未だ，その法の下で定められるべき「生息地等保護区」が，シマフクロウに関して1か所も設置されていないことだ．法の条文中に，環境大臣が国内希少野生動植物種の保存のため必要があると認めるときは生息地等保護区を指定できる，と明記されているにもかかわらず，である．国はシマフクロウ保護のために生息地保護区の必要性を認めていない，ということか？

「生息地等保護区」に指定された生息地は，開発行為からシマフクロウを守るのはもちろん，繁殖等に影響を与える人の立ち入りを規制することもできる．かねてより，シマフクロウの繁殖地へのバードウォッチャーによる接近や写真撮影は大きな問題であったため[18]，この法は，環境省にとって有効な武器となるはずであった．

2008年現在，シマフクロウ生息地のなかで法的に人の立ち入りを規制で

きているのは，知床鳥獣特別保護区内の「特別保護指定区域」のみである．しかし，この地域は「特別保護指定区域」指定前から車両の進入が禁止される等，シマフクロウへの人為的な悪影響は小さい生息地域であった．

上述した国有林内の保護林についても，人の立ち入りへの規制は原則として無い．

現生息地の保全も保証されていない現状であることを考えれば当然ではあるが，シマフクロウの分布拡大を促すような現生息地周辺域の保全，あるいは生息地間を結ぶシマフクロウの生態的回廊（コリドー）を確保あるいは復元するような対策は手つかずのまま残されている．

さらに，シマフクロウの主食である魚類の生息環境も改善する兆しは無い．世界自然遺産に指定された知床はシマフクロウの重要な生息地だが，サケマスの遡上を阻害している治山ダムや砂防ダムについて，ダムそのものの撤去も含めた改良の必要性をユネスコに指摘されている．しかし，現在のところその見通しは立っていない．それでも知床半島のシマフクロウは海岸線も行動域に含んでいるため，海浜の魚も利用することができる．一方，十勝川のように長く流域面積の広い河川では，河口の平野部はすっかり人の居住地となり，シマフクロウが棲めるのは中上流域の支流に限定されている．彼らは海の恵みを全く利用することができず，さらに多くの場合，行動圏のなかに発電，農業用水，砂防等様々な目的により作られた工作物がいくつも存在する．養魚施設での事故が無くならないのは，それ以外の場所でシマフクロウが魚をみつけることができないことの証でもある．

10 分布域復元のために

では，このように生息環境の改善が進まないなか，我々はどこまでシマフクロウに人為を加えれば良いのだろうか？

野生生物を保護する行為自体が人為的活動である．保護事業開始当初から実行されてきた給餌も巣箱設置ももちろん人為である．しかし，どこまで野生個体に直接人の手を加えて良いのか，という問に答えるのは難しい．

第4章 生息地保全が大切ではないか？：シマフクロウ

　筆者の正直な心情は，「手に取るなやはり野におけ蓮華草」である．飼育施設で尽力している関係者には申し訳ないが，やはりシマフクロウは北海道の野にいるから美しい．あの威厳は自由な身からのみ発せられると思う．だからこそ，我々がすべきは一にも二にも生息地保全である，と，主張してきたし今でも確信している．

　しかし，同時にあせりも感じる．達成に長期間を要する正攻策だけでは，明るい展望すら得られないまま時間切れを迎えるかもしれないという恐怖心すら覚える．

　そんな焦燥感のなかにいた2006年夏，嬉しい知らせが届いた．筆者がシマフクロウの生態調査を始めた1987年に調査地で巣立ったメス個体が，出生地から直線距離で96km離れた北海道北部で定着していることが確認されたのだ．北海道北部での生息確認は約45年ぶりであった．メスは他の生息地からほぼ100km離れた孤立した生息地で20歳を迎えようとしており，ひとりぼっちだった．夕刻になると1羽で控えめに鳴いていた．18年ぶりの再会に気持ちが動いた．このままオスの飛来と偶然の出会いを待つには，彼女も自分も歳を取りすぎている気がした．動物園で42才の長寿記録があるとはいえ，彼女がシマフクロウの分布域拡大にさらに貢献できる機会を一日も早く作るべきだと確信した．

　幸いなことに翌2007年，保護増殖事業として正式にオス個体の導入が決定され，10月，根室で保護され飼育されていた年下のオスが導入された．メスが主要な採餌場にしている川沿いにケージが設営され，そのなかにオスを移し，2週間のお見合い期間を設けた後に無事放鳥に至った．2羽は早速つがいの絆を固めるかのように鳴き合い，近くで休み，一緒に採餌に飛来するようになった．自ずと繁殖への期待が膨らんだ矢先，2008年3月に，オスが送電線の電柱で感電事故に遭ってしまった．この事故を契機に発声に異常が認められるなど休調に変化はあったが，幸いなことに命はとりとめた．メスとともに飛行し採餌も確認されたことから野外での自活に問題は無いまでに回復したようだった．ところが6月，採餌に訪れた養魚場で溺死体となって発見された．オスの自由な生活は8か月で突然終わりを迎え，メスはまたひとりぼっちになった．

この死は我々関係者に深い悲しみを残し，事故対策の不十分さへの非難も受けた．ただ，原生的環境をシマフクロウに与えるのはもはや不可能であり，危険に満ちた人の住む場所を利用する以外，分布域を拡大させる道は無いという事実は受け入れるしかない．北海道で暮らすシマフクロウは，常に交通事故や感電事故の危険と隣り合わせだし，養魚場に魚を求めて飛来すれば今回のような事故も起こりうる．もちろん，我々が人為的に移動させ放した場所で個体が事故死した事実は重く受け止めねばならない．しかし，過剰に反応し臆病神にとりつかれ，今後さらに多くの年数を浪費するのは避けねばならない．

　理想的な生息環境をシマフクロウに提供するのは難しいが，シマフクロウがいることをきっかけに，まずはそこから，少しでも理想的な環境に近づける努力なら可能だろう．一朝一夕に大木は育たないし，事故の全要因の除去はできず，川に魚を溢れさせることはできない．しかし，シマフクロウの存在を要として，一本一本の電柱に感電対策を施す必要性を辛抱強く訴え，交通事故対策を常に求めると同時に，電柱より魅力的な天然の止まり木を提供する森林と，車道を通らずとも北海道内を自由に行き来できる河畔林のコリドーを復元する努力を少しずつでも続けていくことで一歩ずつ生息環境は向上していく．給餌や巣箱といった地味な保護策は極めて重要だが，それらを安定して継続するためにも，時折は世間の耳目を集める新展開で成果をあげることは有効な戦略になるだろう．

　あまりに保護増殖事業が閉じた世界で実施されているために，二十数年前から同じ論議が繰り返されていることを客観的に責められる機会は少ない．しかし，だからこそ，関係者自身がこれまでの蓄積を活かし先進的視点を持つことが求められている．24年前，保護増殖事業の開始により，なんとか終末の到来を食い止めた．その当時は時代を先取りする論議がなされていたと思う．だが，次の段階へ登り損ねたまま歳月を重ねているうちに，時間に追い越されてしまった危惧を感じる．我々関係者が時流を軽視し自流にこだわりすぎることで，今度は本当に取り返しのつかぬ事態を招きかねない．持続力と瞬発力の両方を兼ね備えた保護増殖事業の展開が求められている．

参照文献

1) Collar, N. J. ed. (2001) *Threatened birds of Asia: the BirdLife International red data book*. BirdLife International, Cambridge, U. K.
2) 山本純郎（1999）『シマフクロウ』北海道新聞社.
3) Slaght, J. C. and S. G. Surmach. (2008) Biology and conservation of Blakiston's fish-owl. (*Ketupa blakistoni*) in Russia: a review of the primary literature and an assessment of the secondary literature. *J. Raptor Res*, 42 (1): 29–37.
4) Surmach, S. G. (1998) Present status of Blakiston's Fish Owl (Ketupa blakistoni Seebohm) in Ussuriland and some recommendations for protection of the species. *Rep. Pro Natura Found*. 7: 109–123.
5) The IUCN Species Survival Commission (2007) 2007 IUCN Red List of Threatened Species. http://www.iucnredlist.org/
6) 早矢仕有子（1999）「北海道におけるシマフクロウの分布の変遷 — 主に標本資料からの推察」『山階鳥研報』31：45-61.
7) 環境省編（2002）『改訂・日本の絶滅のおそれのある野生生物 — レッドデータブック』㈶自然環境研究センター.
8) 永田洋平（1972）「主として北海道東部におけるシマフクロウの生態について」『釧路博物館報』217：37-43.
9) 北海道教育委員会（1977）『エゾシマフクロウ・クマゲラ特別調査報告書』.
10) 高田勝「飛び立て　シマフクロウ」あかね書房.
11) Hayashi, Y. (1997) Home range, habitat use and natal dispersal of Blakiston's fish-owls. *J. Raptor Res*. 31 (3): 283–285.
12) Hayashi, Y. (2009) Close inbreeding in Blakiston's fish-owl (*Ketupa blakistoni*). *J. Raptor Res*. (in press)
13) Hayashi, Y. and C. Nishida-Umehara (2000) Sex ratio among fledglings of Blakiston's Fish-owls. *Jpn. J. Ornithol*. 49: 119–129.
14) 石城謙吉・菅田定雄（1993）『苫小牧演習林へのシマフクロウ移住計画』『北方林業．45 (6)：5-8.
15) 石城謙吉（1994）『森はよみがえる』　講談社現代新書.
16) 畠山武道（2001）『自然保護法講義』　北海道大学図書刊行会.
17) 齊藤慶輔（2002）「シマフクロウ（*Ketupa blakistoni*）の交通事故 — 野生動物医学的考察 — 」『第一回 野生生物と交通研究発表会 2002年 2月 18日』：27-30.
18) 早矢仕有子（2002）「『絶滅危惧種ウオッチャー』の増加がシマフクロウに与える影響」*Strix* 20: 117-126.
19) 齊藤慶輔．渡辺有希子（2006）「北海道における希少猛禽類の感電事故とその対策」『日本野生動物医学会誌』11 (1)：11-17.
20) 竹中健（1999）「シマフクロウ」, 斜里町立博物館編『しれとこライブラリー 1 知床の

鳥類』北海道新聞社.
21) 早矢仕有子 (1993)「シマフクロウの生態 ある家族の5年間」東正剛・阿部永・辻井達一 編『生態学からみた北海道』北海道大学図書刊行会.

column 4

生息地の開発と分断化

● 植田睦之

　生息地の開発は，これまで，鳥類保護の最大の問題となってきた．生息地の消失により猛禽類やツル類などの大型の鳥やクマゲラやオオトラツグミなどの大径木林が必要な鳥が絶滅の危機に追い込まれてきた．近年は自然保護思想の普及やバブルの崩壊等により，以前よりもその影響は小さくなってきているように思われるが，それでもなお，希少種の保護のための大きな問題の一つである．

　生息地の開発はいくつかの作用をとおして鳥の個体群に影響を与える．一番直接的な影響は生息地の消失である．生息地が無くなってしまえば鳥が生息できなくなるのは自明のことである．しかし，消失しないまでも生息地が減少することは，繁殖成績の低下などにつながり徐々に個体数が減る原因になる．また生息地がばらばらになる生息地の分断化も鳥に大きな影響を与える．分断化の影響は，森林でも草原でも水域でも同じように働くが，ここでは研究例の多い森林についてみていく．

　分断化の影響の一つは移動の阻害である．鳥は飛翔能力があるので，カエルなど他の生物よりは阻害の度合いは小さいが，それでも森林の鳥は森林外に出るのを嫌がる．そのため，生息地と生息地の間の距離が鳥の移動可能距離よりも長くなれば，その場所は他の生息地から孤立することになる．A地域とB地域があり，ある冬，木の実がならなくて食物不足に陥り，A地域

の鳥がたくさん死んでしまったとする。もし両地域を鳥が行き来できるのなら、B地域からの移入により、A地域の鳥の絶滅は防がれる。また逆にB地域で何かが起きてもA地域からの移入で絶滅は防がれる。しかし、分断化によりA地域とB地域の移動が妨げられたとすると、その食物不足によってA地域の鳥は絶滅に向かってしまうかもしれない。このような移動の阻害を軽減させるために生態的回廊（コリドー）を作り残存する生息地をつないでいこうという試みがなされている。また生息地を分断している環境およびその質が移動の阻害に与える影響についての研究も進められている[1]。

分断化の影響の二つ目としては、森林と草原などの他の環境が接する林縁部分が増えてしまう影響があげられる。林縁部分が増えることは林縁で採食する森林性の鳥、たとえばオオタカ[2]のような鳥にはプラスに働く。さらに草原と接している場合は草原の鳥がその場所を利用するようになったり、水辺に接している場合は水辺の鳥が利用するようになったりするなど、単純に種数だけで見ると分断化により生息種が増加する場合もある[3]。しかし、本来の森林の鳥には悪影響が生じる。森林性の鳥のなかには林縁を嫌う林内種と呼ばれる鳥たち、たとえばツツドリやアオバト、キクイタダキなどがおり[4]、それらにとっては分断化が強い負の影響を与えるのである。たとえば、$1km^2$の正方形の生息地があったとする。林内種が林縁から100mの範囲を利用しないとした場合は、林内種にとっての生息地は、$1km^2$ではなく、生息地の周囲100mを除いた64haとなる。このような林内種にとっての実効の生息地は分断化により大きく減少する。$1km^2$の生息地が500m×1kmの二つに分断化した場合には、森林面積自体は変わらなくても、林縁が増えることにより、林内種にとっての生息地は48haにまで減ってしまうのである。

また林縁部の増加が卵やヒナの捕食や托卵の危険を高め、繁殖成績の低下により小鳥が減少していることがアメリカで明らかにされている[5], [6]。アメリカではアライグマやアオカケスなど主要な捕食者は開けた環境あるいは林縁に多く生息している。そのため卵やヒナの捕食は林縁が増えることにより増加するのである。またアメリカでの主要な托卵者であるコウウチョウは草原に生息する鳥で宿主の特異性もないので、林縁が増えることにより托卵が増えることになる。日本の托卵鳥は宿主特異性があり、かつコウウチョウの

ように草原性でもないので，林縁が増えることで托卵が増えるということはないと思われる．しかし主要な捕食者のハシブトガラスは林内よりも林縁に多く[4]，日本でも森林の分断化が捕食の増加につながる可能性は高い．

　ここでは，森林の分断化を中心に話を進めた．研究例は多くないが草原や湿地でも同様の作用をとおして影響が生じるだろう．現在，日本では草原や湿地の方が開発圧にさらされているので，今後こういった環境についての分断化の影響とその対策についての研究が必要であろう．

参照文献

1) 加藤和弘 (2005)『都市のみどりと鳥』朝倉書店．
2) 松江正彦・百瀬浩・植田睦之・藤原宣夫 (2006)「オオタカ (*Accipiter gentilis*) の営巣密度に影響する環境要因」『ランドスケープ研究』69：513-518．
3) Dickman, C. R. (1987) Habitat fragmentation and vertebrate species richness in an urban environment. *J. Appl. Ecol.* 24: 337-351.
4) Kurosawa, R., and R. A. Askins. (1999) Differences in Bird Communities on the Forest Edge and in the Forest Interior: Are There Forest-interior Specialists in Japan? *J. Yamashina Inst. Ornithol.* 31: 63-79.
5) Wilcove, D. S. (1985) Nest predation in forest tracts and the decline of migratory songbirds. *Ecology* 66: 1211-1214.
6) Faaborg, F., Brittingham, M., Donovan, T. and Blake, J. (1995) Habitat fragmentation in the temperate zone. In *Ecology and management of Neotropical migratory birds*. T. E. Martin and D. M. Finch (eds.), 357-380, Oxford University Press, New York.

第5章

呉地正行
Kurechi Masayuki

繁殖地放鳥と回復の軌跡
―― シジュウカラガン ――

　日本国内ではこれまでに9種のガン類が記録されている．かつてはこれらの種の多くが群れで多数渡来していたが，その後羽数が激減したり，群れとしての渡来が途絶え，時に1～数羽が観察される程度の「希少種」となってしまったものも少なくない．この章で扱うシジュウカラガン *Branta canadensis leucopareia* もその一つである．

1 | シジュウカラガンとはどのようなガンか

　シジュウカラガンはカナダガン* *Branta canadensis* の1亜種で，かつては日本と米国西海岸で多数が越冬していた．
　カナダガンは，北米北部に広く繁殖分布し，黒い首と，白い頬を持つガンの一種で，地域ごとに大きさ，体色などが異なる，8グループ（亜種）に分化している[1]（図1）．これらのなかで，大型の亜種は最も南で繁殖し，各国で外来種として問題となっているオオカナダガン（*B. c. moffitti*）もその一つである．その北の内陸部と沿岸域では中型の亜種が繁殖し，さらに北の沿岸域や島々では小型の亜種が繁殖している．この小型亜種のうち，アリューシャン

1　シジュウカラガン B.c. leucopareia

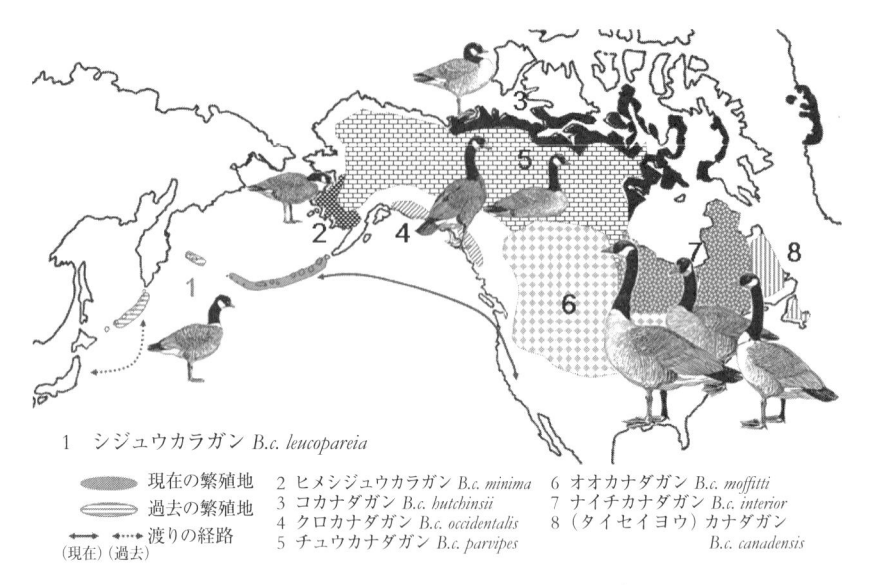

- 現在の繁殖地
- 過去の繁殖地
- 渡りの経路 (現在)(過去)

2　ヒメシジュウカラガン B.c. minima
3　コカナダガン B.c. hutchinsii
4　クロカナダガン B.c. occidentalis
5　チュウカナダガン B.c. parvipes
6　オオカナダガン B.c. moffitti
7　ナイチカナダガン B.c. interior
8　(タイセイヨウ) カナダガン B.c. canadensis

図1　亜種シジュウカラガンを含むカナダガンの繁殖地の分布（Palmer (1976) を編集）

列島と千島列島の島々で繁殖していたのがシジュウカラガンである．このシジュウカラガンのうち，アリューシャン列島で繁殖していた群れは米国西海岸へ渡り，千島列島で繁殖していた群れが日本に定期渡来していたと考えられている．日本にはさらに小型のヒメシジュウカラガン (B. c. minima) も不定期に渡来するが，定期的に渡来するのはシジュウカラガンだけで，しかもこの群れは，カナダガンのグループ全体のなかで，唯一アジア地域で繁殖，越冬する個体群でもある．シジュウカラガンは，カナダガンのなかではヒメシジュウカラガンに次いで小さく，その体重は最大のオオカナダガンの4分の1ほどしかない．その鳴き声も大型亜種の低く鳴り響くような「ホーンク・ホーンク」に対して，「キャク・キャク・キャク」と子犬のように甲高く，はっきりと異なっている．また，ガン類全体のなかでも小型のガンに属している．日本ではシジュウカラガンは，中型のガンのマガン Anser albifrons の群れのなかに観察されることが多いが，マガンよりも一回り小さく見える．他の亜種との外見上の際立った違いは，頭頂部が平らで頭部が四角に見え，また首の

付け根にはほとんどの個体に明瞭な白い首輪が現れることで，大多数の個体を野外でも識別することができる[2]．

なお，シジュウカラガンは日本のみならず，世界的に絶滅のおそれがある種（亜種）を扱う IUCN（国際自然保護連合）のレッドリストにも記載されている[3), 4)]．

Box

カナダガンという名称について

日本鳥類目録では，シジュウカラガンという和名は種名 *Branta canadensis* と亜種名 *B. c. leucopareia* の両方に用いられている[5)]．このことがしばしば混乱を引き起こす原因になっている．この混乱を防ぐために，ここでは種名 *B. canadensis* を"カナダガン"と呼び，絶滅が危惧される亜種 *B. c. leucopareia* だけを"シジュウカラガン"と呼ぶことにする．日本で記録されている在来のカナダガンは，小型の亜種に属するシジュウカラガンとヒメシジュウカラガンだけである．しかし，国外から持ち込まれた大型の「外来亜種」（亜種オオカナダガンの可能性が高い）が野生化し，国内で繁殖・分布を広げつつある．最近は富士山麓を中心に，西は長野県，東は宮城県の範囲で観察されるようになり，「シジュウカラガン」として記録報告されることが多くなった[6)]．一方亜種シジュウカラガンも回復計画の成果もあり，野生個体も放鳥個体も増加傾向を示し，特に放鳥個体の場合，観察地域が広がり，外来亜種との生息域が重なるのも時間の問題になってきた．実際に千葉県の手賀沼では大型のカナダガンが定着し，その一方で印旛沼や木更津市にはシジュウカラガンの飛来が確認されている．また国内最大のガン類の生息地で，野生のシジュウカラガンの越冬地でもある宮城県蕪栗沼でも 2007/08 越冬期に初めて大型のカナダガンが観察されている（戸島 私信）．希少亜種と外来亜種の混乱を避け，それぞれの動向を的確に把握していくためにも，早急に和名を整理する必要がある．

なお，米国鳥学会（American Ornithologists' Union）は，2004年にカナダガンを二つの種に分類し，大型亜種は Canada Goose *Branta canadensis* に，またシジュウカラガンを含む小型亜種は Cackling Goose *Branta hutchinsii* としてそれぞれ別種として扱われるようになった．この分類は2005年には，英国鳥学会（British Ornithologists Union）でも採用され，IUCN の Red List（2007）でもこの分類が採用されている[4)]．

現在各所で見られる在来の希少亜種であるシジュウカラガンと，外来亜種の大型カナダガンの無用な混乱を回避するためにも，日本でも速やかにこの分類の採用を検討すべきである．

図 2-1　観文禽譜のシジュウカラガン　　図 2-2　観文禽譜
　　　　（宮城県図書館所蔵より複写）　　　　　　　（宮城県図書館所蔵より複写）

2　シジュウカラガンの分布・個体数の歴史的変遷

(1) 観文禽譜に見るシジュウカラガン（江戸時代）

　徳川幕府の有能な行政官（若年寄）で，鳥類学者でもあった堀田正敦（1755-1832）の著書・『観文禽譜』(1831) は，全12巻に及ぶ江戸時代最大の鳥類図鑑である．『観文禽譜』は，様々な情報を文章でまとめた「観文」と，個々の鳥を1種ずつ詳細に描き，その関連情報を図の片隅に書いた「禽譜」の二部構成になっている．438種の鳥類について記述されているが，特にガン類についてはたくさんの記述が見られる．その理由は，著者の正敦が，若い頃から当時ガン類が多く生息していた仙台藩領内で，雁猟に親しんでいたためと思われる．シジュウカラガンについては，その図版とともに，自分の経験も含め，以下のような興味深い記述を残している．頬に小鳥のシジュウカラのような白い紋様があることを，シジュウカラガンと呼ばれる理由としてあげ，仙台では，「イヌガン」と呼ばれ，正敦が仙台にいた頃は，「シジュウカラガンが甚だ多く，終日狩りをすると十のうち七，八はこの鳥を獲た．」と書いている[7), 8), 9)]（図2-1, 2）．このことから，18世紀の終わり頃には，仙台藩領内にはこの鳥が多数飛来していたことが分かる．

(2) 明治〜昭和初期のシジュウカラガンの状況

次にこの鳥が記録されたのは,その約100年後の1880年で,探検家で博物学者のブラキストンが函館で採取・報告している.またその12年後の1892年に,スノー船長により千島列島中部および北部に位置するウシシル島とエカルマ島で,この鳥の卵やヒナが確認されている[10].これらの一連の事実から,日本へ飛来するシジュウカラガンの繁殖地は,千島列島の島々だったと考えられている.

シジュウカラガンはその後も,1920年代までは関東地方に群れで渡来し,1922年1月7日には千葉県南行徳新浜では101羽の群れが記録され,手賀沼で捕獲・飼育されていた個体の写真も残されている[11].

横田[12]は,古老の猟師・高橋虎三郎から聞き取りを行い,1935年頃までは宮城県の仙台市周辺にも数百羽単位の群れが飛来していたことを明らかにした.虎三郎は1910〜15年と1925〜35年にわたり,仙台の近隣で雁撃ちを行っていたが,『シジュウカラガンが飛来するのは,仙台市東部の福田町水田とその東に続く田子部落と多賀城市の水田に限られていた』と述べている.この区域に飛来するガンは,『マガンとシジュウカラガンで,マガンよりシジュウカラガンが多く』,『シジュウカラガンだけで群れを作り,20〜30羽の小群や,100羽ほどの大群もあり,時に200羽ほどの群れもみた記憶がある』と,述べている.また,『雁撃ちの名人だった,父・虎蔵が3日間連続で福田町で雁猟を行い,毎日シジュウカラガンを撃ち,多いときは1日に最高17羽も落とした』とも述べている.雁猟に用いられていた銃が単発銃だったことを考えると,その当時,かなり多くのシジュウカラガンが飛来していたことが想像できる.

観文禽譜(堀田正敦)と高橋虎三郎の証言により,少なくとも18世紀末から1935年までは,仙台市周辺の水田にはシジュウカラガンの群れが定期的に多数飛来していたと推定される.

図3 シジュウカラガンの繁殖地ウシシル島に，農林省水産局により放されたアオギツネ（1916年）

3 繁殖地の島へのキツネ放獣により，絶滅の危機に瀕したシジュウカラガン

　20世紀の初頭に，シジュウカラガンに最大の危機が訪れた．世界的な毛皮ブームを背景に，毛皮用動物の養殖が各国で始まり，日本政府は国策として養狐事業に着手した．1915年に農林省が当時日本領だった千島列島で養狐事業を開始し，翌年にはシジュウカラガンの繁殖が確認されていたウシシル島で天敵のアオギツネの放し飼いを開始した（図3）[13), 14)]．その後多くの毛皮業者が，千島の島々で養狐事業を始めた．またほぼ同時期の1915-35年に，米国領のアリューシャン列島でも毛皮業者が，190の島々にキツネを次々に放した[15)]．

　このことは，地上に営巣するシジュウカラガンに致命的な影響を与えた．キツネが放された島のシジュウカラガンは，キツネに捕食され，ついに1938年にはアリューシャンの繁殖地の島々では1羽も確認することができなくなってしまった．千島列島についてもキツネの放獣が行われた繁殖地の

ウシシル島では，現在もアオギツネが生息し，シジュウカラガンは姿を消してしまった．また越冬地の日本でも1935年以降は，その飛来が確認されなくなった．そのためにシジュウカラガンは地球上からその姿を消し，絶滅してしまったと考えられていた[16]．

しかし1963年に，米国の研究者によりアリューシャン列島の小島のバルディール島で奇跡的に生き残ったシジュウカラガンの小群が発見された[15]．この島は急峻な地形のため毛皮業者が島に上陸することができず，キツネの放獣を免れたのだった．

また，翌1964年には，宮城県の伊豆沼で1羽のシジュウカラガンが再発見され，日本へ飛来する群れも絶滅していないことが分かった．伊豆沼では，1970年以降は毎冬1-3羽のシジュウカラガンが確認されるようになり，以後この状態が続いていた[17], [18]．

4 米国でのシジュウカラガン羽数回復計画の歩み

シジュウカラガンは，かつてアリューシャン列島全域やアラスカ半島の南に位置する島などで営巣し，北アメリカの西海岸に渡り，越冬地の南限はメキシコまで広がっていた．前述の通り，一時絶滅したと思われていたが，1963年にバルディール島に奇跡的に生き残っていた200-300羽のシジュウカラガンが再発見された（図4）．米国政府はすぐに魚類野生生物局内にシジュウカラガン羽数回復チームを作り，同年にバルディール島でヒナを捕獲し，羽数回復計画に向けてヒナの人工飼育を開始した．

1967年には「絶滅の危機に瀕した種の保護法」（Endangered Species Act）に基づく，初めての絶滅の危機に瀕した（亜）種に指定された．1971-82年には，人工飼育下で生まれた個体や野生捕獲したシジュウカラガンを，キツネのいないアリューシャンの島々へ放鳥し，1973-1984年には，シジュウカラガンの越冬地と繁殖地の両方で，狩猟禁止区を設置した．

その結果，1975年には春の渡り時期の個体数は790羽まで増加した．また回復事業の一環として，アリューシャン列島の繁殖地の島でのキツネの駆

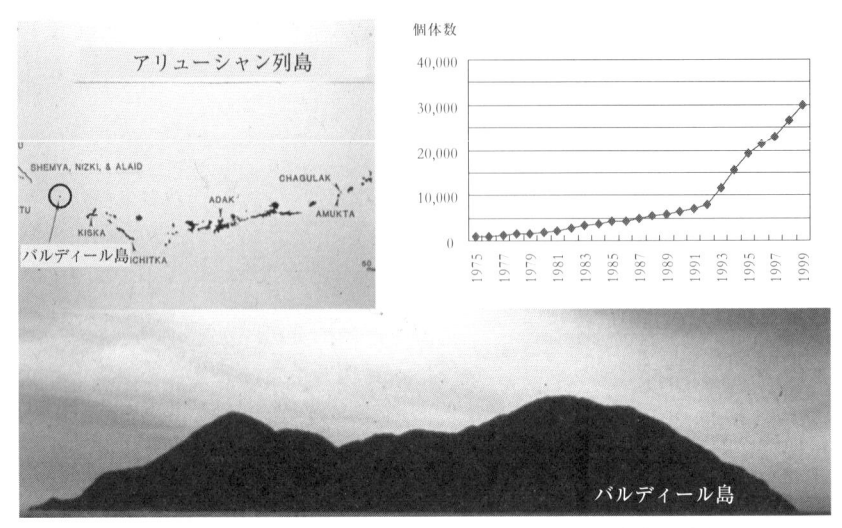

図4 シジュウカラガンの最後の繁殖地となったバルディール島と，米国・カリフォルニア州での越冬個体数の変化

除や，シジュウカラガンが生息していない島への鳥の移送・放鳥も開始した．

　1984年にはこれらの島々でシジュウカラガンが繁殖を開始し，四つの島からキツネを駆除することに成功し，1990年には個体数が6300羽まで増加した．

　1990年12月には保護の効果があがり個体数が増加したために，シジュウカラガンは「絶滅の危機に瀕した」種から「絶滅のおそれがある」種へと指定変更され，回復計画の修正も行われた．

　1990-98年は回復事業が効果をあげ，個体数は年平均20％の割合で増加し，1999年には3万羽を超えた．同年に米国魚類野生生物局はシジュウカラガンを「絶滅の危機に瀕した種の保護法」のリストから削除することを提案し，パブリックコメントなどを経て，2001年に正式にそのリストから削除された[16]（図4）．

第5章　繁殖地放鳥と回復の軌跡：シジュウカラガン

5 アジアでのシジュウカラガン羽数回復計画の歩み

(1) 越冬地・中継地放鳥

　日本でのシジュウカラガン羽数回復事業は，米国の支援の下に，仙台ガン研究会（仙台市八木山動物公園・日本雁を保護する会）での合意により始まった[15]．

　1983年に米国から借り受けた繁殖用の親鳥が八木山動物公園の繁殖用施設に到着し，飼育下での繁殖をめざす取り組みに着手し，1985年には飼育下での繁殖に成功した[15]．次にこれらの飼育下で生まれたシジュウカラガンを野生復帰させる取り組みが始まった．かつて日本へ渡っていたシジュウカラガンの繁殖地だった千島列島は，現在はソ連（現ロシア）に属し，日本との間には政治的な壁があった．壁を越えて直接的な交流を行うことは，その当時は不可能だった．そこで次善の策として，飼育下で生まれた幼鳥を伊豆沼などの国内のガン類の越冬地や中継地で放鳥し，野生のガン群とともに北の繁殖地へ渡らせる「越冬地・中継地放鳥」が計画実施された．1985年から91年までの7年間に，様々な手法で37羽（越冬地31羽，中継地6羽）が放鳥された．そのうちの約60％に当たる22羽は，放鳥後に野生のガン群やハクチョウ群とともに行動するようになり，「野生化」には成功した．またその約40％に当たる9羽は，春の渡りが始まると北への移動を開始した．そのうちの8羽はマガン群とともに越冬地である宮城県の伊豆沼周辺などから八郎潟，小友沼（秋田県）やウトナイ湖周辺（北海道）などを経て，マガンの最終中継地である北海道の宮島沼まで移動した．また1羽はコハクチョウの群れとともに，いったん福島県の阿武隈川まで南下し，その後新潟県の瓢湖，佐潟などを経由し，北海道北端のクッチャロ湖，サルコツ沼まで渡ったことが確認された．そして日本からさらに北に向けての渡りの時期が近づくにつれて，これらの鳥がいつ日本から北へ飛び立つのかについて，期待と関心が高まった．しかし宮島沼まで移動したシジュウカラガンのうちの4羽は，宮島沼で発見された数日後に北ではなく南へ移動し，再び越冬地の伊豆沼周辺の迫川(はさまがわ)に舞い戻り，その後迫川に定着するようになってしまった．

　シジュウカラガンの回復計画がめざすものは，秋になると繁殖地のロシア

表1　日本国内で放鳥したシジュウカラガンの経過

(1985-91)

	放鳥数	野生化[1]	国内移動[2]	国外への渡り[3]	2年連続飛来[4]
合　　計	37	22	9	3	1
越冬地放鳥	31	22	9	3	1
中繼地放鳥	6	0	0	0	0

1　放鳥後に，野生のガン群やハクチョウ群に混ざり，同一行動をとるようになった個体．
2　越冬地と中継地間の移動が確認された個体．
3　春の渡りの時に国内の最終中継地まで移動し，野生のガン・ハクチョウ類の春の渡りの終了と共に国内では観察されなくなり，国外まで渡っていったと考えられる個体．
4　前年度の春に野生のガン・ハクチョウ類と共に北帰し，翌年度の冬に国内で再び観察された個体．

から飛来して日本で越冬し，春になると再び繁殖地のロシアへ渡る群れを回復することで，放鳥個体が周年日本に生息し「留鳥」化することは，この計画の目的とするものではなかった．また留鳥化することによる生態系への悪影響も危惧されたので，結果的に残留してしまったすべてのシジュウカラガンを，翼の羽が一斉に抜け落ち飛翔不能となる換羽期に，すべて捕獲して八木山動物公園に収容し，その後は繁殖用の鳥として飼育している．

　越冬地放鳥では，その多くが放鳥後に野生のガン群などと行動するようになり，「野生化」にはほぼ成功した．しかし，シジュウカラガンを集団で放鳥すると，シジュウカラガンだけで行動することが多くなり，春の渡りの時期になっても渡りをせずに，越冬地に残留する傾向が強くなることが分かった．この問題を解決するために，放鳥方法を群れではなく単独放鳥に変更し，放鳥する場所も越冬地だけでなく中継地の北海道でも行うように改善した．群れを復元するためには，まとまった数の鳥を放鳥することが必要となる．しかし，放鳥数を増やすと単独放鳥した鳥が再びシジュウカラガン同士で群れを作り，残留傾向が高まってしまうので，渡りをさせるためには放鳥数を制限しなければならないという自己矛盾に陥ってしまった．結局37羽の放鳥個体の内，日本からさらに北へ渡ったことが確認できたのは3羽だけで，その1羽は翌年度越冬地の伊豆沼まで再渡来したが，全体としては十分な成果をあげることができず，計画の見直しが必要になった[15]（表1）．

(2) 日ロ米共同での繁殖地放鳥の開始

1989年に，長年私たちと共同でガン類の標識調査を行っていた，全ソ狩猟業研究所カムチャツカ支部（現ロシア科学アカデミー太平洋地理学研究所）のゲラシモフ博士が来日した．その際に，博士にアジアのシジュウカラガンの回復計画について相談し，共同事業の実施について合意を得た．また1990年にソ連（現ロシア）のマガダンで行われたソ連科学アカデミー北方生物問題研究所（IBPN）主催の，旧北区東部湿地ネットワーク（EPW）会議の際にも，この回復計画実施について提案を行い，その内容が会議の決議事項にも盛り込まれ，EPWの合意を得た事業にもなった．その翌年の1991年にソ連が崩壊し，ロシア共和国が誕生した．この政治体制の変化は，繁殖地の千島列島で放鳥し，日本へ渡るシジュウカラガンの群れの回復をめざす日ロ米3か国の共同事業を後押しすることになった．

1992年にカリフォルニア州で米国のシジュウカラガン回復チームの年次大会が開催され，日ロ米の関係者が参加した．議論の結果，かつての繁殖地であった千島列島でシジュウカラガンを放鳥し，アジア個体群の回復をめざす事業を3か国共同で実施することについての合意が得られた[19],[20]．同年にシジュウカラガンの飼育・繁殖用施設がロシア・カムチャツカ州に完成し，繁殖地放鳥の体制が整った[21]．翌1993年に行われた日ソ渡り鳥条約専門家会議では，シジュウカラガンの羽数回復事業が，日ロ両国政府の合意を得た共同事業として承認された[22]．

(3) 羽数回復計画策定に向けての検討

日本へ渡来していたシジュウカラガンはかつて千島列島中部の島々で繁殖が確認されていたが，繁殖地の島へ天敵のキツネが放獣されたため，その群れのほとんどが失われてしまった．その群れを復活させるために注目したのが，ガン類に特有な以下の四つの習性を利用することだった[23],[24],[25]．

習性1：卵からふ化したガンのヒナは，最初に見たものを自分の親と思い込む「刷り込み」という習性を持つ．
習性2：ガン類は渡りの経路を本能ではなく学習によって学ぶ．

習性3：ガン類のヒナは，自分が初めて飛ぶことを覚えた場所に強く固執する．

習性4：ガンのヒナは，自分と同じ巣でふ化したヒナを見て，種の認識を行い，ヒナの数が多いほどその認識は強固になる．

この習性を活かし，渡りの経験のないシジュウカラガンを越冬地の日本まで渡らせる手法として，スウェーデンでカリガネ *Anser erythropus* の羽数回復に効果をあげている「仮親方式」[23]の採用を検討した．

この方式の骨子は以下のようなものだ．

1) まず復元をめざす種（カリガネ）を飼育下で繁殖・産卵させ，その卵をスカンセン自然公園で営巣し，カリガネと同じ経路でオランダへ渡る野生のカオジロガン *Branta leucopusis* の巣の卵と入れ替える．
2) カオジロガンにカリガネの卵をふ化させ，親がカオジロガン，子どもがカリガネという仮親家族を作る（習性1）．
3) 親鳥が換羽で飛翔不能となった時期に，これらの家族全部を捕獲し，カリガネのかつての繁殖地であるラップランドへ運び，家族一緒に放鳥する．
4) 秋の渡りの時期になると，カリガネは仮親のカオジロガンに導かれ，渡りの経路を学習しながらオランダへ渡り，越冬する（習性2）．
5) 春になると仮親家族は，仮親のカオジロガンの繁殖地であるスカンセンへ戻り，その後カリガネだけが放鳥されたラップランドへ自力で戻る（習性3）．
6) 1)〜5)を繰り返すことにより，これらのカリガネ同士が，ラップランドで繁殖を開始し，オランダへ渡るカリガネの家族群が復元されつつある（習性4）[23]．

(4) 羽数回復計画の策定

シジュウカラガンの場合，仮親としてカムチャツカ半島南部のマコベツコエ湖周辺で営巣する亜種ヒシクイ *Anser fabalis serrirostris* が選ばれた．

かつて日本へ渡来したシジュウカラガンの群れは，千島列島沿いに日本へ渡り，宮城県や関東地方で越冬していたと考えられている．一方，マコベツコエ湖周辺の亜種ヒシクイは，シジュウカラガンとほぼ同じ経路で宮城県まで渡ることが，これまでの日ロ共同の標識調査ですでに明らかになっていた[21]．

この亜種ヒシクイを仮親とし，シジュウカラガンとの仮親家族を作り，千島までヘリコプターで運び，そこで放鳥する．シジュウカラガンは仮親の亜種ヒシクイの誘導で日本まで渡る．次年度以降は自力で千島と日本の間を渡り，その後にシジュウカラガン同士で繁殖を開始し，シジュウカラガンの家族群として日本へ渡来することが期待された．

この手法を参考にして，アジア地域のシジュウカラガン羽数回復計画が策定された．この計画は5段階に別れている．

1) 第1段階
1-a) シジュウカラガンの飼育施設の建設と種鳥の供給．
1-b) 亜種ヒシクイ（仮親）とシジュウカラガン（幼鳥）の仮親家族を作る．マコベツコエ湖周辺の亜種ヒシクイの巣の卵と，シジュウカラガンの卵を交換し，この仮親家族が無事に日本まで渡ることを確認する．

2) 第2段階
2-a) 放鳥する島の選定．
かつてのシジュウカラガンの繁殖地で，繁殖環境が現在も残されており，天敵のキツネがいない島の選定．
2-b) 仮親家族を放鳥予定の島へ輸送・放鳥．
2-c) 渡り経路の学習とシジュウカラガンだけで放鳥した島へ帰還することを確認する．
2-d) 同一個体が日本と千島の間の渡りを繰り返すことを確認する．

3) 第3段階
3-a) 放鳥シジュウカラガン同士での繁殖を確認する．

4) 第4段階
4-a) 群れを維持するために最低限必要な1000羽まで羽数増加を図る．
4-b) 中継地や越冬地でのシジュウカラガンの保護とその生息環境の保全・復元と啓発を行う．

5) 第5段階
5-a) 繁殖地の分布拡大
・放鳥した島以外にシジュウカラガンの繁殖が可能な条件が整った島を探す．
・放獣されたキツネを駆除し，繁殖可能な島を増やす．
・繁殖条件が整った島々へ「野生」シジュウカラガンの群れを移送する．
・シジュウカラガンが自力で繁殖地を拡大する．

　現在この回復計画を骨子とした，羽数回復のための取り組みが行われている．このなかにはすでに目標を達成したものもある．その一方で，手法の変更など内容の変更を強いられた部分もあるが，現在もこの計画を基本として羽数回復の取り組みが行われている．

(5) 回復計画実施により，得られた成果と新たな課題
　繁殖地放鳥に基づく羽数回復計画を継続して実施することにより，成果が得られるとともに新たな課題も明らかになった．ここでは，計画の段階別にその成果と課題をまとめた．

1) 第1段階
　1992年9月にロシア科学アカデミーにより，カムチャツカ州にシジュウカラガンの飼育施設が完成し，同年10月に米国から繁殖用の親鳥19羽が提供された．また1994-2004年にかけて，仙台市八木山動物公園から親鳥62羽が提供された[22], [26]．
　これと平行して半島南西部のマコベツコエ湖周辺で，営巣・産卵中の亜種ヒシクイの巣を発見する調査が行われたが，巣の発見が予想以上に難しく，また十分な数の巣を発見することが困難であることも分かった．

2) 第2段階

1993年に日米ロの関係者が,放鳥を行う島について調査・協議を行い,すべての条件が整っているエカルマ島が最適であるとの結論に達し,同島で環境モニターを行いながら放鳥事業を開始することを決定した.

1994年に繁殖地放鳥の準備が始まった.放鳥場所に選ばれた中部千島のエカルマ島は,かつてシジュウカラガンが繁殖し[10],また現地調査で天敵のキツネは確認されず,放鳥場所としては最適の条件を備えていた.

1995年にエカルマ島での環境調査と放鳥事業が始まった.現地作業は,ロシア科学アカデミーと仙台市八木山動物公園の関係者を中心に行われた.当初計画した仮親家族方式での放鳥は困難であることが分かったので,マコベツコエ湖で換羽中に捕獲したオオヒシクイ *Anser fabalis middendorffii* をシジュウカラガンの繁殖施設に持ち帰り,放鳥予定のシジュウカラガンの群れと一緒に飼育した後に,これらを一群としてエカルマ島で放鳥した.マコベツコエ湖のオオヒシクイも日本へ渡ることがこれまでの共同標識調査で明らかになっているので,この鳥の誘導でシジュウカラガンが日本まで渡ることを期待したが,成果は得られなかった.

1995〜2000年は,上記の方法を含めいくつかの方法を試行する,試験放鳥が行われた.延べ119羽がエカルマ島で放鳥され[26],そのうちの5羽が日本へ飛来したことが確認された.羽数は5羽と少なかったが,これらの鳥にはある共通点が見られた.これらは,いずれも若齢鳥(2羽が1歳未満,3羽が2歳未満)で,その4羽は,1997年夏に最も大きな群れ(33羽)で放鳥された鳥の一部だった.このことは,2歳未満の若齢鳥をできるだけ大きな群れで放鳥することにより,渡りの可能性が高まることを示唆していた.

2002年から始まった本格的な放鳥事業では,2歳未満の若齢鳥を可能な限り大きな群れで放鳥することを基本方針とし,2007年までに新たに346羽が放鳥された(口絵5,図5).

2004/05越冬期までは,日本への飛来が新たに確認されたのは2羽だけで,あまり成果は得られなかったが,その後状況が大きく好転した.

2005年夏には50羽のシジュウカラガンが放されたたが,そのうちの11羽が2005/06越冬期に日本国内で発見された.また翌年度(2006/07)は87

第 I 部　わが国の希少鳥類をどう保全するか

注＊　かつてシジュウカラガンの繁殖を確認
注＊＊　シジュウカラガンの群れを確認（1993-）

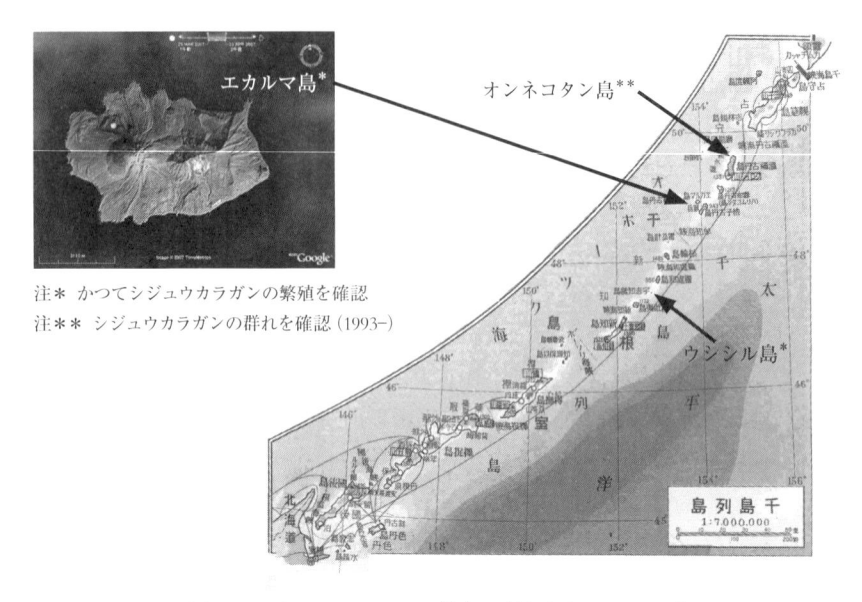

図 5　シジュウカラガンの放鳥が行われたエカルマ島

羽が放鳥され，17 羽が日本へ飛来した．しかも 17 羽のうちの 7 羽は 2 年続けて飛来した鳥だった．

　これは二つの点で大きな成果と言える．一つは，これまでになく多くの放鳥個体が連続して観察されたことで，もう一つは，これらのなかに 2 年連続飛来した個体が 7 羽も含まれていたことだった．

　このことは，これらの鳥が，繁殖地の千島から越冬地の日本への渡り経路を学習により学んだことを意味し，回復計画の第 2 段階の目標が達成されたことにもなる．

　2007/08 年度には，これまで最大の 20 羽の放鳥個体が日本へ飛来した．そのなかの 7 羽は 3 年連続，また 6 羽は 2 年連続して飛来した個体で，渡りの学習効果が一過性のものではなく持続することも確認された（図 6）[22]．

3）第 3 段階

　2007/08 年度にはさらに大きな成果が見られた．日本へ飛来したシジュ

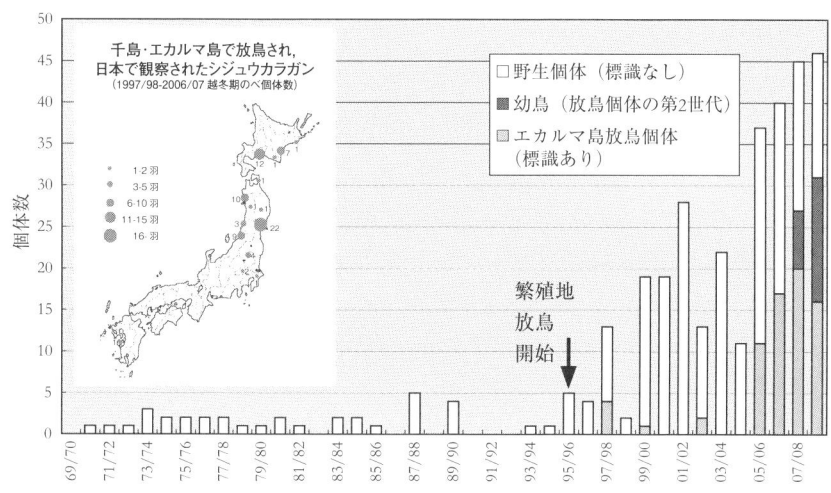

第 5 章 繁殖地放鳥と回復の軌跡：シジュウカラガン

図6 日本へ渡ってきたシジュウカラガンの分布と観察個体数（日本雁を保護する会・仙台市八木山動物公園まとめ）（注：08/09 年度は 12 月現在の暫定値）

ウカラガンのなかに，色足環標識をつけた放鳥個体 4 羽と標識のない「野生」の幼鳥 7 羽を含む 11 羽の群れが観察された．これらの放鳥個体の 2 羽は 3 年連続，残りの 2 羽は 2 年連続で飛来した成鳥で，7 羽の幼鳥と常に一緒に行動していた．この群れが越冬地の宮城県北部で初めて観察されたのは 2007 年 11 月 26 日だが，その 2 日前の 11 月 24 日に青森県の三沢市上空をこれと同じ群れと思われる 11 羽のシジュウカラガンが南下していくのが観察されている（河北新報 2007 年 11 月 25 日付，11 月 27 日付：安藤一次，瓜生篤 私信）．その行動から，これらの鳥は一つまたは二つの家族群の可能性が高いと考えられた．4 羽の放鳥個体の性別は，雄 1 羽，雌 1 羽，不明 2 羽で，4 羽のうちの少なくとも 2 羽はつがいで，放鳥個体が自然繁殖に成功し，幼鳥を連れて日本に渡ってきた可能性が極めて高い．また 2008/09 年度にはこれまでに 3 家族群が合計 15 羽の幼鳥を伴って飛来したことが確認されている．この事実は，「放鳥シジュウカラガン同士での繁殖」をめざす，回復計画の第 3 段階の目標達成に近づいたことを意味しており，シジュウカラガンの将来にとって明るい兆しと言える．

国内へ飛来するシジュウカラガンのなかには，放鳥個体以外に標識をつけ

図7 復活したシジュウカラガンの群れ（撮影：瓜生篤）

ていない「野生」の個体も増加している．特に 1999/2000 越冬期以降は，毎年 11 〜 28 羽が観察されるようになった (図 6)．放鳥個体とともに 20-30 羽の群れを作り，行動する姿が各地で観察されるようになり，群れの復元にさらに一歩近づいた感がある (図 7)．これらの「野生」の鳥の繁殖地は不明だが，個体数が増加したアリューシャンから飛来した可能性がある一方で，千島への放鳥個体の第 2 世代の可能性もある．

4) 第 4 段階

日本国内では，ガン類の生息地で冬の水田に水を張り，ガン類が生息可能な湿地環境を修復・復元・拡大する，「ふゆみずたんぼ」の取り組みが行われるようになった．またシジュウカラガンの希少性を一般市民に対して働きかける取り組みが，かつて最大の越冬地だった宮城県で八木山動物公園や環境省なども関わり，積極的に行われるようになった．啓発用のパンフレットの発行，講演会，観察会などが開催され，その成果についての最新情報は，

仙台市八木山動物公園のホームページにも掲載されている[22]．

5) 第 5 段階

　繁殖地の千島列島では，大変興味深い事実が明らかになった．放鳥を実施しているエカルマ島の北東 90km にあるオンネンコタン島の北部では，2003 年の夏に 25 羽のシジュウカラガンが観察され，2007 年 9 月には島の南部でその鳴き声が確認された[28]．また北千島の狩猟監視員が，冬期間に同島の不凍湖でオオハクチョウとともに越冬しているシジュウカラガンの群れを観察している（図 5）[28]．

　エカルマ島での放鳥を開始する前は，オンネンコタン島でシジュウカラガンは観察されていないので，これらの鳥は，エカルマ島で放鳥されたシジュウカラガンの一部である可能性が極めて高い．またこのことは，オンネコタン島にはすでに定着したシジュウカラガン群れがいることも示唆している．繁殖地の分布拡大は，回復計画の最終段階（第 5 段階）の目標だが，それが今，シジュウカラガン自身の力で実現されようとしている．

6　今後の課題

　私たちは今，シジュウカラガン復活への手ごたえを感じながら，この鳥たちに熱い眼差しを注いでいる．最終目標は，千島の島々にシジュウカラガンの繁殖個体群を復活させ，冬の日本の空にシジュウカラガンのいる風景をよみがえらすことだ．最終目標までの道のりはまだ遠く，課題も残されているが，その一方で復活への兆しも確実に見えてきた．以下に今後の課題をまとめた．

(1) 放鳥したシジュウカラガン同士での繁殖開始の確認

　2006/07 越冬期までは，放鳥個体が家族群で飛来した記録はなかったが，2007/08 越冬期には，家族群の可能性が高い 11 羽の群れ（放鳥成鳥 4 羽＋幼鳥 7 羽）が，初めて観察された．また 2008/09 越冬期には少なくとも 3 つが

いの放鳥個体が家族群となり，合計15羽の幼鳥を伴って飛来した．これらの事実は，放鳥個体が確実に自然繁殖を開始したことを意味している．これらの3つがいの放鳥個体を含め，4年連続飛来した個体が6羽，3年連続が5羽，2年連続が7羽（2009年1月現在）おり，来年度以降さらに多くの放鳥個体が繁殖を開始し，より多くの家族群が飛来することは十分予想される．標識個体以外の野生シジュウカラガンの飛来数も最近増加しており，このなかに放鳥個体の「2世」が含まれている可能性もある．放鳥個体と野生個体がつがいとなる可能性も高まるだろう．これらの点に注目しながら今後の経過をしっかりと把握できる態勢を充実させる必要がある．

(2) 個体数を1000羽まで増加させ，残された生息地の保全と失われた生息地を復元する

　個体群を維持するためには最低1000羽が必要といわれている．シジュウカラガンの群を復元する場合もこのレベルまで個体数を増加させることが不可欠となる．これを実現するためには，これまでの調査で明らかになったシジュウカラガンの繁殖地から越冬地まで渡り経路沿いのすべての生息地で，シジュウカラガンの保護とその生息環境の保全を十分に行う必要がある．また放鳥されたシジュウカラガンの場合は，他のガン類の生息地以外の地域で観察されることが少なくないので，特にこれらの地域での保護保全活動は重要である．また多くのガン類の生息地では，その生息環境が劣化しているので，その復元に力を注ぎ，特に重要な生息環境となっている水田の湿地としての質を高めなければならない．水鳥と共生した農法である「ふゆみずたんぼ」の取り組みなどと協働しながら，生息地の環境の修復や復元を図り，地域住民も巻き込んで，仙台市の福田町などのシジュウカラガンの歴史的な生息地に再び群れを呼び戻そうとする取り組みを行うことも必要である．

(3) 繁殖地の分布拡大

　今後うまく個体数が増加しても，繁殖地がエカルマ島1箇所だけでは安定した個体群とはいえない．かつての繁殖地だった千島の島々で，現在でもシジュウカラガンの繁殖に適した島を探し，キツネが放された島ではその除去

を行うことも必要になるだろう．そして，絶滅の危険を分散させるために，それらの島に繁殖群の一部を移し，繁殖地の拡大を図ることが必要となる．そのためにも千島列島での繁殖期の総合調査は不可欠となる．

　最も望ましい筋書きは，シジュウカラガンが自力で分布を拡大することだが，エカルマ島の北東約 90km にあるオンネコタン島では，すでにその兆候が見られ，繁殖を開始する可能性は高い．今後の繁殖地の分布拡大を図るうえで，エカルマ島だけでなく，オンネンコタン島での繁殖期の詳細調査は欠かすことができない．

(4) 啓発普及

　20 ～ 30 年前は 1 羽～ 3 羽のシジュウカラガンがかろうじて日本へ飛来していたが，現在その数は放鳥個体と野生個体をあわせ，46 羽（2008 年 12 月現在）まで増加した．これは長年行われてきたシジュウカラガンの回復事業の成果と言える．その一方で，人間が繁殖地の島へキツネを放したために絶滅の危機に瀕したことや，一度絶滅の淵に追い込まれたシジュウカラガンを復活させるためには，膨大な時間と人手と費用がかかり，未だにその途上にあることを多くの人に伝え，回復計画への理解と協力を求める活動は欠かすことはできない．また最近は，国外から持ち込まれた「外来種」で，シジュウカラガンと亜種関係になる大型のカナダガンが，国内で繁殖・分布域を広げ，「シジュウカラガン」と呼ばれることも多く，様々な誤解と混乱を引き起こしている〔詳しくは，105 頁の Box 参照〕．この問題を解決するためにも，啓発・普及活動は，これまで以上に力を注いでゆく必要がある．

　アジアのシジュウカラガンも復活への道を歩みつつあるが，ここまでたどり着くのに 40 年近い歳月がかかっている（表 2）．あらためて一度失った鳥を取り戻すことが容易でないことを実感している．シジュウカラガンを絶滅の淵に追い込んだのは，毛皮欲しさに繁殖地の島にキツネを放した人間の欲望で，命をもてあそばれたキツネもその被害者といえるだろう．このことを教訓とし，人間はもっと自然に対して謙虚にならなければならない．様々な生きものが健全に生きることができる社会を維持回復することが，私たち人

第Ⅰ部 わが国の希少鳥類をどう保全するか

表2 アジアでのシジュウカラガン羽数回復計画のあゆみ

年	日本	ロシア	米国	できごと	参照文献番号
1794	●			仙台付近でガンを獲ると，10羽の内，7,8羽がシジュウカラガンだった．	7,8,9
1892		●		千島列島のウシシル島とエカルマ島で卵とヒナを発見．	10
1915-		●		千島列島で，日本政府が毛皮目的にキツネの養殖を始め，ウシシル島などで放し飼いを始める．毛皮業者も多数参入．	13,14
1915-35			◆	アリューシャン列島の190の島で，毛皮業者がキツネを集中的に放す．	15
1922	●			千葉県南行徳新浜で，101羽の群れ観察（1.7）．	11
-1935	●			宮城県（仙台市福田町・多賀城市）に数百羽の群れが飛来．	12,15
1938-62			◆	繁殖地の，どの島からも姿を消し，絶滅したと考えられた．	16
1963			◆	アリューシャンのバルディール島で200～300羽が再発見．	15
1964	●			日本（伊豆沼）で1羽が再発見．1970年以降，毎冬1～3羽が伊豆沼へ飛来．	17,18
1981	●			八木山動物公園にシジュウカラガンの繁殖施設「ガン生態園」開園．	15
1983	●			仙台市八木山動物公園と日本雁を保護する会により，日本での復元計画始まる．	15
1983	●		◆	繁殖用のシジュウカラガンが米国から八木山動物公園に届く．	15
1985	●			八木山動物公園でシジュウカラガンが繁殖開始．	15
1985-91	●			越冬地・中継地での放鳥を実施：7年間で37羽，3羽が北帰．十分な成果得られず．	15
1992	●	●	◆	日ロ米の回復チーム合同会議（米国・カリフォルニア州）で，アジアでの事業に合意．	19,20
1992		●		カムチャツカにシジュウカラガン繁殖施設完成．	21
1993	●	●		日ロ渡り鳥条約専門家会議で，羽数回復事業が2国間共同事業として承認される．	22
1994	●	●		八木山動物公園，日本雁を保護する会，ロシア科学アカデミーが繁殖地放鳥の共同事業を開始．	26
1994-03	●	●		八木山動物公園から繁殖用の鳥をカムチャツカへ輸送（合計62羽）．	22,26
1995-00	●	●		千島・エカルマ島での環境調査と繁殖地放鳥を実施．のべ119羽を放鳥．	26
1997/98	●			4羽の放鳥個体が，日本で発見．	22
1999			◆	米国のシジュウカラガンが30,000羽を超える．	16
99/00	●			1羽の放鳥個体が日本で発見．	22
2000	●			（財）仙台市公園緑地協会が事業参加．	
2002-06		■		エカルマ島で本格的な放鳥を実施（八木山動物公園，ロシア科学アカデミー）．のべ307羽を放鳥．	22
2002/03	●			2羽の放鳥個体が日本で発見．	22
2003		■		千島・オンネコタン島で25羽が越夏．	28
2005/06	●			11羽の放鳥個体が日本で発見．	22,27
2006/07	●			17羽の放鳥個体が日本で発見．うち7羽は2年連続で渡来．	22,27
2007	●			八木山動物公園が野生生物保護功労者「環境省自然環境局長賞」受賞．	22
2007/08	●			これまでで最大の20羽の放鳥個体が日本で発見．うち7羽は3年連続，6羽は2年連続で渡来．	22
2007/08	●			放鳥個体4羽と野生の幼鳥7羽の群れが飛来．放鳥個体が繁殖に成功した初めての可能性が示される．	22
2008/09	●			放鳥個体3つがいが幼鳥15羽（合計）を連れて飛来．	22

間が健全に生きてゆくために不可欠なことを再認識し，その実践に取り組むことが求められている．

7 おわりに

　日本の空に再びシジュウカラガンの群れを呼び戻そうと，最初に提案したのは，日本雁を保護する会前会長の横田義雄だった．その当時はあまりに荒唐無稽と多くの人は思っていたが，その強い思いがなければ，今日の成果はなかっただろう．回復計画が動き始めたのは，1980年2月に，札幌で国際水禽湿地調査局（現国際湿地保全連合）の年次大会が初めて日本で開催されたときだった．米国魚類野生生物局の代表として会議に参加していたJ. バートネクと日本雁を保護する会の横田会長（当時），同会事務局の小杉真理子，呉地が出会う機会があった．その場で横田会長から日本でも米国のようなシジュウカラガンの羽数回復事業を行いたいので支援してもらえないだろうかと相談したところ，日本での取り組みへの支援と助言を快く約束してくれ，受け入れ態勢が整えば，米国から繁殖用のシジュウカラガンを日本へ提供しようといううれしい提案があった．これが契機となり，日本での回復計画は歩み始めたが，野生復帰を目的としたシジュウカラガンの繁殖飼育施設は日本国内には存在しなかった．そこでガン類の最大の越冬地伊豆沼に最も近く，多くのガン類を飼育している，仙台市八木山動物公園の根本園長（当時）に相談し，その理解を得て，八木山動物公園と日本雁を保護する会の共同事業として計画作りが始まった．この計画には，島野仙台市長（当時）も理解を示し，八木山動物公園に，シジュウカラガンの飼育繁殖を行うための「ガン類生態園」が1982年に開園し，翌1983年に米国から繁殖用のシジュウカラガン19羽が到着し，この専用施設に収容された．シジュウカラガンの輸出入の手続きについては，環境庁の那波鳥獣専門官（当時）にご尽力いただいた．またそれに先立って米国でのシジュウカラガンの回復事業の取り組みについて学ぶために，八木山動物公園の飼育係の阿部益夫と呉地が，ノースダコタ州にある北方平原野生生物調査センターに滞在し，回復計画関連の実務

について専門家のフォレスト・リー博士から多くのことを教授していただいた.

事業開始後は，繁殖から放鳥までは八木山動物公園が担当し，放鳥後の野外での観察は，日本雁を保護する会が担当することになった．また，千島・カムチャツカでの事業や調査活動は，ロシア科学アカデミーと，八木山動物公園，日本雁を保護する会，雁の里親友の会，米国魚類野生生物局が関わりながら行ってきたが，1994年以降の千島での放鳥事業は八木山動物公園の資金支援を受けて継続されてきた．米国のシジュウカラガン羽数回復チームからは様々な有用な情報や助言，および，ロシアに対しての資材や繁殖用の鳥の提供などを受けた．

以下にシジュウカラガン羽数回復計画に様々な分野でご協力いただいた方々のお名前を感謝の意を込めて列記させて頂いた．これらの方々の力なしには，シジュウカラガンは絶滅から復活への道を歩むことはできなかっただろう．

横田義雄（故人），
阿部敏計，阿部益夫，池内俊雄，上村左知子，瓜生篤，各地の観察者の皆さん，笠原啓一，加藤博企，カバレンコ，川原田史治，工藤邦彦，小杉真理子，今野仁，堺博，佐久間文男，佐場野裕，柴田佳秀，島野武（故人），須川恒，鈴木道男，塚崎隆夫，中塩一夫，那波昭義，根本策夫，米国魚類野生生物局（E.リー，V. バード，P. スプリンジャー，J. バートネク，ブライアン），宮林泰彦，八木山動物公園鳥飼育班の皆さん，ロシア科学アカデミー（N. ゲラシモフ，Yu. ゲラシモフ，I. ゲラシモフ，A. ゲラシモフ，ワロージャ，A. アンドレエフ）

参照文献

1) Palmer (1976) *Handbook of North American Birds*.
2) 日本雁を保護する会 (1994) 「カナダガンの野外での亜種識別のために」GOOSE STUDY No. 6: 88-90.
3) 亜種シジュウカラガンのRDBでの記録.
   http://www.biodic.go.jp/rdb/rdb_f.html

4) BirdLife International (2006). *Branta hutchinsii. 2006 IUCN Red List of Threatened Species* IUCN 2006. Retrieved on 12 May 2006.
   Retrieved from "http://en.wikipedia.org/wiki/Cackling_Goose"
5) 日本鳥類目録編集委員会（2000）「日本鳥類目録改定第6版」日本鳥学会，帯広．
6) 「要注意外来生物リスト：シジュウカラガン大型亜種」
   http://www.env.go.jp/nature/intro/1outline/caution/list_ho.html
7) 堀田正敦（1831）「観文禽譜」.
8) 鈴木道男編著（2006）「江戸鳥類大図鑑」平凡社．
9) 鈴木道男（1996）「シジュウカラガンとヒメシジュウカラガン」『私たちの自然』415：18-21.
10) Snow (1897) *Notes on the Kuril Islands:* 91. Royal Geographical Society, London.
11) 黒田長礼（1939）「雁と鴨」修教社書院．
12) 横田義雄（1989）「昭和初期の仙台平野におけるシジュウカラガンの記録：高橋虎三郎氏のホッカブリガン銃猟記」『雁のたより』33：11.
13) 『日本地理風俗体系』（1929），新光社．
14) 写真集懐かしの千島編纂委員会（1971）『写真集懐かしの千島』国書刊行会．
15) 日本雁を保護する会（1989）『雁のたより』33（シジュウカラガン特集号）．
16) US Department of Education (1999) Review of Aleutian Canada Goose Recovery Plan. *Federal Register*. 64. No.148: 42061-42068.
17) 横田他（1982）「日本のガンの分布，羽数および生息状況」『鳥』30：149-161.
18) 呉地正行（1981）「雁の風土記．滅びゆくシジュウカラガン（1，2）」『日本野鳥の会宮城県支部報』66：6-7，67：6-7.
19) H. テッド・アブグレン・Jr.，大澤あきよ（訳）（1999）「ファザーグース」BIRDER．13 (3)：78-85.
20) 日本雁を保護する会（1994）『雁のたより』42（JAWGP稀少ガン類復元計画の概要）．
21) 呉地正行（2006）『雁よ渡れ』どうぶつ社．
22) 仙台市八木山動物公園ホームページ：野生シジュウカラガンの羽数回復事業．
    http://www.city.sendai.jp/kensetsu/yagiyama/topics/2006/10.html.
23) Essen, L. von (1996) Reintroduction of Lesser White-fronted Geese (*Anser erythropus*) in Swedish Lapland (1981-1991). Gibier Sauvage, *Game Wildl*. 13: 1169-1180.
24) Hochbaum, H. Albert (1956) *Travels and Traditions of Waterfowl*. 301. The University of Minnesota Press, Minneapolis.
25) Fisher, Von Helga (1965) Das Triumphgeschrei der Graugans (*Anser anser*), *Z. f. Tierpsychol*. Bd. 22 Heft 3: 247-304.
26) 阿部敏計他（2002）「極東地域の野生シジュウカラガンの羽数回復事業　その1（1994-2000年）」『動物園水族館雑誌』43（2）：45-55.
27) 呉地正行（2007）「シジュウカラガンの歩んできた道」BIRDER 21（9）：69-70.
28) ロシア科学アカデミー・N, Gerasimov 私信

column 5

希少種の保護のための国際的な連携

●市田則孝

　2006年版の環境省のレッドリストには，シマアオジとサシバが含まれた．そのうえ，シマアオジは絶滅危惧種ⅠA類で最も絶滅が心配される状況である．どちらも少し前の日本では普通に見られ，1991年のリストには含まれていない．長年，鳥を見ている人たちには驚きの現実であった．減少の原因としてシマアオジでは狩猟圧，サシバは繁殖に適した生息地の減少などが指摘されているが，サシバの場合には1970年代の台湾における大規模な密猟問題もあった．

　10年ほど前に香港の新聞が報じたように，シマアオジが越冬する中国南部では秋になり越冬のため飛来するたくさんの鳥を捕獲して賞味する習慣があった．「愛鳥月間」とも呼ばれたこの季節には，シマアオジに限らずヤマショウビン，ダイサギなどすべての鳥が賞味されたのである．しかしそれは，香港の新聞報道と前後して世界の環境保護団体の知るところとなり，中国の国家林業局も捕獲中止の通達を出すに至って解決へと向かった．

　台湾におけるサシバの大規模密猟も，1979年に日本から現状調査団が派遣され，台湾で大変な論議が起こった．その結果，密猟の取締りが行われるようになり，密猟はなくなっている[1]．台湾で捕獲されたサシバなどが東京のデパートで輸入剥製として堂々と販売されていたことが議論の始まりであった．

コラム5 希少種の保護のための国際的な連携

日本で減少しているサシバ．以前は密猟が減少要因だったが，それがなくなった今は，農業の近代化や開発に伴う生息地の減少が減少要因となっている．（撮影：内田博）

　これらに限らず，古くからの習慣でペリカンや猛禽類を捕獲することは今でも各国で見られている．野生生物の保全が世界の常識といっても，古くからの習慣に対する問題提起は難しく，国内だけの論議では不可能なことも多い．

　わが国でも長い間の論議で結論を見なかったカスミ網の一般販売禁止が，国内での地道な活動（コラム8参照）に加え，1990年にニュージーランドで開かれた国際鳥類保護会議（現：バードライフ・インターナショナル）の世界大会で決議が採択された結果，一挙に具体化した[2]．このように国際協力は政治的な力も発揮するのである．サシバの密猟が一斉に取り締まられたのは国際世論を気にかけた台湾政府の判断であろう．

　渡り鳥に国境は無い．その保全にも国際協力が必要である．しかし，情報交換，技術移転や資金援助といった一過性のものだけでは，なかなか保全は進まない．2年，3年計画の共同事業が終わった段階で元に戻ってしまうか

らである．保全を具体化するには保護区の指定や地元住民の啓発など息の長い取組が重要で，それには10年，20年と続く国際協力のネットワークのようなものが必要である．

1989年，日本野鳥の会はモーターグライダーによるツルの渡りの追跡調査を行った．鹿児島県出水平野で越冬し，朝鮮半島を経由して中国東北部やロシアの繁殖地に渡るツルが対象だ．1991年からは衛星追跡による方法に切り替えたが，ナベヅルやマナヅルの渡りルートが次々に明らかになった．ちょうど1993年には，国際的に重要な湿地の保全を目的とするラムサール条約第5回締約国会議が釧路で開かれたため，日本野鳥の会はその直前に「ツルと湿地の未来」という国際会議を開き，衛星追跡の結果公表とツル類の保全を訴えた．そのなかで私は湿地保護区の国際ネットワークを作るべきであると提案したが，幸い，その考えは1996年からスタートした「アジア・太平洋地区渡り性水鳥保全戦略」に取り入れられ，フライウェイ事業として具体化したのである．日豪の政府や国際環境NGOなどが中心となってアジアとオーストラリアで進める事業で，シギチドリ類，ツル類，ガンカモ類の各種群ごとにワーキンググループが設置されている．それぞれに議長とフライウェイ・オフィサーが任命され，共同調査や保全のため様々な国際協力が進められてきた．

ツル類ワーキンググループは，1997年3月に活動を開始し，現在は日本，韓国，中国，ロシアなど6か国からツル類の保全にとって国際的に重要な湿地30ヵ所が参加している[3]．日本からは鹿児島県の出水はもちろんのこと，山口県の八代，北海道の釧路，霧多布，厚岸別寒辺牛の5湿地が参加している．事業費の大部分は日豪の政府が負担しており，毎年，関係国の代表を集めての会議がどこかの参加国で行われ，次の4項目について議論したりワークショップを行ったりしている．

1 ネットワークの拡大
2 保護区の生息地管理の拡充
3 ツル類の生息状況に関するモニタリングの実施
4 地域住民の理解と協力を得るための啓蒙活動

一般にアジアの国々では野生生物保全の遅れが指摘されるが，特に保護区管理やその任務にあたるレンジャーの体制には改善すべき点が多い．それは当該国の責任には違いないが，国内だけで論議していても改善は望み薄である．国際協力の場で公に論議することによって，改善策が具体化する場合が多い．良い意味での国際的なプレッシャーと言えるであろう．前述したサシバやカスミ網の例にも示されているとおり，現在，ツル類の保全では北朝鮮の安辺にタンチョウの越冬群を再生させる事業や出水に集中しすぎたツルを分散させる事業など進められているが，ツル以外でも，一時は絶滅が心配されるほどであったクロツラヘラサギの保全が関係国で非常に進み，この鳥がマスコットのように有名になったのも，国境を越えた保全協力が順調に進んでいるためであろう．

　今まで述べた鳥類以外でも，関係 NGO により猛禽類，本書第 5 章で紹介しているシジュウカラガン，ヘラシギなどで活発な国際連携がとられるようになったのは何よりのことである．しかし，これらを民間努力だけに頼るのではなく，国家間の長期的な仕組みとして確立することが必要である．NGO への理解が不足するアジアでは特に国家の参画が求められる．ヨーロッパ・アフリカ地区の渡り性水鳥保全協定がラムサール条約と連携して順調な成果をあげていることから，アジアでも水鳥保全の地域協定を具体化しようという主張もある．しかし，アジアでは，減少するサシバやシマアオジなどの渡り鳥全体の地域協定こそ必要ではないかと思う．森林性の小鳥類の減少がこれだけ指摘されているなかで，保全の対象を水鳥に限定する理由が無いからである．

参照文献

1) 市田則孝 (2005)「サシバは誰が守る？」『Birder』19 (4)：76-78
2) 市田則孝 (2006)「渡り鳥を衛星で追う」『Birder』20 (2)：76-78
3) シンバ・チャン (2008)「ツルネットワーク創立 10 周年を迎える」『BirdLife Asia』7 (1)：10-11

第6章

中村浩志
Nakamura Hiroshi

信仰心と法律で守られてきた鳥の保護
—— ライチョウ ——

1 │ 世界の最南端に隔離分布

　ライチョウ Lagopus mutus は，キジ目 Galliformes，ライチョウ科 Tetraonidae，ライチョウ属 Lagopus に分類される鳥である．日本では本州中部の高山にのみ生息し，1955年に国の特別天然記念物に指定され，長野県，富山県，岐阜県の県鳥ともなっている．さらに，環境省のレッドリストでは絶滅危惧Ⅱ類（VU）に指定されている鳥である．

　ライチョウの特徴を一言で言ったら「最も寒い環境に適応した鳥」である．足の指先まで覆った羽毛，冬には真っ白な羽毛（図1），夏は白・黒・茶の羽毛に衣替えし（図2），雪穴を掘って寝る習性など，いずれも寒帯に相当するツンドラや高山の厳しい環境で生き抜くための適応である．

　ところで，ライチョウは日本だけに分布する鳥ではない．北極を取り巻く北半球北部を中心に広く分布する．そのなかにあって，日本のライチョウ L. m. japonicus は，世界の最南端に分布し，他の地域の集団とは完全に隔離された亜種である．最も近くに分布するカムチャッカ半島から千島列島の中間の島にかけて分布する集団とは，約1600kmも離れている．北極に近い北の地域に生息するライチョウは，海岸付近のツンドラに棲む．それに対し，日

図1　冬のライチョウ雌

本およびヨーロッパアルプス，ピレネー山脈といった南に隔離分布するライチョウは，いずれも高山に棲んでいる．

なぜ，日本など南に分布するライチョウは，高山に隔離分布するのだろうか．その理由は，氷河期にはライチョウは現在よりもずっと南に分布を広げていたが，その後温暖となり分布が北に退く過程で，高山に取り残されたためである．日本のライチョウは，約2万年前の最終氷期，日本海北部が氷に閉ざされ大陸と日本列島が陸続きの状態であった時期に，大陸から入ってきたものである．その後，大陸と日本列島が海で隔てられ，北に戻れなくなり，温暖になるとともに高山に逃げることで，世界の最南端で今日まで辛うじて生き延びてきた集団である．

2 ｜ 人を恐れない日本のライチョウ

日本のライチョウと外国のライチョウを比較すると，行動に大きな違いが

第 6 章　信仰心と法律で守られてきた鳥の保護：ライチョウ

図 2　夏のライチョウ雄

あることに最近気づいた．それは，日本のライチョウのみが人を恐れないということである[1]．私がそのことに最初に気づいたのは，1993年の夏にアリューシャン列島を訪れ，そこのライチョウを見たときのことである．ここのライチョウは，私の姿を見ると飛んで逃げるのである．日本のライチョウでは考えられないことだ．日本では，そっと近づいたら 2 ～ 3m の距離まで近づくことができる．近づいても，決して飛んで逃げることなどない．だから，日本では望遠レンズなしで十分アップの写真を撮ることができる．また，ライチョウを見つけたら他の人も呼んで，周りを取り囲みながらじっくり行動を観察することができる．ところが，アリューシャン列島のライチョウは，人の姿を見ると 50m，100m の距離で飛んで逃げるのである．日本への帰りに訪れたアラスカのライチョウも同様であった．また，その後に訪れたイギリス北部のスコットランド，ノルウエー，フランスとスペインの国境にあるピレネー山脈のライチョウも同様であった．

　なぜ，日本のライチョウだけが人を恐れないのであろうか．その理由をつ

きつめて行くと，日本の歴史と文化が深く関わっていることに気づいた[1]．欧米では，ライチョウは狩猟の対象となってきた長い歴史があり，現在も多くの地域で狩猟鳥となっている．2003年の10月，ノルウエーのオスロを訪れる機会があり，その折に犬と鉄砲でライチョウを狩猟するのを実際に見ることができた．秋の終わりは，ライチョウの狩猟期にあたり，ライチョウ料理はこの時期のグルメであった．

　西洋の牧畜文化に対して，日本は稲作文化である．数千年来，人々は平地の湿地を開墾し，森を伐採して水田耕作を行ってきた．里山は薪炭林として，また田畑の肥料や木材の生産の場として大いに活用された．しかし，水田耕作で最も重要な水を確保するため，奥山の森には手をつけず，奥山には神を祭ってきた歴史がある．日本には古くから高い山には神が宿るという修験道に代表される山岳信仰があり，奥山は神の領域としてみだりに入ること自体がタブー視されてきた[3]．

　江戸時代には，全国の霊山の中でも，白山，立山，御嶽山にはライチョウが生息することが広く知られていたようで，ライチョウの絵がいくつも描かれている．しかし，その多くは，実際に見て描いたものではなく，聞いた話をもとに絵師が描いたと思われる．当時でも，高山に登る人は限られていたことが示唆される．

　日本では，ライチョウは神の鳥，霊鳥として崇められていたことを示す，いくつかの資料がある．1708年に京都で起こった大火災で御所が焼けた．その際，ライチョウを詠んだ後鳥羽院の和歌に書き添えられたライチョウの絵があった建物だけは，消失を免れた．この逸話から，ライチョウと和歌をセットにした護符が，火災と雷除けとして広く出回っていた．また，この時代に書かれた「安斎随筆」，「信濃国立科山略伝記」，「石徹白文書」，「白山記行」には，この鳥を見ることができると吉兆で運が開かれる，羽で蚕を掃くと福をうる，悪病難の人が羽のまじないで治癒し，味噌の悪い臭いを直し，羽を家に安置する人は雷難をのがれるなどと書かれている[4]．これらの事実から，日本のライチョウは山岳信仰と深く結びつき，神々が鎮座する霊山にすむ霊鳥として，さまざまな迷信や逸話が語りつがれたものと考えられる．

　今でもライチョウ調査で山に登ると，高い山の山頂には必ずと言っていい

第6章　信仰心と法律で守られてきた鳥の保護：ライチョウ

図3　ピレネーのライチョウ生息地．ライチョウの棲む高山まで，人間の生活圏となっている．

ほど修験道の遺構である祠や石仏が残されている．かつては神との一体化を求め，修行のために奥山に入ったとしても，神罰を恐れ殺生はしてこなかったのだろう．特に，奥山の最も奥に棲むライチョウには，神の鳥として畏敬の念を持って接し，捕らえて食べることをしてこなかった．だから，日本のライチョウは今も人を恐れないのではないだろうか[1]．

　日本の稲作文化に対し，牧畜文化を基本にする欧米では，古くから高山でも牧畜が行われてきた．2005年に訪れたピレネー山脈では，ライチョウの生息する高山で放牧が行われ，森林限界のすぐ下に古くからの集落があった（図3）．ここでは，古くから山の上まで人間の領域となっていたことを物語っており，里と里山は人間の領域，奥山は神の領域として使い分けた文化は，日本独自の文化であることを再認識することができた．また，人の領域（里と里山）と神の領域（奥山）とを使い分け，自然との共存を基本にした点が日本文化の大きな特徴であると気づくことになったわけである[1]．

　ところで，日本にはライチョウの他にもう1種類のライチョウが生息する．

北海道に生息するエゾライチョウ Tetrastes bonasia である．この鳥は，高山ではなくその下の森林地帯に生息し，現在も狩猟鳥となっている．同じライチョウの仲間でありながら，一方は神の鳥，他方は狩猟鳥と扱いが日本でも全く異なっている．この違いは，ライチョウは神が宿る奥山の高山に生息していたことに起因すると私は考えている．

しかし，日本のライチョウは，神の鳥としてこれまでずっと捕獲されることが無かったわけではない．明治維新の際に修験道が禁止となり，以後，西洋文化が入り，近代化が推し進められることで日本人の信仰心が薄まり，奥山への登山や開発が進んだ．その過程でライチョウが剥製標本等のために乱獲された時期があったようだ．しかし，1910（明治43）年，さすがに明治政府も乱獲の状況を憂慮したのか，ライチョウを保護鳥に指定し，捕獲を禁じている．その後，1923（大正12）年には，史蹟名勝天然記念物保存法による「天然記念物」に指定された．しかし，1930年代に入って登山者が急増すると，人による高山環境の破壊とライチョウへの加害が目立つようになり，戦後の1955（昭和30）年になって，文化財保護法により「特別天然記念物」に指定された．

人を恐れない日本のライチョウは，かつては信仰心によって守られ，それ以後は法律によって今日まで保護されてきた，と言ってよい[1]．

3 分布と生息個体数の現状

現在，日本でライチョウが生息する山岳は，北は新潟県の火打山とその隣の焼山，南の端が南アルプス南端の光岳に隣接するイザルヶ岳である．分布の中心は北アルプスと南アルプスで，その間の乗鞍岳と御嶽山にも生息する．南アルプス南端のイザルヶ岳は，日本のライチョウ分布の最南端であると同時に，世界のライチョウ分布の最南端でもある．

かつてライチョウが生息していたが，現在では絶滅した山岳もある．中央アルプスの西駒ケ岳には，今から45年ほど前の1965年頃まで生息していたが，その後絶滅している[5]．白山にも70年ほど前の昭和初期までは生息し

第6章 信仰心と法律で守られてきた鳥の保護：ライチョウ

表1 25年以上前と現在の推定なわばり数の比較

調査山域	前回の調査		最近の調査		増減%
	推定なわばり数a	調査年	推定なわばり数b	調査年	(b−a)/a
火打山	7	1967	8	2002	+14.3
北アルプス北部 白馬岳周辺	22	1980	20	2000	-9.1
北アルプス中部 後ろ立山(五竜岳〜七倉岳)	98	1980	52	2006	-46.9
北アルプス南部 燕岳〜大天井岳	24	1981	17	2007	-29.2
北アルプス南部 大天井荘〜常念小屋	32	1979	15	2007	-53.1
北アルプス 小計	176		104		-40.9
乗鞍岳	48	1986	58	2007	+20.8
御嶽山	50	1981	28	2008	-44.0
南アルプス北部 白根三山北部	63	1981	14	2007	-77.8
南アルプス中部 塩見岳周辺	34	1982	13	2007	-61.8
南アルプス南部 聖岳〜光岳	33	1984	24	2005	-27.3
南アルプス 小計	130		51		-60.8
合計	411		249		-39.4

再調査実施率 = 411/1181 × 100 = 34.8%

ていたが，その後絶滅している[6]．さらに，八ヶ岳と蓼科山にも江戸時代には生息していたという記録がある．矢沢[7]は，1800年代までの記録はいずれも生息を裏付けるものであるが，明治以降の文献には生息を証拠付ける記録がほとんどないことから，江戸時代に絶滅したと判断している．

これら三つの山岳での絶滅に共通して言えることは，いずれもがもともと小集団であり，隣接集団からの個体の供給を絶たれた孤立集団であった点である．また，これらの事例は，分布の中心となっている南北両アルプスから離れた山岳で絶滅が起きていることを示唆している[1]．

ライチョウは，氷河期に北から日本列島に入ってきたので，かつては北海道や東北の高山にも生息していたはずである．おそらく，これらの地域では，山が低く，面積も狭かったので，今よりも温暖であった時期に逃げ場を失い，

絶滅したものと考えられる[1]．

　日本に生息するライチョウの分布と生息数については，信州大学の故羽田建三を中心にした調査がある[8]．各山の繁殖期のなわばり分布を推定し，それをもとに生息個体数を推定する方法で調査が行われた．この調査は，1961年の爺ガ岳の調査に始まり，以後1984年まで実に24年間かけ，全山の調査を終えた．この調査により，新潟県の火打山・焼山に10なわばり，北アルプスの朝日岳から穂高岳にかけての北アルプス全体で784なわばり，その南の乗鞍岳，御嶽山にそれぞれ48と50なわばり，甲斐駒ヶ岳から光岳にかけての南アルプス全体で289なわばり，合計1181なわばりが推定された．ライチョウは，一夫一妻が基本なので，この数を2倍した数が繁殖個体数と推定される．ライチョウには，つがいの他に雌を得られなかったあぶれ雄が存在する．北アルプスの九つの山岳と南アルプスの仙丈ヶ岳の計10山岳での詳しい調査によると，平均すると雄3羽のうち1羽があぶれ雄だった[9]．したがって，一つのなわばりには0.5羽ぶんのあぶれ雄がいる計算になり，なわばり数を2.5倍した2952.5羽が日本に生息する合計数になる．すなわち，日本に生息するライチョウの数は，3000羽弱という結論になった．

　この調査が終わってからすでに24年が経過している．その後の生息数の変化を明らかにするため，以前に調査した主な山を抽出し，以前と同じ地域，同じ時期，同じ方法による調査を実施した．2002年からこれまで，計10山岳の調査を終えたので，その結果の概要を表1に示した．それによると，以前の調査より増えている山は，火打山と乗鞍岳で，残りの8山岳ではいずれも減少していることが分かった．北アルプスの今回抽出した四つの山岳については，以前の調査では176なわばりであったものが，最近の調査では104なわばりに減少しており，以前の約4割（40.9％）が減少している．それに対し，南アルプスでは前回130なわばりであったものが今回は51なわばりで，減少率は北アルプスよりも高い60.8％で，減少がより著しいという結果が得られた．御嶽は，減少率が44.0％と南アルプスの次に高い減少であった．全体としては，前回411であったなわばりが249に減少しているので，全体では以前の約4割（39.4％）の減少となる．

　前回推定されたなわばり数の合計は1181なわばりであったのに対し，こ

れまでに調査を終えたのはそのうち411なわばりであったので，再調査実施率は34.8%である．この時点での調査結果より，現在のなわばり数を推定すると，411あったなわばりが249に減少したので，全体では715.5なわばりと推定される．これを個体数にすると，1789個体（715.5 × 2.5）となる．以前の調査では全体で約3000羽であったものが，最近では1789羽に減少していると推定された．

問題なのは，この1789羽が一つの集団として存在するのではない点である．各山岳のライチョウから血液を採集し，ミトコンドリアDNAを解析したところ，南アルプスの集団と北アルプスおよびその周辺の集団とは，遺伝的に交流のない隔離された別集団であることが分かった[1),11)]．また，乗鞍岳と御嶽山の集団は，互いに遺伝子組成が異なることから現在では交流が絶たれていることも明らかになった．さらに，南アルプスの集団と御嶽山の集団は，ともに遺伝的多様性が極めて低いことも分かってきた[1),11)]．

動物の個体群が絶滅せず安定的に存続するためには，最低でも1000個体，または500個体が必要といわれている．これらの基準によると，南アルプスの現在の生息数は283羽と推定されるので，500個体という低い方の基準よりもさらに少ないことがわかる．また，北アルプスの集団は，現在1158羽と推定されるので，1000羽の方（多い基準）ぎりぎりであることがわかる．

4 地球温暖化の影響

気候変動に関する政府間パネル（IPCC）がまとめた第三次報告（IPCC2001）によると，1900年以後の100年間に世界の年平均気温は0.6℃上昇しているのに対し，日本では1.0℃上昇している．とりわけ，日本では最近の10年間は0.2℃上昇し，上昇率は最近ほど急激である．

温暖化による気温の上昇は，北半球北部で最も大きく，また高い山ほど大きいと予測されている．そのため，日本では高山が真っ先に温暖化の影響を受け，そこに生息する氷河期からの生き残りであるライチョウにその影響が最も大きいと予想される．ライチョウにとって，温暖化の影響が特に懸念さ

れるのは，気温が上昇すれば，森林限界が上がり，生息できる高山帯の面積が狭められ，集団ごとに隔離されやすくなるからである．そのため，氷河期以来続いている分布山岳の減少が，ここに来て温暖化によりさらに加速されることが予想される．これらのことから，ライチョウは日本で最も温暖化の影響を受ける動物といえるだろう．

では，温暖化によって日本のライチョウは，どの程度の影響を受けるのだろうか．この問題を検討する資料として，先に述べた，信州大学の故羽田健三を中心に20年間以上かけて調査し，今から25年ほど前に調査を終えた，ライチョウの生息する全山のなわばり分布資料がある．この資料をもとに，年平均気温が1.0℃上昇すると森林限界は154m上昇し，それ以下にあったなわばりは消滅すると仮定することで，温暖化の影響を予測してみた[1]．

南アルプスでは，計289のなわばりが25年以上前の調査で推定されている．このうち，気温が1.0℃上昇した場合，ライチョウのなわばり分布の下限線は154m上がるので，それ以下にあった64のなわばり（22.1%）は消滅すると推定された（図4）．2.0℃上昇した場合には，さらに136のなわばり（69.2%）が存在できなくなる．3.0℃上昇では，さらに75のなわばり（95.2%）が消滅し，存在できるのはたった14と推定された．この結果は，3℃上昇したら，南アルプスのライチョウはほぼ絶滅することを示唆している．

同様に北アルプスとその周辺の火打・焼山，乗鞍岳，御嶽山についても分析した．その結果，年平均気温が1.0℃上昇した場合には25年以上前の調査で推定されたなわばり（計892）の9.2%，2℃上昇した場合には37.5%，3℃上昇の場合には69.0%が存在できなくなると推定された．これらの結果から，3℃上昇した場合には，乗鞍岳，御嶽山のライチョウは絶滅し，北アルプスの集団は3分の1以下の168なわばりとなり，穂高岳と槍ヶ岳を中心とした集団と白馬岳を中心とした集団に分離するので，ほとんど絶滅に近い状態になると示唆された[1]．

日本のライチョウは，今より1℃から2℃気温が高い時期を経験しているので，2℃の気温上昇には何とか耐えられる可能性がある．しかし，それ以上の3℃上昇した場合には，絶滅する可能性が極めて高いと判断される[1]．

第6章　信仰心と法律で守られてきた鳥の保護：ライチョウ

気温変動によるなわばり下限ライン	光岳茶臼岳	聖岳	赤石岳	東岳	塩見岳	間ノ岳農鳥岳	北岳	仙丈ヶ岳	甲斐駒ヶ岳	消失するなわばり数合計
+3℃	0	0	3	4	0	4	3	0	0	14
+2℃	0	11	7	18	3	19	14	1	2	75
+1℃	1	15	27	8	20	22	21	18	4	136
25年前の年平均気温	8	5	12	2	21	6	5	4	1	64

図4　温暖化が南アルプスのライチョウ生息数に与える影響予測．数字は，年平均気温が1℃上昇するごとに消滅するなわばり数を示した．（文献4を改変）

5　低山の動物の高山への侵入

　温暖化とともに，日本のライチョウの将来にとって大変懸念される大きな問題がある．それは，本来は低山に生息していた様々な動物が最近特に目立って高山に侵入し始めたことである．本来低山に棲むキツネ，テン，ハシブトガラスが高山でも見られるようになったことは，以前からも知られている[9], [10]．最近は，これらに加え，本来低山に棲むニホンジカ，ニホンザル，ツキノワグマと言った大型草食動物が高山に侵入し，ライチョウの餌である高山植物の食害と高山環境の破壊が急速に進んでいる．さらに，キツネ，テンといったライチョウの捕食者の増加に加え，最近では小型の猛禽類のチョウゲンボウが高山に侵入し，ライチョウの雛を捕食することが各地で確認されている[11]．

ニホンザルとニホンジカの高山帯への侵入に私が最初に気づいたのは，2003 年 9 月に南アルプスの白根三山を訪れたときのことである．当時，日本のライチョウの遺伝的な多様性と山岳集団間の遺伝的な関係について明らかにするため，各地の山岳を訪れ，ライチョウを捕獲し，血液採集を行っていた．そのために，南アルプスで最初に訪れたのが白根三山であった．23 年前の 1981 年に実施した調査[8] から，この山域が南アルプスで最も生息密度の高い地域であることが分かっていたからである．久しぶりに白根三山を訪れて驚いたことが二つあった．一つは，以前ライチョウがたくさんいた北岳周辺でライチョウが見つからず，生息数が著しく減少していることであった．もう一つが高山帯へのニホンザルとニホンジカの侵入である．

　2003 年に北岳周辺の高山帯でライチョウを探しているとき，これまで見かけたことのない糞が岩の上などにあちこちにあることに気づいた．ニホンザルの糞である．この糞は，23 年前に訪れたときには全く見かけなかったものである．しかも，この糞は北岳だけでなく間ノ岳，農鳥岳のほぼ白根三山一帯に見られた．北岳肩の小屋の主人森本氏によると，ニホンザルの群れを高山で見かけるようになったのは，ここ 10 年ほど前の 1995 年頃からとのことであった．

　このときの調査では，サルだけでなくニホンジカの足跡を高山帯の各地で見かけた．1 頭であるが，間ノ岳の高山帯で姿も目撃した．農鳥小屋の主人深沢紃氏から最近高山帯でシカを見かけるようになったこと，小屋のすぐ下の水場周辺ではシカによる食害がひどいとのことで，現場を案内していただいた．

　ニホンザルとニホンジカは，ともに本来は低山の動物である．それが，最近では高山に群れで侵入している．両者ともに，基本的に草食動物である．高山に侵入したサルやシカが食べているのは，高山植物である．ライチョウへの影響が心配となった．

　そのため，翌年の 2004 年から，白根三山一帯のライチョウの生息数の詳しい調査とサルやシカの高山帯への侵入について調査を実施することになった．

(1) 南アルプスでのシカの食害の実態

　山梨県の広河原から入山し，白根御池小屋から北岳に登る途中に「草スベリ」というお花畑がある．雪崩により林が成立しない亜高山帯の雪崩植生の場所である．2004年6月の調査の折，この場所で多数のニホンジカの足跡と食べ痕を見つけた．23年前のライチョウ調査でも同じコースを登ったが，そのときには全く見られなかった光景である．食べられているのは，サンカヨウ，ヤグルマソウ，ミヤマシシウド，トネアザミなどの植物で，マルバダケブキ，ミヤマバイケイソウ，ホソバトリカブトといった毒草は，全く食べられていない．したがって，このまま食害が続けば，現在のお花畑は毒草のみの草地に変わってしまうと予想された．

　この予想は，翌年の2005年6月に南アルプス南部の聖岳から光岳にライチョウ調査に訪れたとき，現実のものとなった．長野県の遠山川沿いに登り，聖平小屋のある尾根にたどりついて驚いた．20年前には見られなかったニホンジカの足跡が，あたり一面に残されていたからである．さらに驚いたのは，この付近の風衝地や雪崩植生の場所に見られたかつての見事なお花畑がすっかり姿を消していたことだった．代わってそこに見られたのは，トリカブトやバイケイソウといった毒草がまばらに生えた，殺風景な草地であった．シカが毒草のみを食べ残したためである．シカによるお花畑の食害は，聖平にとどまらず，聖岳から光岳一帯に広がっており，南部ほど深刻であることが分かった．光岳周辺では，高山帯の斜面にまで，シカが歩いてできた無数の道（キャトルテラス）が残されていた．

　その後も塩見岳などの調査に訪れているが，南アルプスのいずれの山でもシカの食害が広がっていた．南アルプス全域におけるシカによる食害状況は，夏の時期に登山道を歩き，食害状況を調べる調査が中部森林管理局により2006年と2008年に実施されている[12],[13]．それによると南アルプスにおけるシカの食害は，低山帯から亜高山帯・高山帯にかけての南アルプスのほぼ全域に広がっており，各地のお花畑がマルバダケブキ，バイケイソウ等の毒草の草原にすでに変わっている．

　2003年以来今年の2008年まで毎年白根三山を訪れているが，シカによる食害は，毎年目に見えてひどくなっている．現在では，御池小屋上の草スベ

図5 シカの食害で毒草のみになった北岳直下「草スベリ」のお花畑 (2008年6月撮影)

リのお花畑はすっかり失われ，予想したとおりマルバダケブキ，バイケイソウ，トリカブトといった毒草のみの草原に変わってしまった(図5). たった5年でお花畑がシカの食害，さらに2007年からはニホンザルの食害が加わって失われていくのを目撃した. また，ここだけでなく，広河原の落葉広葉樹林からその上の亜高山帯の針葉樹林の林床はシカの食害を受けてすっかり下生えが失われ，場所によっては落葉樹の幹も食害を受けている. かつて登山道沿いに見られたツバメノオモト，オオバユキザサなどの草本植物は，食害により小型化し，最近ではほとんど花をつけることがなくなっている. シカの食害は下から上に広がり，最近では北岳の高山帯にシカの群れが出没するに至っている.

2006年6月には，北岳直下のお花畑にまでシカの群れが侵入し，写真撮影された. また，今年2008年6月の調査では，北岳の山頂付近や北岳山荘のまわりでも，シカが群れで歩いた足跡が目立つようになった. ここのお花畑にはキタダケソウをはじめ貴重な植物が多く存在する. さらに，北岳の北に位置する千丈岳では，小千丈カールの高山帯にシカの群れが侵入している

第6章　信仰心と法律で守られてきた鳥の保護：ライチョウ

図6　小仙丈カールに侵入したニホンジカの群れ (2006年8月　樋口直人氏撮影)

のが2006年に写真撮影されている(図6)．このままでは，南アルプスのお花畑が失われるのは，そう遠くないと予想される．

　ニホンジカは，50年ほど前までは長野県の南部など一部の地域に生息していたのみである．それが現在では高山帯にまで侵入しているだけでなく，県の北部まで分布を広げ，北アルプスの山麓一帯にも分布を広げている．シカは北アルプスの高山帯までは，まだ侵入していないが，侵入するのは時間の問題と思われる．

(2) ニホンザルの高山への侵入
　2003年白根三山の調査で高山帯へのニホンザルの群れの侵入を確認して以来，南アルプスや北アルプス各地の山をライチョウ調査で訪れている．その結果，高山帯への最近のサルの群れの侵入の実態が見えてきた．北岳のサルの群れが侵入したのは，先のように10年ほど前の1995年頃からであるが，現在ではライチョウが棲む南アルプス一帯の主な山のいくつかにはサルの群れが侵入している．6月の雪解け時期から高山に姿を現し，9月末までの4

か月ほどを高山で生活している．北アルプスでは，南の穂高岳から槍ヶ岳にかけ，またその北の唐松岳までほぼ連続して高山帯にサルの群れが侵入している．まだ入っていないのは，北アルプスの北部にあたる白馬槍以北と立山連峰のみである．さらに，独立峰の御嶽山，乗鞍岳，火打山にもまだ侵入していないが北アルプスと同様，ふもとまでは分布がすでに広がっている．

　問題なのは，高山に侵入したサルの群れは，人を恐れないことである．図7は，北アルプスの爺が岳で撮影されたサルの群れである．実際には，50頭の群れの一部を撮影したものであるが，登山者が歩いているすぐ脇で悠然と行動している．低山とは異なり，ここは国立公園なので駆除は実施されず，サルにとって安全な場所である．高山帯に侵入したサルの群れが食べているのは，シカと同様に高山植物である．サルの場合には，シカとは異なり，栄養価の高い部分をつまみ食いするので，食害はあまり目立たない．しかし，50頭ほどのサルの群れがひと夏に食べる高山植物の量はかなりのものとなると予想される．

　では，本来低山に生息するニホンジカ，ニホンザルが最近高山帯にまで侵入するようになったのは，なぜであろうか．それは，短期的に見れば，これらの野生動物が人里に侵入し，そこで数を増やしたからである．それには，里山の過疎化など，様々な問題が関係しているが，その結果として農業被害など人とのトラブルが増加し，有害鳥獣駆除などにより鉄砲での駆除が最近盛んに行われるようになったからである[1]．駆除の結果，シカの分布は拡大し，新しい場所で新たな餌を得てそこで数を増加させることとなった．数の増加と分布拡大の結果，それまで野生動物が高い山に進出するのを阻止していた亜高山帯の針葉樹林を超えて，最近では高山帯にまで侵入することになったのである[1]．しかし，その根本的な原因は，里と里山は人間の領域，奥山は神の領域とした，かつての日本文化の基本が崩れ，人と野生動物との棲み分け構造が完全に崩壊したことにあると考えられる．

　高山に侵入したニホンジカとニホンザルによる高山植物の食害が進めば，日本の高山の自然破壊が進む．すでに食害を受けた場所では，土砂の流失が始まっている．シカの食害により，自然破壊と土砂の流失が始まった丹沢や日光で起きていたことが，もっと大規模に南アルプス全体で始まることが懸

第6章 信仰心と法律で守られてきた鳥の保護：ライチョウ

図7 北アルプス爺ヶ岳で撮影されたニホンザルの群れ（2005年7月 中山厚志氏撮影）

念される．

それと同時に，先に述べた温暖化の影響より前に，これら高山に侵入した野生動物が先にライチョウを滅ぼす可能性が高いと考えられる．高山植物は，ライチョウの餌であり，その食害はライチョウの生息環境そのものを破壊することになるので，直接・間接的にライチョウを脅かすことが懸念される．

6 保護のために

日本のライチョウは，世界最南端で今日まで絶滅せずに生き残ってきたこと自体，奇跡と言えるだろう．それを可能にしたのは，一つには上記の日本の山岳信仰であり，もう一つは日本の高山にはハイマツが存在したことによると考えられる．ハイマツは，日本のライチョウにとって営巣場所であり，また隠れ場所として極めて重要である．しかし，ハイマツは極東のみに分布し，国外の多くのライチョウ生息地には見られない．

氷河期に大陸から入ってきた日本のライチョウは，その後分布の縮小と個

体数の減少を続け，本州中部の高山帯に辛うじて生き延びてきたのが現状である．分布の縮小と数の減少は最近も続いており，生息数は現在2000羽以下に減少し，しかも山岳ごとに個体の交流が絶たれている．そのうえに，野生動物の高山への侵入，地球温暖化といった便利で豊かな生活の間接的な影響によって，存亡の危機を迎えているといっても過言ではない．どうしたら，世界の最南端に隔離分布し，人を恐れない日本のライチョウを絶滅から救うことができるだろうか．

　野生動物の保護の基本は，まだ野生の個体群がある程度まとまった数で存在する段階に，減少の原因を解明し，適切な対策を行うことである．野性の数が極端に少なくなったいわば危篤状態になった段階で，いくら最新の技術と金をつぎ込んでも絶滅から救うことはできないというのが，日本のトキとコウノトリが残した教訓である．ライチョウの数の減少が著しい山岳については，その原因を山岳ごとに明らかにし，適切な保護対策をたてることがいま望まれる．ライチョウ調査の折，キツネの糞からライチョウの羽根が見つかることが最近多くなってきていることなどから，キツネ，テン，カラス，チョウゲンボウなど，本来低山に棲む捕食者の高山帯への侵入や数の増加が，各地の山岳でのライチョウの減少の主な原因と判断される．しかし，今後は，これらの捕食による原因に加え，ニホンジカやニホンザルの高山帯への侵入による高山植物の食害の影響が，減少を加速することが予想される．ライチョウがまだある程度まとまった数で存在する今の段階から，将来を見据えたしっかりした対策を考え，実施することが切に望まれる．

　以上のような日本におけるライチョウの現状を考えたとき，野生個体群の保護対策と同時に，将来に備え，今の段階から飼育と人工増殖技術の確立に手を着けておくことが望まれる．ライチョウの飼育と人工増殖技術については，山岳博物館が長年にわたり低地での増殖に取り組んできた[14]が，増殖技術の完成を見ないままに中断している．その後，2008年には上野動物園でノルウェーのライチョウの受精卵を人工孵化させて飼育する試みが実施され，現在2羽の個体が育てられている．まずはノルウェーのライチョウで飼育と人工増殖技術を確立し，その後で日本のライチョウで試みるという計画である．

もう一つの対応は，現地での飼育技術の確立である．日本のライチョウの特徴は，外国のライチョウに比べ，抱卵期の卵死亡率が低いことである．しかし，孵化後2か月間の死亡率は外国に比べて高く，2か月後には雛の生存率は2割以下である．そのため，孵化直後に雛と雌親の家族を現地のケージで飼育し，この間の死亡率を低くし，雛が飛べるようななった段階で野外に戻す方法が有効と考えられる．この方法は，北アルプスの爺ガ岳で故羽田健三を中心に実施され，成功している[14]．この方法を改善し野外で実用化することが，野生個体群の保護対策と合わせ，当面できる最良の対策といえるだろう．

参照文献

1) 中村浩志 (2006)『雷鳥が語りかけるもの』山と渓谷社.
2) 米原　寛 (2008)『北アルプス大紀行　第4章　日本人の山岳観と立山信仰』一草舎出版.
3) 田中欣一 (2008)『北アルプス大紀行　第3章　岳を拝む』一草舎出版.
4) 広瀬　誠 (1972)「雷鳥の古文献」, 富山県教育委員会編『立山の雷鳥』, 246-252.
5) 羽田健三 (1979)「中央アルプスに於けるライチョウの生息実態と移植について」『中央アルプス太田切川流域の自然と文化総合学術報告書』, 341-366.
6) 花井正光・徳本洋 (1978)「白山におけるニホンライチョウの絶滅について」『石川県白山自然保護センター研究報告』, 95-105.
7) 矢沢米三郎 (1929)『雷鳥』岩波書店.
8) 羽田健三 (1985)「日本におけるライチョウの分布と生息個体数および保護の展望」『鳥』34：84-85.
9) 羽田健三 (1974)「山岳地帯の環境破壊による鳥類の分布と生態の変化について —— 特にライチョウを中心として」『日本生態学会誌』24：261-264.
10) 小林真知・中村雅彦 (2006)「本州中部の高山帯に生息するカラスの分布と生息個体数」『山階鳥学誌』38：47-55.
11) 中村浩志 (2007)「ライチョウ *Lagopus mutus japonicus*」『日本鳥学会誌』56 (2)：93-114.
12) 中部森林管理局 (2007)『平成18年度南アルプスの保護林におけるシカ被害調査報告書 —— 南アルプス北部の保護林内』
13) 中部森林管理局 (2008)『平成19年度南アルプスの保護林におけるシカ被害調査報告書 —— 南アルプス南部の保護林内』
14) 大町山岳博物館編 (1992)『ライチョウ —— 生活と飼育への挑戦』信濃毎日新聞社.

column 6

地球温暖化の鳥類への影響

● 植田睦之

　地球温暖化が世界的な環境問題として注目されるようになって久しい．海面上昇による低地の水没，異常気象の農業生産等への影響など人間生活に重大な影響を及ぼすと考えられ，京都議定書等での国際的な取り組みが進められている．

　もちろん地球温暖化は希少鳥類にも影響を及ぼす．鳥類に及ぼす影響は，第6章で紹介したライチョウのような高山の鳥が分かりやすい．気象の影響を受けやすい高山植生は温暖化によって容易に変化してしまうし，さらに，高山の標高には限りがあるので，温暖化しても涼しい高標高の場所に移動できるわけではない．このような高山帯の特性から，高山の鳥に温暖化が重大な影響を及ぼすのは容易に理解できるだろう．また，温暖化による海水面の上昇により水没してしまう干潟に依存している鳥にも重大な影響が生じるのは容易に想像できる．シギチドリ類などに悪影響が出るだろう．

　同様に，シロクマなど極地の生物についても，その影響がニュースを賑わせているが，日本のような温帯域の場所，さらに移動能力に富んだ鳥類については「鳥は自分に適した場所に移動できるから，温暖化の影響はそれほど受けないのではないか」と考える人も多いかもしれない．しかし，このような温帯の鳥についても，様々な影響があることが近年の研究で明らかにされつつある．

コラム6 地球温暖化の鳥類への影響

　温暖化の影響にも温暖化がその鳥にとってプラスに作用したものとマイナスに作用したものがある．プラスに作用している例としては，ガン類の越冬地の北上があげられる．温暖化により，ねぐらになる水域が凍結しなくなったり，また積雪が減って採食しやすくなったりしたために，近年，今まで越冬していなかった北海道でガン類が越冬するようになっている．同様なプラスの影響はおそらくカモ類やハクチョウ類にも生じており，環境省が行っているガンカモ・ハクチョウ類の全国一斉調査の結果の解析結果によると，積雪や低温が北日本におけるカモ類やハクチョウ類の越冬数の制限要因になっていることが示されている[1]．これらの鳥たちは越冬数は増加傾向にある．給餌や狩猟圧の低下などの要因とともに，温暖化も増加の原因の一つと考えられる．

　プラスの影響はコムクドリにおいても示されている．新潟での長期間の調査結果から，気温の上昇とともにコムクドリの繁殖時期が早くなり，一腹卵数も増加していることが明らかになっている[2]．

　反面，マイナスの影響がヨーロッパで報告されている．一つは温暖化に対する反応が鳥とその食物になる動植物とで異なることによる季節的なずれが生じることである．この例としてはマダラヒタキの繁殖時期とその主要な食物であるイモムシの発生時期にずれが生じている例が報告されている[3]．ヨーロッパでは，マダラヒタキの食物であるイモムシの発生時期が温暖化により早くなっている．もしマダラヒタキも同様に繁殖時期が早くなっていれば問題ないわけだが，マダラヒタキの繁殖はイモムシほどには早くなっていない．そのため，一部の地域ではマダラヒタキの繁殖時期とイモムシの発生時期がずれてしまっている．ずれていない場所ではマダラヒタキの個体数に変化は無いものの，大きくずれてしまった地域ではマダラヒタキが90％も減少してしまっているという．

　また，別の可能性としては留鳥と夏鳥の競争の激化が考えられている[4]．温暖化による冬期の気象条件の緩和は，留鳥の冬期の死亡率を低め，個体数増加につながる．また，留鳥と夏鳥では繁殖開始時期が異なっているが，上述したように，温暖化によりそれぞれの繁殖開始時期が変化してくると，繁殖時期が重なることによる食物や巣場所をめぐる競争の激化がおこりうる．

こうした影響は繁殖期間の短い夏鳥に強く影響すると考えられ，特に営巣資源が不足している樹洞営巣性の鳥には強く影響するだろう．

以上のように温暖化によると思われる鳥の生息状況の変化が示されているが，多くの種に温暖化がどのような影響を及ぼすのか，あるいはどのような種は影響が大きく，どのような種では少ないのかなど分からないことが多い．今後このまま温暖化が進んでいけばシミュレーションによる予測では今世紀中に30％もの鳥が絶滅するとも言われている．これまでは開発や乱獲など人の直接の影響が種の絶滅の最大の原因であった．今後は温暖化等の人間活動の間接的な影響が種の絶滅の主要な要因となっていく可能性もある．

参照文献

1) 植田睦之（2007）「ハクチョウ類やカモ類の越冬数に積雪や気温がおよぼす影響」『Bird Research』3：A11-A18.
2) Koike, S. and Higuchi, H. (2002) Long-term trends in the egg-laying date and clutch size of Red-cheeked Starlings Sturnia philippensis. *Ibis* 144: 150-152.
3) Both, C., Bouwhuis, S., Lessells, C. M. and Visser, M. E. (2006) Climate change and population declines in a long-distance migratory bird. *Nature* 441: 81-82.
4) Ahol, M. P., Laaksonen, T., Eeva, T. and Lehikoinen, E. (2007) Climate change can alter competitive relationships between resident and migratory birds. *J. Animal Ecology* 76: 1045-1052.

第7章

齊藤慶輔
Saito Keisuke

鉛中毒から猛禽類を守る
── オオワシ ──

　オオワシはタカ目（Falconiformes）タカ科（Accipitridae）ウミワシ属（Haliaeetus）に属し，白と黒の羽毛と鮮やかな橙色の嘴のコントラストが美しく，翼を広げると2m以上にもなる世界最大級の鳥である．雌は雄よりも若干大きく，全長（L）は雄約89cm，雌約100cm，翼開長（W）は雄約200cm，雌約220cm，体重5〜7.5kgである．

　オオワシは雌雄とも同色であるが，完全な成鳥羽となるには6〜7年かかるといわれ，黒色の体に，額，雨覆（肩部），脚部，上・下筒羽，尾羽が白色となる．一方，幼鳥や若鳥は黒褐色味を帯びた体色で各羽に淡色の羽縁があり，白い尾羽の先端は黒褐色が混じる．また，嘴の上辺および先端に黒色が混じり，虹彩も暗褐色を呈することから，成鳥との区別は容易である．

　研究者によっては，*Haliaeetus pelagicus pelagicus* および *H. p. niger* の2亜種に分けることもある．*H. p. niger* は亜種和名をチョウセンオオワシとし，朝鮮半島で繁殖する．体の白い羽毛が尾と上・下尾筒のみで，他の羽毛は黒色であり，体はやや小さく，嘴は短いがより高い特徴があるという（図1）．しかし，現在の繁殖状況は全く不明なうえ，標本数も少なく，単なる暗色形と見なす説もある．

　オオワシはオホーツク海沿岸の非常に限られた地域にのみ分布し，生息数はわずか5000〜6000羽と推定されている．主な繁殖地はサハリン島北部，

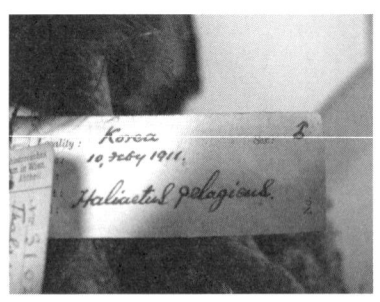

図1　チョウセンオオワシの標本
　　（ウィーン自然誌博物館にて著者撮影）

　アムール地方からカムチャッカにかけてのオホーツク海沿岸，カムチャッカ半島，コリヤク地方南部のベーリング海沿岸である．冬になると越冬のためアムール地方，ウスリー地方，朝鮮半島，千島列島，そして日本へ飛来する．日本での越冬地は主に北海道で，約 1500 ～ 2000 羽が冬を過ごす．その希少性から，国際自然保護連合（IUCN）のレッドリストでは絶滅危惧Ⅱ類（Vulnerable：VU）に分類される．日本国内では天然記念物（文化財保護法），国内希少野生動植物種（絶滅のおそれのある野生動植物種の保存に関する法律：「種の保存法」）に指定され，日本版レッドデーターブックでは絶滅危惧種として分類される[1]．また日本が他国と結ぶ渡り鳥条約では，「日米渡り鳥条約」，「日中渡り鳥協定」，「日露渡り鳥条約（旧日ソ渡り鳥条約）」の指定種として保護されている．

　繁殖地から越冬地である日本・北海道へ渡るルートは，サハリン経由のものと千島列島経由のものがある．筆者らは 2000 年から毎夏，繁殖地であるサハリン北部にて調査を行い，発信機を用いた追跡調査を実施している．その結果，渡りのルートや日本で越冬する個体の行動が徐々に明らかになって

きた．サハリン経由で渡るオオワシは，早いものでは10月頃に北海道の最北端である宗谷岬（稚内市）を目指して渡来する．その後，多くが河川に遡上中のサケを捕食しつつ，オホーツク海沿いに東部へと移動するが，日本海沿いに道南方面に渡り，そこで越冬する個体も一部いることが分かっている．厳しい冬を乗り越えたワシは，翌年2月から5月ごろにかけて，成鳥から順次，再び宗谷海峡を渡りサハリン以北の繁殖地へ飛去する．

　オオワシの移動および越冬地の選択は，餌環境に大きく左右されるものと考えられる．オオワシは英名でも（Steller's Sea-Eagle），学名（*Haliaeetus*：ウミワシ属）でも「海のワシ」と称されるとおり，サケマス類，スケソウダラなどの魚類を主食とする．この他，カモ類を捕食することや，海岸に漂着したアザラシ類や鯨類の死体も食べる．過去，特にスケソウダラ漁が盛んであった1980年代前半までは，操漁時に網から外れた魚を狙って，非常に多くのオオワシが知床半島の羅臼町周辺に集結していた．その後，同漁の不振と並行して，道東の内陸部ではエゾシカ *Cervus nippon yesoensis* の個体数が急激に増加し，農林業被害が深刻化していった．これに伴い，事故や餓死，狩猟によってもたらされるシカの死体も増え，オオワシが新たな餌資源としてこれらに依存し始めた．以降「海ワシ」と称される彼らを，海岸部ではなく内陸の山林にて目にすることが多くなった．

1 越冬地における脅威：銃弾による鉛中毒

(1) 北海道における鉛中毒症の大発生

　日本ではこれまでにも鳥類の鉛中毒症が報告されている．しかしその症例は主に水鳥（特にガンカモ類）におけるものであり，鉛散弾や釣りの錘の誤食が原因であった．水鳥類は，胃内での消化の補助として餌と一緒に小石を飲み込む習性がある．水鳥猟で使用された鉛散弾や，釣りで使用され外れるなどして放置された鉛製の錘が湖沼の底に沈むと，水鳥は小石と区別がつかず飲み込んでしまい，鉛中毒症を発症する．このような中毒状態の水鳥を猛禽類が捕食した場合，または鉛弾で撃たれたが回収されなかった水鳥の死体を

第I部　わが国の希少鳥類をどう保全するか

図2　オオワシの胃から発見されたエゾシカの体毛と鉛弾

食べたり，被弾したまま逃げ延びた水鳥を捕食したりした場合などに，猛禽類において二次的に鉛中毒症を発症する事例がまれにではあるが報告されていた．

　オオワシの鉛中毒が初めて確認されたのは1996年のことである．このときはワシの胃内から水鳥猟用の散弾が見つかった．1997年度にはオオワシとオジロワシあわせて21羽（オオワシ18羽，オジロワシ3羽）の鉛中毒死が確認され，その原因が，主にエゾシカ猟に使用された鉛ライフル弾の破片を飲み込むことであるとつきとめられた（1997年春）（図2，図3）．また後日，保存されていた試料を調査したところ，1986年にはすでにワシの鉛中毒が発生していたことも判明した．さらに翌1998年度には26羽のワシ（オオワシ16羽，オジロワシ10羽）の鉛中毒死が確認された（図4，表1）．ちなみにこの年のワシ類の死亡発見総数は33羽だったが，死亡原因のうち約8割を鉛中毒が占めるという異常な事態となった．

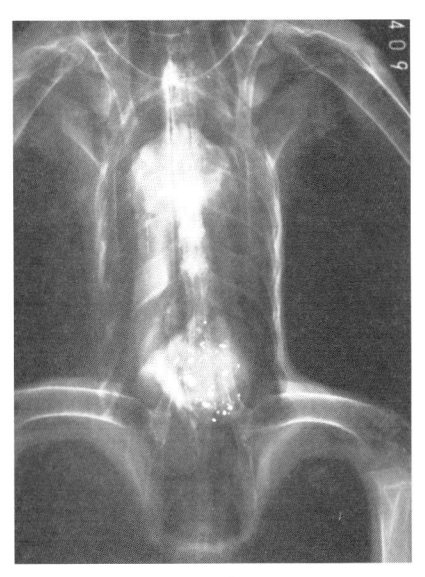

第7章　鉛中毒から猛禽類を守る：オオワシ

図3　鉛ライフル弾の破片を飲み込んだオオワシのレントゲン像

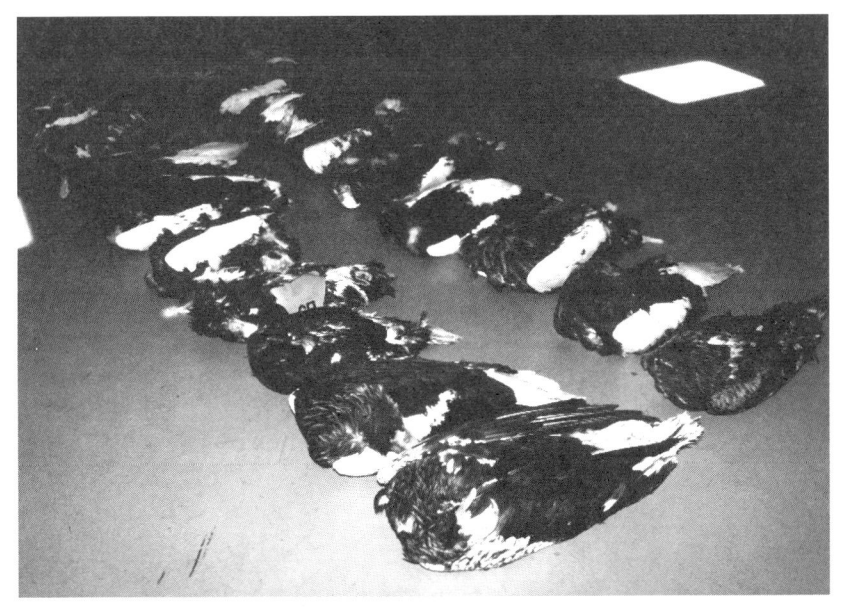

図4　釧路湿原野生生物保護センターに収容された鉛中毒死したオオワシとオジロワシ

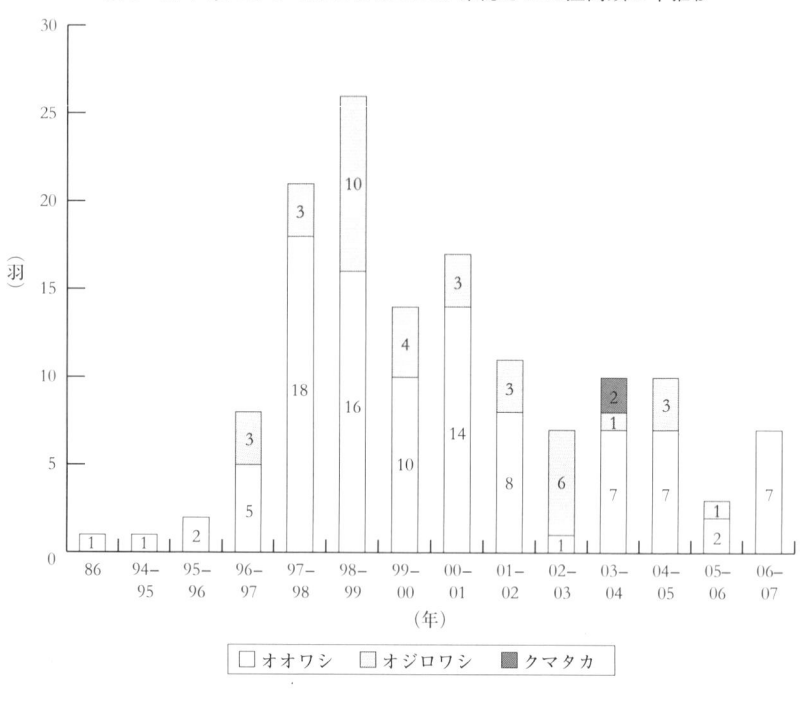

第 I 部　わが国の希少鳥類をどう保全するか

表 1　鉛中毒によって死亡したことが確認された猛禽類の年推移

（羽）

年	オオワシ	オジロワシ	クマタカ
86	1		
94–95	1		
95–96	2		
96–97	5	3	
97–98	18	3	
98–99	16	10	
99–00	10	4	
00–01	14	3	
01–02	8	3	
02–03	6	1	
03–04	7	1	2
04–05	7	3	
05–06	2	1	
06–07	7		

□ オオワシ　□ オジロワシ　■ クマタカ

　1998 年 7 月，北海道庁が，ライフル銃で捕獲されたエゾシカの体内に鉛の破片が散らばって残留することを正式に確認してから，世論も鉛中毒の防止に向けて大きく動き出した．北海道では 2000 年度からエゾシカ猟用の鉛ライフル弾の使用が規制され，2004 年からすべての大型獣の狩猟において，いかなる種類の鉛銃弾も使用が禁止となった．にもかかわらずその後もワシの鉛中毒は続き，2004 年度の猟期は 10 羽（オオワシ 7 羽，オジロワシ 3 羽），2005 年は 3 羽（オオワシ 2 羽，オジロワシ 1 羽），そして 2006 年度は 7 羽（オオワシ 7 羽）が高濃度の鉛に汚染されていたことが確認されており（鉛中毒死した個体を含む），規制遵守の不徹底ぶりがあらためて証明される結果となっている．現在までに鉛で死亡したワシ（オオワシ・オジロワシ）は 120 羽を超えるが，この数値はあくまでも山野で回収した死体，もしくは衰弱して保護収容されたワシの総数であり，人の入山数や積雪の程度を考慮すると，実際

には相当数のワシの死体が回収されないままになっている可能性が指摘されている（ワシ類鉛中毒ネットワークによる調査報告より）．人がめったに足を踏み入れることのない厳冬期の山中で，発見されず消失してしまった死体も多いと考えられ，実際の死亡数ははるかに多いと推察される．

また2003年度には，留鳥として北海道の森林に生息するクマタカにおいて2羽の鉛中毒死が確認され，銃弾による鉛汚染が海ワシのみならず，猛禽類全体に広く浸透していることを示すこととなった．

(2) エゾシカ猟との関連

北海道では，急増したエゾシカによる農・林業被害を軽減させるため，1998年より道が実施を始めた「エゾシカ保護管理計画」に基づき，シカ猟や駆除が道内一円で積極的に行われるようになった．狩猟で射止められたシカは通常その場で解体されるが，被弾した部分は食用に適さないため，多くが山野に放置される．シカ捕獲数の増加に伴い，ハンターが猟場に残していったシカの死体（残滓）が，道内の山林のあちこちで見られるようになった．死体の中にはハンターが捨てていったものだけでなく，手負いの状態で逃亡後に死んだシカも数多く含まれていたと思われる．

これらの死体の被弾部には鉛弾の破片が数多く残っており，ワシが餌としてシカ肉を食べる際に鉛破片を誤食し，中毒を引き起こした．被弾箇所は皮膚が剥がれて筋肉や内臓が露出しており，採餌しようとする鳥類にとっては最も食べやすい．結果として，ワシは鉛弾の破片を含む部分を選択的に摂取する傾向を示すことが，野外における観察で明らかとなった．

また，ワシ類の鉛中毒では，繁殖年齢に達した成鳥が数多く犠牲になったことが特徴的である．これは，若いワシよりも優位な彼らが真っ先に餌を独占し，最も楽に肉を得られる被弾部の肉を口にする機会がより多かったことが原因となっている可能性がある．一般的に死亡率の低いはずの成熟した世代が，鉛中毒においては幼鳥よりも高い割合で死亡しているという事実は，鉛中毒症が単に1羽の鳥個体を死に至らしめるのみならず，繁殖し生まれていたはずの次世代の減少にまで影響を及ぼしていることを示唆する．さらに，鉛の摂取量が致死的でなかったにせよ，鉛の影響で危険回避能力が鈍り，交

通事故などで二次的に死亡するものや，体に変調をきたし，過酷な渡りに耐えられなかったもの，繁殖機能に悪影響が出たものまで含めると，ワシの死因にどれほどの割合で鉛が関与しているのか，その高さははかりしれない．北海道が野生生物保護管理として行ったエゾシカの個体群コントロールが，希少種であるオオワシの絶滅の危険を助長した皮肉な結果といえよう．

(3) オオワシ等猛禽類における鉛汚染の判定

　猛禽類の鉛汚染の判定は，水鳥の鉛中毒について発表されている値を参考にして，肝臓中の鉛濃度が 0.2ppm 未満のものを非汚染，0.2～2ppm を鉛曝露，2ppm 以上を鉛中毒とする判定基準を定めた．血液中の鉛濃度については，0.1ppm でも酵素レベルの阻害が報告されていることから，0.1ppm 未満を非汚染，0.1～0.6ppm を鉛曝露，0.6ppm 以上を鉛中毒とした．

　ワシ類の鉛中毒症が頻発したことで，環境省および北海道では情報を一括させるためにも，当時から鉛濃度の迅速診断が可能であった環境省釧路湿原野生生物保護センターへ生体・死体にかかわらず収容を集約し，対応に取り組むこととなった．

　現在，釧路湿原野生生物保護センターには，環境省から委託を受けた猛禽類医学研究所の獣医師が勤務している．0.005ml というわずかな血液から，わずか 3 分で鉛濃度を測定できる機器を常備しており，収容個体の鉛中毒の診断に役立っている．

　釧路湿原野生生物保護センターには，明らかに鉛中毒が原因で搬入されたもの以外にも，多数の生体・死体が収容されてきた．車両や列車事故，感電事故として運ばれてきたこれらの収容個体のなかにも，鉛濃度の検査を行うと鉛の汚染が確認された例が多数あった．たとえば牛に踏まれ肝臓が破裂し失血死したオオワシに中毒レベルの鉛が認められた事例がある．ワシにとって今やエゾシカは日常的な餌であり，道路や線路上に放置されたエゾシカ轢死体に群がっているワシを多く目にする．鉛中毒症によって運動失調に陥ったワシが，迫ってくる車両を回避できずに二次的な事故に巻き込まれるリスクは非常に高いと考えられる．

図5 鉛中毒に陥り，中枢神経症状を示すオオワシ

(4) 鉛中毒症の診断と治療

鉛中毒症は，治療をいかに迅速に行うかが救命の重要な鍵となる．なぜなら鉛の毒性は非常に高く，特に鳥類では顕著にその影響が見られるからである．さらに猛禽類は肉食で胃酸濃度が高いことから，鉛の溶解・吸収が早く，他の鳥類よりも鉛中毒症の影響が大きいと考えられている．

鉛中毒は一般的に疝痛，嘔吐，食欲不振といった消化器症状をもたらす．さらに鉛中毒の臨床上重要視される障害として，造血組織への影響があげられる．鉛によるヘム合成の阻害により，赤血球中のヘモグロビンが減少し重篤な貧血をもたらすのである．また鉛中毒は肝臓や腎臓の機能障害，中枢神経や末梢神経への影響をもたらす（図5）．鉛中毒に罹患した個体は，激しい嘔吐と神経症状に苦しみながら死んでいくのである．

鉛の解毒剤として用いられる鉛キレート剤（エデト酸カルシウム二ナトリウム：EDTA）は副作用として腎毒性があることから，個体中の鉛濃度を考慮して投与方法・量を検討する必要がある．また，連続しての使用は推奨でき

ない．そのため，5日間投薬した後に2日間の休薬期間を設けなければならず，7日間を1クールとして治療計画を立てる．EDTAは商品名「ブライアン」として注射薬および経口薬が販売されており，血液検査の結果，高濃度の鉛が確認された場合は，注射と経口投与を併用している．猛禽類は警戒心が強く，心理的ストレスが不必要に体力を消耗させることもあるため，投薬方法や収容環境に細心の注意が必要である．治療過程において，随時鉛濃度のモニタリングと血液状態の確認を行い，脱水や栄養不良に対しての対症療法も施しながら，おおよそ2～6クールの治療となる．

　鉛中毒症の厄介な面として，投与中止後に鉛濃度が再び上昇するリバウンド現象が見られることがある．これは血液中の鉛をキレート剤で除去すると，今度は肝臓や腎臓，骨髄等へ蓄積していた鉛が新たに血中に放出される現象で，そのため鉛中毒症には長期間の治療が必要となる．

(5) 行政の対応

　北海道は告示という形で2000年度の猟期からエゾシカ猟における鉛ライフル弾の使用規制を開始した．さらに翌2001年度より，シカ猟用の鉛散弾（鉛スラグ弾）の規制にも踏み切った．2003年度には，狩猟によって発生する獲物の放棄についても規制が加えられることとなり，2004年度からは，ヒグマ猟を含むすべての大型獣の狩猟を対象に道内での鉛弾が使用禁止となっている．しかしこれはあくまで道内に限った規制であり，全国的に見ると水鳥猟用の鉛散弾の使用と，地域限定で禁止したもの以外，法的な規制は存在しない．北海道には毎年道外から多くのハンターが訪れる．北海道を一歩離れれば鉛弾での狩猟が許されている状況において，ほんの短期間の狩猟のために北海道を訪れるこれらの道外在住のハンターが，使い慣れた銃弾をわざわざ無毒弾に切り替えてエゾシカを撃っているのか，きちんと確かめるすべは無い．

　猛禽類の鉛中毒が問題になり始めた頃から，その発生源となる，放置された狩猟残滓を減らす試みとして，鉛中毒が多発していた道東地域の市町村（阿寒町，白糠町，弟子屈町，厚岸町，留辺蘂町，足寄町，浦幌町など）は猟場各所に「エゾシカ残滓回収ステーション」を設け，ハンターに狩猟残滓の搬入

図6 エゾシカ残滓回収ステーション

を呼びかけた(図6).週末や休日の後には,残滓回数ボックスが溢れ,天井部にまで残滓が山積みされているステーションも見られたものの,投棄された残滓が猟場から無くなることはなかった.また,猟期が終了した後も多くの地域で,引き続いて有害鳥獣捕獲が行われたが,多くの残滓回収ボックスは猟期の終了とともに撤去されてしまっており,この期間に駆除されたシカの死体をここに捨てることができない状態であった.有害鳥獣捕獲においては,ハンターあるいは恩恵を受けた農業者らが,自ら残滓処理を行うことになっているものの,実際にはその処理先をどうするかも問題となった.また,鉛弾の使用規制開始とあわせて,残滓回収ステーション設置を打ち切る市町村が増えた.規制により残滓に鉛が含まれるおそれが無くなったからという理由の他に,道からの補助金が打ち切られた事情があった.鉛弾規制にもかかわらず,依然として猛禽類の鉛中毒が発生している現状に鑑みると,これを予防するために,引き続きあらゆる手を尽くしても良いのではないかと思

われる.

　さらに鉛とは別の問題として，狩猟残滓へヒグマが誘引される可能性が懸念されたため，2003年から猟場への残滓の放置自体が法律により規制され，ハンターは自らの責任で残滓の最終的な処分までを行うことが義務づけられたが，このことも残滓回収ステーションの廃止に拍車をかけてしまった．結果としてステーションの無くなった地域のいくつかで，狩猟残滓の山野への投棄が続発する現象がおきている．

(6) 鉛中毒防止のための市民活動

　鉛中毒によるワシの大量死とシカ猟用鉛弾との関連が明らかになった1997年の7月，道東の獣医師らを中心とする市民団体「ワシ類鉛中毒ネットワーク(事務局釧路市，黒沢信道代表)」が設立された．同ネットワークには学生や教員，会社員，ハンター，公務員などがメンバーとして参加し，それぞれの立場で関係する機関・個人と連携をとりつつ，鉛中毒の防止に向け，以下のような調査や啓蒙活動を展開した．

・北海道におけるワシ類の生息状況調査

　調査の目的は，オオワシなどの大型猛禽類の生息状況を調査し，シカ猟の拡大に伴って内陸部に進出しているといわれる海ワシ類の動向を把握することであった.

　調査項目には，オオワシやオジロワシの確認個体数，ワシ類の行動異常の有無，シカ残滓の放置状況，猛禽類のシカ残滓への依存の有無等を設定し，ワシ類以外に確認された鳥類に関しても同様に記録をとった．

　本調査により，今まであまり明らかにされていなかった内陸部でのオオワシやオジロワシの生息状況を，大まかながらつかむことができた．調査を行った北海道東部では，多数の海ワシ類が釧路市阿寒町や音別町，釧路町，白糠町などを中心とした内陸部に集結していたが，そのほとんどがシカの狩猟残滓に依存していると考えられた．また，これらのワシたちとは別に，海岸や湖沼地域に生息し，魚類に加えて適宜シカの死体も食している個体の存在も示唆された．内陸部のワシの生息数は11月には0に近く，12月より1

月にかけて徐々に増加，2月から3月にかけて最大となり，4月に入るとかなり減少するものの，わずかではあるが5月上旬まで残留するものが見られた．

・鉛中毒の発生状況および発生環境を把握するための調査
　ワシ類の鉛中毒被害の状況を正確に把握するためには，収容された生体や拾得された死体を詳しく調べ，鉛中毒であるか否かの確認を逐一行っていく必要がある．このため，ワシ類鉛中毒ネットワークのメンバーのうち，獣医師や獣医学科の学生らが中心となりワシのレントゲン検査，血中鉛濃度の測定を行うとともに，死体ではあわせて剖検（病理解剖）や，臓器中の鉛濃度測定（北海道立衛生研究所）を行うための採材を実施してきた（図7）．さらに，野生下の猛禽類における鉛汚染状況を間接的に把握するため，糞便中の鉛濃度の測定や野外で採取したワシ類のペリット（吐瀉物）のレントゲン撮影も試みた．
　また，北海道釧路支庁と協力して，2003年度からエゾシカ残滓に残留する銃弾の調査を行ってきた．これは，野外に放置された狩猟残滓から銃弾を検出・回収し，その形状や特性などから金属の種類を特定し，ワシの生息環境における鉛弾の存在の有無を確認するというものである．猟場などを踏査し，被弾部周辺の約30〜50cm四方の筋肉をサンプルとして手斧やナイフで切り取り，持ち帰った．収集したサンプルをレントゲン撮影し，銃弾と思われる像（金属と疑われる強陰影）が確認された場合には，その形状やX線の透過性の程度などから鑑別を試みただけでなく，実際に被弾部を解剖して銃弾の回収に努めた．調査の結果，鉛弾使用が規制されて数年が経過した近年においても，回収した検体から鉛弾の破片が発見されるなど，鉛中毒を引き起こす原因物質が未だ環境中に多く存在していることが明らかになっている．
　あわせて，鉛中毒に関する資料の収集と，過去の記録・サンプルの見直しを行い，埋もれている鉛中毒の発生記録の発見に努めた．その結果，餓死などの死因として処理されていた過去の記録のなかから，鉛中毒の関与を疑わせる事例をいくつか確認できた．

・環境の改善

　猛禽類の鉛中毒を水際で防ぐため，頻繁に猟場のパトロールを行い，放置されたシカ狩猟残滓の埋却や撤去作業を実施した．

　1997年頃までは，多くの残滓が雪上にそのまま放置されていた．なかでも射止められた場所でそのまま解体され，肉などの有用な部分のみが持ち去られ，内蔵や皮，骨，そして被弾部がその場に残されるケースが目立った．また，車への積み込みが容易な林道脇や土場，解体器具の洗浄に便利な河川敷や橋のたもとなどに多くの残滓が投棄されていた．

　ハンターは通常，射止めた獲物の内蔵をただちに摘出し，肉に消化管内容物などの臭いが移るのを防ぐ．摘出された内臓はその場に放置されることが多かったが，多くの場合鉛弾が肉だけでなく内臓にも飛び散っていたため，鉛の重大な汚染源となっていた．残滓を土中埋却したり，猟場から撤去したりすることを心がけている良識あるハンターですら，内臓は放置する傾向が見られた．また，残滓を土中ではなく，春になれば消えてしまう雪のなかに埋めるハンターも少なくなかった．ワシの鉛中毒防止への理解が少しずつ広がっていく一方で，正しい予防策の周知が大きな課題として残った．

　残滓の適切な処理方法が一般に広まるまでの間，環境中に存在する鉛の汚染源を少しでも減らすため，ワシ類鉛中毒ネットワークは率先して残滓の土中埋却や撤去を実施した．真冬に大きなシカを一体丸ごと埋めるため，時には50cmを超す積雪をどけ，コンクートのように硬く凍結した土壌をツルハシで叩き割って穴を掘るのは容易ではない．しかしながらネットワークのメンバーは連日猟場に通い，一向に減らない残滓を黙々と埋める作業を続けた．放置残滓が目立って多い林道などについては，メンバー有志所有のトラックを利用し，残滓を積み込んで行政指定の廃棄物処分場まで搬送した．多いときには1本の林道で1日間1トンもの放置残滓を回収したこともあった．

　このような活動が報道などで世間に知られるようになると，一般市民より「家の裏山に残滓があるから持って行って欲しい」等の要請までもがネットワークに寄せられるようになった．同ネットワークでは放置残滓問題の啓発活動の一環として，このような要請に対しても可能な限り対応した．

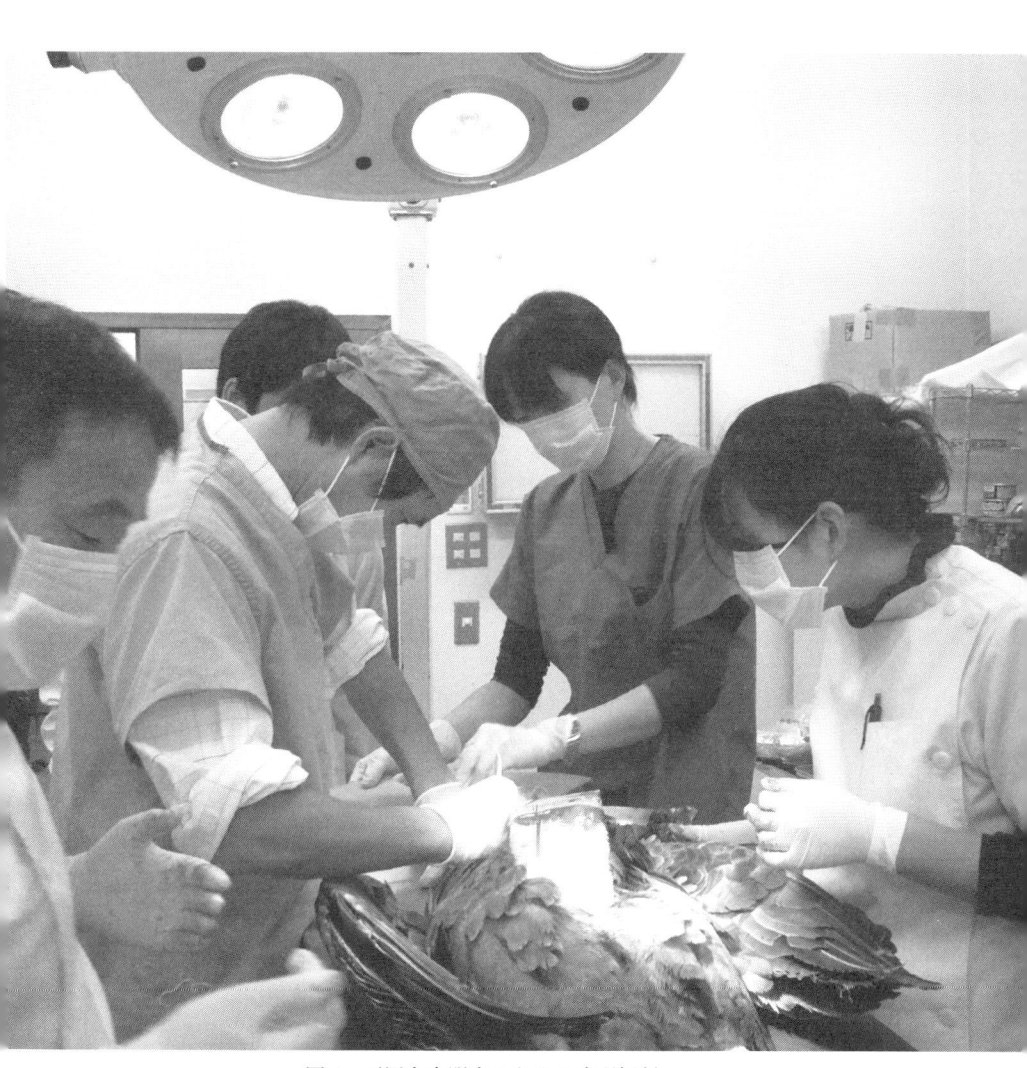

図7　死因を究明するための病理解剖

・無毒弾（代替弾）への移行を促進するための活動

　鉛が有毒物質であることは周知の事実であるが，一方で軟らかく加工しやすいことや比重が高いことなどの特性により，古くから広く使われてきた．特に鉛製の銃弾は獲物に命中した際に大きく変形したり，破片が飛散したりすることで獲物に大きな損傷を与えることができるため，狩猟に多用されてきた．日本で使用されている銃弾も主流は鉛製で，その多くは外国からの輸入品であった．

　一方，諸外国では以前より，ライフル弾では銅やタングステン，大型獣用の散弾（スラグ弾）としては銅，主に水鳥猟用の散弾としてはスチールなどが無毒の銃弾として使用されている．たとえばアメリカでは，1991年からオオバンと水鳥猟において鉛散弾の使用が禁止されている．また近年，カリフォルニアコンドルなどの生息地において，地域を限定した鉛弾の規制がされている．

　オオワシやオジロワシの鉛中毒は，その多くがシカ猟用の鉛ライフル弾に起因している．毒性の高い鉛を飛散させない銃弾としては，純銅弾（アメリカ バーンズ社の X-Bullet など）や着弾時に鉛が表面に露出しないような構造を持つフェールセーフ弾（鉛のコアを銅で被覆した弾）が市販されている．猛禽類の鉛中毒が問題になり始めた当所は，バーンズ弾は弾頭としては日本国内で入手可能であったものの，実包の製品はほとんどで回っておらず，価格も高価であった．このため，この弾を使用するためには，薬莢に雷管を付け，正確に計った火薬を入れ，専用のリローディング・マシンを使って，バーンズ弾頭をはめ込む作業が必要であった．リローディング・マシンは個人で使用するには高価であったため，ワシ類鉛中毒ネットワークがリローディング用機材一式を購入し，北海道猟友会に貸与した．

　また，当時は銅弾に対して，「銅弾は命中率が落ちる」あるいは「銅弾はシカの体内を貫通してしまい，与えるダメージが少ない」といった風評がハンターの間に広まっており，これが銅弾の普及にブレーキをかけていると推察された．そのため，北海道猟友会弟子屈支部の協力を得て，実際にバーンズ弾で野生のエゾシカ10頭を試験的に仕留め，狩猟に有用であるか否かの検証を実施した．その結果，バーンズ弾は命中率・威力ともに鉛弾と何ら遜色

無く，鉛弾の代替としてエゾシカ猟に使えることが実証された．

・啓発活動

　ワシ類鉛中毒ネットワークでは，主にインターネットを介して最新の正確な情報を，メンバーや一般市民向けに発信した．また，活動の進捗状況や成果を年次報告書「ワシ類の鉛中毒根絶を目指して」にまとめ，行政をはじめ狩猟・自然保護関係者に広く配布するとともに，調査で得られた科学的な知見を各種学会発表等のアカデミックな場で発表した．

　さらに，各所で多数のシンポジウムやフォーラムを道内各所で開催し，国内外の関係者らと，鉛中毒の根絶に向けた情報交換を行った．

(7) 鉛中毒発生状況の変化

　ワシの鉛中毒が初めて確認された当初は，道東地域，特に釧路管内が発生地域の多数を占めていた．しかしながら，2001年度を境に釧路地域での確認件数に減少傾向が見られるようになった一方，それまで鉛中毒が報告されていなかった上川地域（旭川市），胆振地域（白老町，壮瞥町），道南地域（八雲町）で新たに鉛中毒の発生が確認された．これはエゾシカの分布拡大に伴って北海道西部においてもシカ猟が盛んになってきたことを反映したものと思われた．また，道東地域ではすでに地元のハンターの鉛汚染に対する意識が高くなったことに加え，市町村レベルでも残滓回収が行われていたのに対し，他の地域ではこれらの対策がほとんど進んでいなかったという理由も考えられた．

　放置残滓の問題がマスコミ等によって世間の知るところとなり，行政や猟友会も捕獲した死体の処分を義務づけるようになってからは，猟場に残される残滓は確かに少なくなったように見受けられる．しかし今度は残滓が人目につかないよう，橋から投げ捨てたり，林道を通る土管のなかへ隠したりするケースが目立つようになった．

　そして，オオワシやオジロワシがシカの残滓を餌資源としておおいに利用している状況に，依然変わりはないらしいことが分かってきた．ここ数年，ワシ類の列車事故が多発しているが，野外観察の結果や，被害個体の上部消

化管等から多量のシカ肉が検出されていることなどから，エゾシカの轢死体を食べるために線路上に誘引されたワシが二次的に被害に遭っているものと推察される．冬期の餌資源として，シカへの依存度が引き続き高くなっている現状では，被弾しつつも回収されなかったシカも潜在的な鉛汚染原因となり，その個体が猟期後に別の原因で死亡した場合には，時期を問わず猛禽類に鉛中毒を発生させる．

(8) 鉛中毒の根絶にむけて

現在の規制が鉛弾の"使用"禁止にとどまり，流通（販売や購入），所有については何も制限がされていないこと，現行犯以外での取締りが極めて困難であることなどが，この問題を長引かせている大きな要因になっていると考えられる．厳冬期の山林において，問題の解決につながる完璧な取締りを行うことは非現実的だ．しかしながら，せめてハンターが獲物を解体している現場で，警察が抜き打ち的に被弾部のシカ肉を採取し，肉に含まれる鉛の有無を確認してくれれば，確信犯的な鉛弾の使用は減るものと期待できる．

また，シカ猟用のライフル・散弾による鉛中毒の事例よりも古くから知られていた，水鳥猟用鉛散弾を原因とするワシの中毒（鉛弾で撃たれたり，消化を助ける小石と間違えて鉛散弾を飲み込んだりしたカモ等をワシが食べ，二次的な鉛中毒をおこすケースを指す）に対する防止策についての対策も不十分である．鉛散弾は現在，「水鳥の」鉛中毒を防止するためにある特定の地域においてのみ規制が行われているが，広範囲を移動しながら生活するカモ類が，鉛散弾が規制されていない地域で鉛に汚染されることは容易に想像できる．特に北海道では，オオワシやオジロワシと水鳥の生息域が重なっている場所が多く，鉛に汚染された水鳥をワシが捕食する危険性は高い．

鉛中毒の根絶を実現することができる唯一の抜本的な対策は，全国規模ですべての狩猟から鉛弾を撤廃することだ．そのため北海道にとどまらず，鉛中毒の発生状況を全国規模で精査し，猛禽類をはじめとする非狩猟対象種（特に保護対象種）に対して鉛が及ぼす影響を正確に把握することが急務であると考える．行政，ハンターそして一般市民の協力のもと，鉛中毒の根絶が一刻も早く実現されるよう期待したい．

2 繁殖地における脅威：石油資源開発

　わが国から最も近いオオワシの繁殖地であるサハリンでは，現在，「サハリンプロジェクト」と呼ばれる大規模な石油天然ガス開発が進行中である．それぞれサハリンⅠ～Ⅸと銘打たれた，9箇所での開発プロジェクトが具体化されている．そのうち，サハリンⅠ・Ⅱプロジェクトの対象となっているサハリン北東部の沿岸部は，まさにオオワシの一大繁殖地にあたる．

　筆者らが2000年より毎夏，北サハリンで実施しているオオワシの生態調査では，同地域の海跡湖（湾）周辺に，少なくとも80つがいの繁殖が確認されており，200個以上の巣の位置も判明している．この地において発信機を装着したオオワシの約80％が，冬期に北海道で確認されていることから，サハリン北東部沿岸域の環境改変は,日本に越冬するオオワシ個体群に対し，極めて重大な影響をもたらすであろうことが示唆される．

　開発の目的が石油資源の採掘であることも，オオワシをはじめとするこの地の野生生物に大きなリスクを課している．オオワシの生息地に点在する潟湖はいずれも非常に浅く，干潮時には水深数センチに満たない場所も多い．そのため湾に生息するカレイや遡上してくるサケ・マスなどを，ワシたちは地の利を生かして容易に捕獲することができ，これが多くのオオワシの生息を支える重要な要素となっている．しかし万一この浅瀬，もしくは沿岸部の地中（主に湿原）に敷設されたパイプラインが破断した場合，石油は潟湖を瞬く間に湖底まで汚染し，オオワシの重要な餌資源を根絶してしまうのみならず，湖内の生態系そのものを完全に破壊してしまうと考えられる．さらに，この地域の潟湖はどれも，外海と接している部分が狭い閉鎖的な水域であるため，いったん湖内が重度に汚染されてしまうと，自浄作用による環境の復元は極めて困難であると思わざるをえない．

　さらにサハリンⅡ開発においては，サハリン島を縦断するパイプラインの敷設が計画されており，パイプは約1000本の川を横断することになっている．サハリン島には活断層が多く，地震の多発地帯としても知られており，地殻変動によるパイプラインの破断が懸念される．河川に石油が流失した場

合,油は水流とともに隣接する潟湖や高・低層湿原へ容易に拡散し,広大な範囲を瞬く間に汚染することが明白である.

オオワシは日露渡り鳥条約,日米渡り鳥条約,日中渡り鳥条約の対象種でもあり,法的には国際的な保護を行う体勢が整っている.ロシアにおいても大規模な開発に先立ち,環境影響調査の実施とその結果の報告,希少種ならびにその生息地への配慮が義務づけられている.しかしながら,現在までに公表されている開発事業者による環境影響評価書を,(筆者を含む)サハリン北東部の自然環境を調査の対象としている研究者らで精査した限りでは,環境調査の手法や対象区域,環境影響予測やリスク評価,環境配慮等多くの点について,全くもって不十分であると言わざるをえない.

日本国内では 2005 年に,環境省が「種の保存法」に基づく保護対策の一環として,「オオワシ・オジロワシ保護増殖事業」を開始し,国として本種の保護にさらに力を入れる姿勢を明らかにしている.その一方で,同じ種,同じ個体がその生息地を奪われつつあるという事実に鑑みれば,日本政府が「ワシという国の自然資産」の利害関係者として,繁殖地の保全に対し何らかの行動をおこすべきではないか.

サハリンの石油資源に対しては,天災や政情不安により近年価格が大きく変動している石油の,安定した,しかもごく近い新供給源として,開発に参加している日本企業のみならず,国内より大きな期待が寄せられ,開発に対する官民の積極的な支援が行われようとしている.特にサハリンⅡ計画については,2008 年 6 月,国際協力銀行 (JBIC) は第二期工事に対してだけでも,実に 53 億ドルもの融資を決定したのである.

近い将来さらに深刻化するであろう石油資源の確保と,野生生物とその生息域の保全をどのようにすれば両立させられるのか,まずは徹底的な環境影響調査を実施し,起こりうる環境へのリスクをできる限り正確に把握することから始める必要がある.稚内から海を隔ててわずか 43km 北のサハリン島で,日本企業が参画して実施されている大規模開発と引き換えに,国際的な希少種の重要な繁殖地が今まさに消えようとしている現実をもう一度じっくり考えるべきである (図 8).

図8　オオワシの営巣地に迫る大規模開発 (サハリン北東部チャイボ湾)

3 渡りルートにおける潜在的な脅威：風力発電施設

　日本最北端の宗谷岬 (稚内市) が，オオワシの渡りの日本側「プラットホーム」であることについてはすでに述べた．オオワシだけでなく，オジロワシをはじめ北方に渡る大小様々な野鳥が，この地点から宗谷海峡へ飛び立っていく．

　同時にこの場所は，現在57基の風車が稼動する，我が国最大の風力発電基地でもある (図9)．地球温暖化を促進する CO_2 排出削減が社会の大きな課題となった現在，風力発電はクリーンエネルギーとして日本各地で積極的に導入が進められている．

　気流の発生しやすい鳥の渡りの「要所」は，すなわち風力発電にとっても好適地であるため，両者の間の軋轢が懸念されてきた．北海道では過去5年間に4羽のオジロワシが発電用の風車と衝突して死亡したことが報告されて

第I部　わが国の希少鳥類をどう保全するか

図9　オオワシの重要な渡りルート上に建設された大規模な風力発電施設（宗谷岬）

おり，この懸念が現実のものとなりつつある．

　上記の死亡数は死体が回収できたものの数であるので，実際にはより多くの種や個体が被害にあっているものと推察される．被害に遭ったオジロワシを剖検した結果，ほとんどの鳥の消化管から未消化の餌が見つかっていることから，衝突事故のあった風車のすぐ近くが，これらの採餌場として利用されていることが明らかになった．特に渡来期である秋は，周辺河川に餌となるサケの姿が多く見られることから，単なる渡りの通過地点のみならず，長期滞在する重要な採餌環境にもなっていることが分かっている．2008年10月現在，オオワシにおける風車との衝突例はまだ確認されていないが，体格や食性，移動のパターンなど，多くの面でオジロワシと共通点が多く，冬季は一緒に行動することも多いオオワシにおいても，近い将来同様の事故が発生することが懸念される．

　風車の先端は約300km/hの高速で回転しており，巨大な羽根（ブレード）

が，上下方向から次々と迫ってきた場合，主に気流を利用してゆったり帆翔し，俊敏な身のこなしを不得手とする大型猛禽類がこれを回避することはほぼ不可能である．衝突死体はすべて即死であったことが解剖結果より判明しており，風車は衝突すればほぼ確実に死亡という，大型猛禽類にとっても大きな潜在的脅威であることが示唆された．

　風車による大型猛禽類への影響は，欧米をはじめ諸外国では古くから問題視されてきた．風車のブレードに着色や模様を描き，視認性を高めるなどの対策が試みられているが，未だ大きな成果は得られていないのが現状である．また，衝突事故のみならず，気流の変化や低周波などによる影響も大きいといわれているが，日本においてはこうした実例の検証や研究も，まだ始まったばかりである．

　風力発電の「自然に優しい」イメージは社会に広く浸透しており，自然保護に関心が深いほど，むしろ積極的に施設建設を後押しする風潮が見られる．北海道を含む各地で発電所建設が計画段階にある現在の時点でこそ，施設が与える環境負荷について正確な情報を共有し，今後の自然エネルギー事業を真に自然に優しいものとするための方策について再考することが重要である．

　世界中のバードウォッチャーの憧れの的・オオワシが我が国に生息していることを誇りに思い，この種が安心して越冬し，健全な状態で繁殖地に帰ることのできる環境を整えることが望まれる．さらに，日露渡り鳥等保護条約に基づき，ロシアにおける本種の繁殖地保護に対しても両国がより積極的に協力して取り組むべきである．

　絶滅の危機に瀕する野生生物や豊かな自然環境を，人間生活だけを豊かにするための代償にしては決してならない．

参照文献

1) 環境省編（2002）『改定・日本の絶滅のおそれのある野生生物』2：16-19.
2) ワシ類鉛中毒ネットワーク（2004）『ワシ類の鉛中毒根絶をめざして — ワシ類鉛中毒ネットワーク2003年度活動報告書』22：24-29.

3) 齊藤慶輔, 渡辺有希子 (2006)「北海道における希少猛禽類の感電事故とその対策」『日本野生動物医学会誌』11 (1):11-17.
4) Saito K. (2003) Diseases and mortality of the Blakiston's Fish Owl (*Ketupa blakistoni*) *Proceedings of the World Association of Wildlife Veterinarians Wildlife Sessions at the 27th World Veterinary Congress Tunisia*. Compiled by Dr F. T. Scullion and Dr T. A. Bailey: 36-38.
5) 齊藤慶輔 (2001)「ワシ類の鉛中毒の現状と今後の取り組みへの提言」『カッコウ』日本野鳥の会札幌支部, 12.
6) 齊藤慶輔 (2003)「サハリン石油天然ガス開発とオオワシの未来」『モーリー』北海道新聞野生生物基金, 9.
7) 齊藤慶輔 (2006)「風力発電特集 ― 北海道の事例」『自然保護』㈶日本自然保護協会, 7・8 (492):4-5.
8) McGrady, M. J., M. Ueta, E. R. Potapov, I. Utekhina, V. Masterov, A. Ladyguine, V. Zykov, J. Cibor, M. Fuller and W. S. Seegar. (2003)Movements by juvenile and immature Steller's Sea-Eagles *Haliaeetus pelagicus* tracked by satellite. *Ibis* 145: 318-328.
9) Meyburg, B. -U. and E. G. Lobkov. (1994)Satellite tracking of a juvenile Steller's Sea-Eagle *Haliaeetus pelagicus*. *Ibis* 136: 105-106.
10) Saito K. et al., (2006) Lead Poisoning in White-tailed Eagle (*Haliaeetus albicilla*) and Steller's Sea-Eagle (*Haliaeetus pelagicus*) in Eastern Hokkaido through ingestion of shot Sika Deer. *Raptor Biomedicine* 3: 163-169. Zoological Education Network.
11) Shiraki, S. (2001) Foraging habitats of Steller's sea-eagles during the wintering season in Hokkaido. Japan. *Journal of Raptor Research*. 35: 91-97.
12) Ueta, M., E. G. Lobkov, K. Fukui and K. Kato. (1995) The food resources of Steller's Sea-Eagles in eastern Hokkaido. In *Survey of the status and habitat conditions of threatened species*, 1995: 37-46. Environment Agency. Tokyo, Japan.
13) Ueta, M. and V. Masterov. (2000). Estimation by a computer simulation of population trend of Steller's Sea-Eagles. In *First symposium on Steller's and white-tailed sea eagles in east Asia; Proceedings of the International Workshop and Symposium in Tokyo and Hokkaido 9-15 February, 1999*. M. Ueta and M. J. McGrady (eds.), 111-116. Wild Bird Society of Japan, Tokyo, Japan.
14) Ueta, M. and M. J. McGrady. (eds.) (2000) *First symposium on Steller's and white-tailed sea eagles in east Asia; Proceedings of the International Workshop and Symposium in Tokyo and Hokkaido 9-15 February, 1999*. Wild Bird Society of Japan, Tokyo, Japan.
15) Kurosawa, N. (2000) Lead poisoning in Steller's Sea Eagles and White-tailed Sea Eagle; First symposium on Steller's and white-tailed sea eagles in east Asia. *Proceedings of the International Workshop and Symposium in Tokyo and Hokkaido 9-15 February, 1999*. Wild Bird Society of Japan, Tokyo, Japan.
16) Ueta, M. and H. Higuchi. (2002) Difference in migration pattern between adult and immature birds using satellites. *Auk* 119: 832-835.
17) Saito K. (2009) Lead poisoning in Steller's Sea Eagle (*Haliaeetus pelagicus*) and White-tailed

Eagle (*Haliaeetus albicilla*) caused by the ingestion of lead bullets and slugs, in Hokkaido Japan. *Proceeding, Ingestion of Spent Lead Ammunition: Implication for Wildlife and Humans*, The Peregrine Fund.

column 7

風力発電の風車とバードストライクの問題

● 植田睦之

　温暖化が世界的な問題になっている．コラム 6 で述べたように鳥への影響も生じており，人間生活にも重大な影響を及ぼすと考えられている．このような温暖化対策として，そして化石燃料が将来無くなった場合の代替エネルギーとして，再生可能エネルギーへの転換が不可欠となっている[1]．再生可能エネルギーには太陽光発電や地熱発電など様々な手法があるが，そのなかでも，すでに欧米でビジネスモデルが出来上がっており，かつ設備コストも比較的安いなど，現時点で最も有望な手法が風力発電である．そのため風力発電所の建設が日本各地で進められている．

　このような必要性の反面，風車に鳥が衝突して死んでしまうというバードストライクの問題が生じている．特にオジロワシについては 2004 年から 2008 年の間に少なくとも 12 羽のワシが死亡している．現時点の死亡数ならば，オジロワシの個体群に大きな影響を及ぼさないと思われるが，今後，風車が増えた場合には，個体群に大きな影響を及ぼすことになってくるかもしれない．

　このバードストライクの問題は日本だけでなく国外でも生じている．特に有名なのはアメリカ・カリフォルニア州にあるアルタモントやスペインのタリファやナバラの風力発電所の例である[2]．アルタモントでは風車の立地にジリスがたくさん生息しており，そこが猛禽類の採食地になっているという

立地の問題から，イヌワシやアカオノスリ，アナホリフクロウなどが風車に衝突して死亡する事故が多数起きており，年間の死亡数が1000羽を超すとも言われている．また，スペインでは多くのシロエリハゲワシが死亡している．この問題を軽減するため，アルタモントでは事故の多い旧式の小型風車複数台を大型風車1台に置き換えたり，猛禽類が多い時期の風車の運転を休止したり，特に危険な風車を撤去したりしている．このような対策が実現できたのは，風が弱く発電に不適当な時期が偶然猛禽類の多い時期と重なっていたこと，年間を通して風が強く，効率的に発電ができるので経営が健全で対策を施す余力があるためである．

　反面，日本の風力発電の実情を見ると，風が不安定なこと，発電所の規模が小さいことなどが原因で収支はギリギリあるいは赤字のところが多い．このような状況で保全対策を施すのは容易ではない．島田・松田[3]はバードストライク問題を解決するために順応的管理の必要性を提案している．福井県あわら市で計画されている風力発電所予定地でマガンの飛行行動を元に，マガンが風車を回避する場合としない場合に分けて風車にぶつかる確率を推定している[4]．この例の場合は，越冬期間のねぐらと採食地の行き来が対象となっているので，生息しているマガンの個体数や飛行位置が分かっていて推定することが可能だったが，多くの場合ではどの程度鳥がぶつかるのかを予測することは極めて難しい．そのような状況のなか，バードストライクの状況に応じて対策（たとえば一時期風車の運転を止めるなど）を変えていく順応的管理の考え方は非常に有効なものである．しかし，採算の面から保全対策を施すのが厳しいとなれば，その考え方を実行することは困難であろう．たとえば「バードストライク保険」のような保障制度など，保全対策を施すことができるようにするための仕組みを作っていくことが重要であろう．

　また，それ以上にバードストライクが起きにくい立地を選定をして，そのような場所に風車を建設するようにしていくことが重要である．バードストライクが個体群に影響する危険性のある希少種を中心に，飛行特性等からバードストライクの可能性の高い種を判定し，危険性の高い地域，危険性の高い地形や植生を明らかにし，危険度の高い場所には極力風車を建設しない

ようにすることが重要であろう．また，危険度の予測をするためにはすでに建設されている風車のバードストライクの状況を把握し，それに基づいて予測を修正していくことが不可欠である．2007年から，環境省がこのような趣旨のもと，調査を開始している．

前述したように，温暖化の問題，そして有限である化石燃料からの転換エネルギーとして再生可能エネルギーの推進は必要なことである．これまでの鳥類の保護は人間の社会活動と保護の間でのバランスをとるという部分がほとんどだったが，このバードストライクの問題は，保護施策間のバランスをとるという，今までなかった新しい問題を投げかけている．つまり，温暖化による鳥類への影響とバードストライクの鳥類への影響の両方を考え，両リスクのバランスを考える必要がある．バードストライクの問題は保護上のリスクとしてだけ捉えるべきでなく，温暖化の解決のためにはどの程度までは許容するべきなのかなど真剣に考えていくことが必要であろう．

参照文献

1) REN21 (2006) *Renewable Global Status Report 2006 Update*. Renewable Energy Network for 21st centry, Paris.
2) 日本野鳥の会 (2007)「野鳥保護資料集第21集 野鳥と風車 風力発電施設が鳥類に与える影響評価に関する資料集」『日本野鳥の会』．
3) 島田泰夫・松田裕之 (2007)「風力発電事業における鳥類衝突リスク管理モデル」『保全生態学研究』12：124-142.
4) Sugimoto, H., Matuda, H., Suda, M. and Shimada, Y. (投稿中) Risk evaluation of a wind farm on avian collision of white-fronted geese.

第8章

遠藤孝一
Endo Koichi

密猟との闘い・開発からの保全
── オオタカ ──

1 │ オオタカとはどんなタカか

　オオタカというと大きなタカを思い浮かべる人が多いのではなかろうか．ところが実際は，カラスくらいの大きさの中型のタカである．全長は，雄成鳥で平均47.5cm，雌成鳥で平均54.2cmで[1]，雌の方がやや大きい．
　大きくないのになぜオオタカなのか．オオタカは，成鳥では上面が青味を帯びた黒色あるいは灰色をしており，下面は白色の地に細かい横斑がある．そのため，昔は蒼鷹（アオタカ）と呼ばれていた．それがオオタカに転訛したと考えられている．一方，幼鳥は成鳥とは大きく異なり，上面が暗褐色で，下面は黄褐色の地に黒色の縦斑がある[2]（図1）．
　ユーラシアから北アメリカの北部に広く分布しており，9亜種に分けられている[2]．そのうち，日本で繁殖する亜種はオオタカ *Accipiter gentilis fujiyamae* である[3]．北海道から九州で繁殖するが，四国や九州では繁殖例は少なく，おもな分布域は北海道と本州である．低地の森林を伴う農耕地帯から山地の森林地帯まで広く生息しているが，主要な生息地は，低山や平地である[4]．時には，河川敷や緑の多い公園などでも見られる．留鳥として周年同じ地域に生息するが，北方や標高の高い地域に生息する個体は冬期には移動をす

る[2]．

　繁殖期は，2月～8月．2～3月に巣造りが行われ，6～7月に1～4羽の雛が巣立つ．巣立ち後も幼鳥は1か月程度は巣の周りにいて，親からの給餌を受ける[5), 6)]．巣は，アカマツ，スギ，モミ，カラマツなど針葉樹の大木に架けることが多いが，まれに広葉樹に架けることもある[4)]．

　食物は，おもに鳥類と哺乳類であるが，鳥類が大部分を占める[2)]．鳥類では，小鳥類からキジ類，カラス類などの大型の鳥まで捕食するが，おもな獲物のサイズはスズメ大～ハト大の大きさの鳥である．哺乳類では，リス類，ネズミ類，ノウサギなどを狩る．狩りは，森林と農耕地などがモザイク状にある環境では林縁で行われることが多い[7), 8), 9)]．林縁に止まって身を隠し，獲物を発見すると止まり場から飛び立ち，追撃する．行動圏の大きさ（狩りをする範囲）は，繁殖期の雄では平地では1000ha前後である[7), 10), 11)]．

2　オオタカ保護に関わって

　私がオオタカの保護に関わるようになったのは，今から25年以上前のことである．当時大学生だった私は，日本野鳥の会栃木県支部（以後，栃木県支部）に属しており，探鳥会のリーダーなどをやっていた．その当時の支部の中心メンバーには20～30歳代が多く，支部全体が活気に満ちていた．そんななか，栃木県北部の那須野ヶ原でオオタカの保護活動が始まった．そして私も，その活動に関わることになった．

　ここでは，自らの関わりを中心にオオタカの密猟・違法飼育問題と開発に関わる生息地保護の歴史について振り返る．

(1) 24時間密猟監視

　「このままでは，那須野ヶ原からオオタカがいなくなってしまう．自分たちの手でオオタカを守ろう」．栃木県支部の有志が，24時間の密猟監視活動に立ち上がったのは，1981年のことである．

　那須野ヶ原は，栃木県北部，那須岳の麓に広がる台地だ．ここには，広大

第8章 密猟との闘い・開発からの保全：オオタカ

図1 オオタカの名は，上面が青味を帯びた黒あるいは灰色である成鳥の体色に由来し，昔は蒼鷹（アオタカ）と呼ばれていたものが，オオタカに転訛したとされる（上）．一方，幼鳥は成鳥とは大きく異なり，上面が暗褐色で，下面は黄褐色の地に黒色の縦斑がある（下）．（いずれも撮影：小堀政一郎）

表1　那須野ヶ原における猛禽類の密猟事例（1975-1980）　遠藤（1989：文献12）を改変

種　名	年	内　容	地　域
オオタカ	1977	2卵採取	那須塩原市
オオタカ	1978	雛捕獲	那須塩原市
オオタカ	1979	卵採取	那須塩原市
オオタカ	1979	雛捕獲	那須塩原市
オオタカ	1980	雛捕獲	那須塩原市
ハイタカ	1975	成鳥1羽、幼鳥2羽射殺	那須塩原市
ハイタカ	1976	卵採取	那須塩原市
ハイタカ	1977	2卵採取	那須塩原市
ノスリ	1975	成鳥2羽射殺	不明
サシバ	1976	幼鳥1羽捕獲	那須塩原市
クマタカ	1975	成鳥1羽射殺	那須町
チョウゲンボウ	1977	幼鳥捕獲	那須塩原市
オオコノハズク	1977	雛捕獲	不明
アオバズク	1977	雛捕獲	不明

なアカマツ林に加えて牧草地が点在し，オオタカ，ハイタカ，ノスリなど森林性の猛禽類にとっては絶好の生息地となっていた．ところが，1970年代後半から，猛禽類の密猟が目に付くようになった．特にオオタカではひどく，複数の巣から雛が持ち去られていた[12]（表1）．

栃木県支部は，栃木県や栃木県警に対して，密猟の取締りや捜査を依頼したが，「証拠が無い」などの理由から，それらの機関は動かなかった．そこで，オオタカ1巣をふ化後間もなくから巣立ちまで約1か月に渡り，メンバーが交代で車やテントに寝泊りしながら，昼夜監視を行った[12]．6月下旬，3羽のオオタカの雛が無事巣立ちしたのを確認したとき，ほっとしたのを今でも憶えている．

ちょうど同じ頃，東京都と埼玉県の県境に位置する狭山丘陵でも，日本野鳥の会東京支部の有志によって密猟監視活動が始まった[13]．これらの密猟監視活動はマスコミにも大きく取り上げられ，猛禽類保護への関心が社会に広がった．

ところで，なぜオオタカなど猛禽類は密猟されるのだろうか．成鳥の密猟は剥製を，雛の密猟は飼育を目的としたものが多いと考えられる．特にオオ

タカは，古来より鷹狩りに用いられ，日本の鷹狩りでは最高位に位置づけられ珍重されてきたことから，マニアの間では人気が高いらしい．実際に，私が捜査に協力した栃木県内のオオタカ違法飼育事件では，飼育者がオオタカを腕に乗せて戸外を歩いているところを近隣住民が発見し，警察に通報して事件が発覚した．

(2) 国を動かす

さて，密猟や違法飼育を撲滅するには，那須野ヶ原や狭山丘陵などの現場での個別の対応では限界がある．そこで日本野鳥の会は，これらの地域の活動と連携しながら，猛禽類の密猟防止に係わる新たな仕組みづくりや法律の強化に乗り出した．

1982年，日本野鳥の会は，自然保護団体や環境庁と一緒に「猛禽類保護シンポジウム」を開催した．そのなかで環境庁に対して，(1) 大型輸入鳥類への足環装着の義務化，(2) 輸入証明書の規制と管理の強化，(3) オオタカなどの特殊鳥類への指定を要望した[12]．その結果，1983年10月，オオタカ，クマタカ，ハヤブサなど6種（亜種）の猛禽類が特殊鳥類に指定された．

特殊鳥類とは，「特殊鳥類の譲渡等の規制に関する法律」（種の保存法制定により，現在は廃止）による指定種で，それに指定されると飼養や譲渡，輸出入に関して厳しく制限される．これによって，密猟・違法飼育対策は一歩前進した．

その後も1992年には「絶滅のおそれのある野生動植物の種の保存に関する法律」（以後，種の保存法）が制定され，罰則が強化された．このような法律の整備，行政や警察による取締りの強化，保護団体による普及啓発活動やパトロールの実施などによって，現在では，1970～80年代と比較すると，猛禽類の密猟はかなり沈静化していると考えられる．しかし，密猟・違法飼育が無くなったわけではない．2000年以降においても，筆者の知る範囲だけでも5例もの事例があげられる[14]（表2）．猛禽類に対する密猟・違法飼育の根深さを感じずにはいられない．

表2 2000年以降におけるオオタカの密猟および違法飼育事例　尾崎・遠藤（2008：文献14）を改変

年	内　容	地　域
2001年	巣から雛が持ち去られる	神奈川県
2003年	巣から雛が消失．幹に鉄釘，登った跡	岐阜県
2004年	オオタカ違法飼育	茨城県
2006年	オオタカ5羽を違法飼育	千葉県
2006年	巣から雛が消失．幹にはしごの跡	埼玉県

(3) 開発の波

　内需拡大を目的とした「総合保養地域整備法」の施行（1987年），そしてバブル経済に後押しされ，1980年代後半になるとオオタカの主要な生息地である里山では，ゴルフ場をはじめとして様々な開発が急増した．

　密猟問題が，社会的な関心の高まりやそれに伴う法律の整備などによって沈静化しつつある一方で，オオタカへの新たな危機が発生した．

　私たちの活動エリアである那須野ヶ原においても，多くのオオタカの営巣地において，開発計画が持ち上がった．そこで私は，「生息地の破壊が進むなかで，生息環境の保全について取組むべき時期に来ている」という考えを示すとともに[12]，具体的な取組みを開始した．

　最初に取組んだのは，1987年，栃木県西那須野町（現在那須塩原市）のゴルフ場開発問題であった．この計画はオオタカの営巣地を完全に取り囲むように計画されており，生息への影響が懸念された．そこで事業者に対して，計画の変更を要望した．その結果，コースのレイアウトを変更し，営巣地の一部とそれに隣接する営巣可能な森林を約10ha残すことに成功した．その後，オオタカは保全された森林で数年間繁殖を継続した．20年後の現在においても，営巣地はゴルフ場の敷地外に移ったが，また個体も入れ替わっていると考えられるが，隣接地でオオタカが毎年繁殖している．

　このような開発に対するオオタカの保護活動は，この時期に各地で始まった．この活動の原動力になったのは，私たちが設立したオオタカ保護ネットワークである．オオタカ保護ネットワークは，1989年に栃木県支部を母体に，オオタカ保護活動の支援者，各地でオオタカの保護活動を行っている保護活動家や研究者によって設立された．1990年には第1回オオタカ保護シンポ

ジウムが，東京・立教大学で開催された．その後，同シンポジウムは，関東を中心に各地で12回開催され，オオタカ保護に関わる人々の情報交換や研究発表の場となった．なお，同ネットワークは，1995年に全国的な活動を行う日本オオタカネットワークと那須野ヶ原を中心に地域活動を行うオオタカ保護基金に分離され，現在に至っている．

(4) 新しい法律の制定

さて，1980年代後半においては，オオタカの生息環境の保全に関する仕組みや法律は不十分なものであった．オオタカはその当時「特殊鳥類」に指定されてはいたが，この法律は，「絶滅のおそれのある野生動植物の種の国際取引に関する条約」(以後，ワシントン条約)の国内法として制定されているため，生息地の保全についての条項はなく，生息地の保全については無力であった．また，生息地が「鳥獣保護及狩猟ニ関スル法律(現在では，「鳥獣の保護及び狩猟の適正化に関する法律」に全面改正)」による鳥獣保護区に指定されていても，特別保護地区に指定されていない限り，開発に関して抑制力はなかった[12]．

しかしそのころから，絶滅のおそれのある野生生物の保護に関する新しい仕組みづくりが始まっていた．1991年には，環境庁により緊急に保護を要する動植物の種の選定調査に基づく「日本の絶滅のおそれのある野生生物(レッドデータブック)」が発行された(オオタカは「危急種」に選定)．そして，1992年には「種の保存法」が制定された．この法律には，指定種の生息地について，土地所有者の保護義務，環境庁長官の土地所有者に対する助言指導，生息地等保護区の指定などが盛り込まれており，今までにない画期的なものであった．生息地の保全を進めるには，オオタカなどの猛禽類をこの法律の指定種に選定することが急務であった．

そこで，オオタカ保護ネットワークでは，1992年の8月に栃木県西那須野町で開催された第3回のオオタカ保護シンポジウムのなかで，決議文を採択し環境庁に対して，以下の要望を行った．(1)特殊鳥類およびレッドデータブックの絶滅危惧種，危急種，希少種に選定されているワシタカ類17種(亜種)を，1993年4月1日から施行される「種の保存法」の「国内希少野生動

表3 各地における開発とオオタカ保護の問題事例(1994年7月現在)遠藤(1994：文献15)を改変

地 域	開発の内容
栃木県	工業団地，ゴルフ場，大規模住宅地
埼玉県	ゴルフ場，公園整備
千葉県	住宅都市
東京都	住宅都市，研究住宅都市
神奈川県	競技場，大規模開発(詳細不明)
新潟県	ゴルフ場，大規模道路
長野県	冬季オリンピック競技場
静岡県	競技場，高速道路
愛知県	大規模道路
京都府	研究学園都市
兵庫県	ゴルフ場

植物種」に指定すること，(2) 指定種の保存のための基本方針の作成にあたっては民間の保護団体や研究者と協議を行い，意見を尊重すること，(3) 指定種の保護事業実施にあたって十分な財政的措置を講ずること．

その結果，オオタカなど特殊鳥類は種の保存法の「国内希少野生動植物種」に指定された．これにより，初めて生息地保全の法的な裏づけがなされた．

(5) 指針の策定

しかし，法律はできたものの，生息地等保護区が指定されることもなく，また具体的な保全手法も明記されていないことから，猛禽類と開発計画とのトラブルが相次ぎ，社会問題化した[15] (表3)．

そこで環境庁では，1994年に野生生物保護対策検討会のもとに猛禽類保護方策分科会を設置し，開発計画との摩擦の大きいイヌワシ，クマタカ，オオタカの3種について，保全策の検討を開始した．私も，検討委員の一人として，そのとりまとめに参画した．その成果が1996年に発行された「猛禽類保護の進め方(特にイヌワシ，クマタカ，オオタカについて)」(以下，環境省指針と略記)[16] である．そのなかで，上記3種について，開発行為に際しての保全策が示された．これは法律ではないが，その後の猛禽類の保全はこの指針をもとに実施されるようになる．ここで示されたオオタカの保護方策に

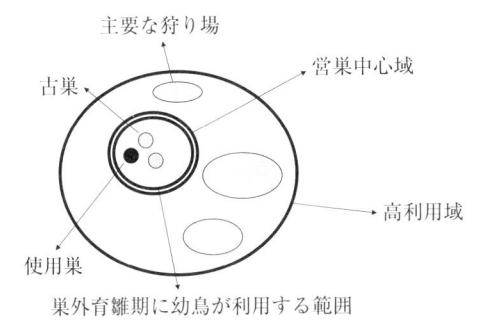

第8章　密猟との闘い・開発からの保全：オオタカ

主要な狩り場
営巣中心域
古巣
高利用域
使用巣
巣外育雛期に幼鳥が利用する範囲

図2　「猛禽類保護の進め方」によるオオタカの保護方針のエリア概念図
環境庁自然保護局野生生物課（1996：文献16）をもとに作成

表4　「猛禽類保護の進め方」によるオオタカの保護方針　環境庁自然保護局野生生物課（1996：文献16）をもとに作成

	営巣中心域	高利用域
定義	営巣木および古巣周辺で，営巣に適した林相をもつひとまとまりの区域（営巣地），給餌物の解体場所，ねぐら，監視のためのとまり場所，巣外育雛期に幼鳥が利用する場所を含む区域	繁殖期の採餌場所，主要な飛行ルート，主要な旋回場所，主要な止まり場所などを含む繁殖期に利用度の高い区域
保全に関する留意点	住宅，工場，鉄塔，リゾート施設などの様々な施設や建造物，道路建設，森林の開発は避けるべきである．営巣期（2月〜7月）における人の立入りは，オオタカの生息に支障をきたすおそれがある．森林施業については，択伐や小面積の伐採は非繁殖期（9月〜12月）であれば可能であるが，複数の巣を含む森林を分断しないことやできる限り長伐期施業を行い，営巣に適した大径木や枝振りの良い木を残すことなどに配慮する必要がある．	市街地，住宅地，工場，ゴルフ場，リゾート施設などのオオタカの食物となる鳥獣の生息不適地の増加と生息地の分断，自然環境の単純化に注意する必要がある．平地の場合は，農林業の振興を推進し，森林を大規模に残すとともに，壮齢林から草地にいたる様々なタイプの環境を安定的・連続的に確保することに努める．住宅地など新規開発については，採餌環境への配慮が必要．山地の場合は，伐採面積の小規模化，伐採跡地や新植地の安定供給，間伐の実施，広葉樹の導入に努める．リゾート施設などの開発にあたっては，採餌環境への配慮が必要．

ついて，図2，表4に示す．この環境省指針は，個別の開発のなかでの保全策に力点を置いたものであるが，今までにない一歩踏み込んだ内容であり，評価できるものであった．

その後，1998年には森林施業の指針となる「オオタカの営巣地における森林施業」が前橋営林局から発行され[17]，さらに1999年には埼玉県が独自に「オオタカとの共生を目指して—埼玉県オオタカ等保護指針」を策定した[18]．

1998年には国の「絶滅のおそれのある野生生物の種のリスト」（以下，レッドリストと略記）が改訂され，オオタカは1991年版と同ランクの「絶滅危惧Ⅱ類」に選定された．また，この頃から，都道府県単位のレッドデータブックの作成も盛んになり，2005年にはすべての都道府県で作成されるに至った．それによると，オオタカは，迷鳥である沖縄県を除く46都道府県のレッドデータブックに掲載されており，環境省ランク相当で区分けすると，絶滅危惧Ⅰ類相当7，絶滅危惧Ⅱ類相当28，準絶滅危惧相当11である[14]．

(6) 開発との調整

このような各種法律の整備や保護指針の策定によって，開発に関しては一定の配慮が見られるようになった．アンケート法を用いて収集された1987年～1999年までの12年間のオオタカの営巣地における開発行為と保護の60事例についての対応結果を見ると，何らかの対策が講じられた事例は95％にのぼっていた（表5）[19]．

また別のオオタカの保護方策のアンケート調査結果では，1989年～2003年までの14年間で19例が収集された[20]．これによると，開発実施前の保護対策として，計画面積の縮小，レイアウトの変更，建造物の高さや色への配慮，遮蔽用の樹木の保存や植栽があげられた．開発実施中のものとしては，営巣地付近での工事の休止（休止期間：最長1～8月，2または3月～7または8月が多い），騒音・振動への配慮（低騒音型機械の使用，防音壁の設置など），営巣林への立入り禁止，工事担当者への教育などがあった．なかには配慮に欠ける行為をした作業員を現場から撤去させるなど厳しいものもあった．開発実施後については，営巣林への立入り制限，利用の制限，土地所有者への協力依頼などがあった．特別なものとしては，密猟監視用にカメラを設置したと

表 5 開発に際してのオオタカ保護対応の結果（60 事例）　鈴木（2007：文献 19）を一部改変

結　果	内　訳	件　数	小　計
計画中止	計画断念	9	
	不許可など	3	12
計画一部変更	計画変更	12	
	営巣地保全	9	
	工期配慮	2	
	工事延期	1	24
調整・協議	調査など実施	7	
	検討委員会設置	9	
	作業マニュアル作成	1	
	条例制定	1	
	協定締結	1	
	保護指針策定	1	
	地権者への協力要請	1	21
着工	着工	2	
	要望拒否	1	3

ころがあった．収集された 19 例すべてにおいて，環境改変中や改変後もオオタカの繁殖活動（造巣以上）は継続されていた．しかし，うち 1 例では改変 2 年前に 2 羽が巣立って以来繁殖途中で失敗しているなど，明らかに繁殖状況が悪化していた．また 7 例では営巣地の移動や行動圏の変化が見られた．これらのことから，保護対策は一定の成果をあげているものの，不十分であることが分かる．

3 これからのオオタカ保護

　2005 年 12 月に，環境省はオオタカの個体数は少なくとも 1824 〜 2240 個体であるという推計を発表した．この値は，1996 年の 1000 個体以上[4] という推定値をはるかに上回っている．環境省は，この値は調査の進展によって新たな生息地が確認されたためであり，個体数の増加を示すものでないとしている．一方，動物園などに収容されたオオタカの救護個体の変化から，野

生個体群の個体数増加を指摘する意見もある[21]．

実は上記の2回の調査の前，1984年にもオオタカの生息状況についてのアンケート調査が行われている[22]．これによるとおよその生息数は300～480羽であった．このアンケート調査は著しく過小評価であるという意見があり[12]，また調査方法も各回で異なるため，これら3回の結果を単純に比較できない．しかし，この推定値の急激な上昇には目を見張る．

以前と比べ，確かにバードウォッチャーの数は増加し，開発に関わる調査も綿密に行われるようになった．したがって，個体の目撃率や営巣地の発見率は，格段に上昇していることは間違いないだろう．しかし，それだけでこの推定値の急激な上昇を説明することは難しい．私は，オオタカの個体数は，1980年以降増加していると考えている．

このようなオオタカの個体数の増加はヨーロッパでも認められている[23],[24]．ヨーロッパでは，オオタカは人間の迫害，農薬汚染などにより，20世紀初めと1950年代～1970年代に減少した．その後，これらの要因が緩和・除去されると急激に個体数を増加させた．日本のオオタカは，ヨーロッパと同じように，主に森林と農耕地が混在する農耕地帯に生息する．したがって，日本においても，上述した保護対策の効果と農薬使用の抑制などにより，ヨーロッパと同様な現象が起こっている可能性がある．

さて，生息数の増加については賛否両論あるが，生息数についてはこれまで考えられてきたものよりもかなり多いことが分かってきたことから，2006年12月のレッドリストの見直しの際，オオタカのランクは「絶滅危惧Ⅱ類」から「準絶滅危惧」へ変更された．これは，絶滅の危険度が小さくなり，絶滅危惧種から外れたことを意味する．

では，もはやオオタカの保護は必要ないのだろうか．上述したように，開発に伴う生息環境の改変・消失はなくなっておらず，保護対策も不十分である．密猟・違法飼育についても，根絶されたわけではない．したがって，今後もオオタカが安全という保障は無いことから，ランクが変更されたからといって保護対策を止めるのではなく，「絶滅危惧種に戻さないための保全策」を実施しながら，一定期間は生息状況を監視する必要があるだろう[14]．また，鷹狩り愛好者の増加やそれに伴う外国産オオタカ亜種の輸入増加によって新

たな問題も生じている.
　以下に,これからの保護について,密猟・違法飼育,遺伝子攪乱,鷹狩り,開発に関わる生息地保全,個体群保全に分けて記述する.

(1) 密猟・違法飼育

　オオタカは,ワシントン条約では附属書Ⅲにリストアップされているため,輸出国政府の輸出許可証があれば合法的に輸入することができる.中央アジアから東アジア北部に分布し,それらの地域から輸入される亜種チョウセンオオタカ *Accipiter gentilis schvedowi* は,国内亜種オオタカと似ているため[2],区別が難しい.

　そこで,国内で密猟した亜種オオタカに,輸入証明書(輸出国政府発行の輸出許可証ではない)をつけ,輸入鳥として偽装し飼育されることがある.この証明書は民間の鳥獣商組合が発行しているが,証明書だけが売買されている.実際に,筆者が捜査に協力した栃木県内のオオタカ違法飼育事件では,この手口が用いられていた.この問題は,1980年代から指摘されているにもかかわらず未だ改善されておらず[12],密猟の撲滅にはこの証明書の管理強化が必要である.

　ただし,厳密に言えば輸入証明書は民間団体が発行する書類であり法的根拠は無い.したがって,「鳥獣の保護及び狩猟の適正化に関する法律(以下,「鳥獣保護法」と略記)に基づいた管理強化の方が効果的であろう.現在,輸入鳥類のうち,国内外に生息し国内で違法に捕獲されるおそれのある種21種については,同法によって標識(足環)を装着することが義務づけられている.しかしオオタカは,この特定輸入鳥獣には指定されていない.早急にオオタカを特定輸入鳥獣に指定すべきである[14].

　また輸入個体を飼育下で繁殖させて生産した個体についても,同様な趣旨から標識(足環)あるいはマイクロチップを装着すべきである[14].これにより,国内亜種と輸入個体および輸入個体から生産された個体が明確に区別できるようになり,密猟した鳥を輸入鳥と偽って違法飼育することはできなくなる.

(2) 遺伝子攪乱

近年,外国産オオタカ亜種が多数輸入され,販売・飼育されている.そのうち一部は,すでに逸出が確認されている[25].それらが,在来の国内オオタカ亜種と交雑した場合,遺伝子攪乱を招く可能性がある.外国産オオタカ亜種の輸入に関しては慎重な対応が必要であり,国内における飼育管理体制の強化が求められる.

(3) 鷹狩り

外国産オオタカ亜種の輸入が盛んな背景には,鷹狩りを目的とした飼育愛好者の増加があげられる.「鳥獣保護法」および「種の保存法」によって,国内オオタカ亜種は捕獲も飼育もできないことから,愛好者は必然的に輸入された外国産亜種,あるいはそこから生産された個体を入手する.「鳥獣保護法」では,鷹狩り,つまりタカを猟具として使用する猟法を法定猟法にも禁止猟法にも指定していないことから,このタカを使って,狩猟期間中に捕獲禁止でない場所で狩猟鳥を捕獲することは合法となる.しかも,タカは法定猟具ではないことから,免許も登録も必要ない.したがって,行政は鷹狩りの現状やそれに使われるタカの飼育実態を把握できない.鷹狩り技術は,伝統文化の継承,人工増殖やリハビリテーションなどへの応用の点から,意義あるものと考える.しかし,何ら規制・管理が行われていない現状では,外国産亜種の逸出の増加や国内亜種の密猟・違法飼育の温床にもなりかねず,マイナスの部分も多い.早急に法的な位置づけと管理の強化が必要である.

(4) 開発に関わる生息地保全

環境省指針では,営巣中心域の保全については改変回避あるいは低減を基本としている.しかし,高密度にオオタカのつがいが生息している地域では開発地を移動することが困難であったり,計画が固まった後に営巣地が移動して開発地に接近するなどして,環境省指針に基づいた従前の手法では,現実的に対応できない事例も出てきた.そこで代償措置として,富士山静岡空港の開発に見られるような開発地周辺も含めた複数つがいを対象とした保全対策,また各地で行われるようになった代替営巣地の確保や人工巣を用いた

誘導[26), 27), 28)]が試みられるようになった.

上述したように,オオタカの生息数についてはこれまで考えられてきたものよりもかなり多いことが分かってきた.したがって,今後もこのような事例が増えることが予想される.回避・低減だけでなく,適切な代償措置についても指針を示す必要がある.

(5) 個体群保全

これまでのオオタカの保全は,開発などの際に発見された個体のすべてを不完全な形で保全しようとするものであった.しかし,オオタカの生息数が従来考えられてきたよりも多い状況では,そのような個別的な保全は,多大なコストがかかるにもかかわらず,個体群の存続を保証しないものである.それよりも,個体群が存続可能な面積の保護区を設定して,そのなかの個体だけではあるものの,空間スケールを考慮して完全な形で守る方が,少ない労力と資金で確実に絶滅を回避できる可能性が高い[14), 29)].

「絶滅危惧種に戻さないための保全策」には,低コストと確実性が求められる.したがって,上述した個体群を対象とした保全策は有効と考えられる.保全策の進め方としては,まずオオタカの生息数や分布,遺伝的多様性を把握する.そして,それらの結果をもとに個体群存続分析を行い,個体群が存続可能な面積の保護区を設置する.保護区内では営巣地域と採食行動域の二つの空間スケールを考慮して,生息環境の保全とモニタリングを行う.その効果を検証しながら順応的管理を行う[14), 29)].

ただし,オオタカは人間活動の盛んな地域に生息しているため,広範囲にわたって強い規制をかけることは現実的でない.またそこで行われる農林業などによる適度な干渉は,オオタカの生息環境維持にプラスに働く場合もある.したがって新たな保全制度を考えるにあたっては,今までにない農林業や開発なども含めた新しい地域管理の考え方を導入する必要がある[12)].

参照文献

1) 茂田良光・内田博・百瀬浩 (2006)「日本産オオタカの測定値と識別」『山階鳥学誌』38：22-29.
2) 森岡照明・叶内拓哉・川田隆・山形則男 (1995)『日本のワシタカ類』文一総合出版.
3) 日本鳥学会 (2000)『日本鳥類目録』(改訂第6版) 土倉事務所.
4) 小板正俊・新井真・遠藤孝一・西野一男・植田睦之・金井裕 (1996)「アンケート法によるオオタカの分布と生態」『平成7年度希少野生動植物種生息状況調査報告書』：53-74. 環境庁.
5) 遠藤孝一 (1998)「オオタカ巣立ち幼鳥のラジオ追跡の試み」*Goshawk* 1：1-5.
6) 遠藤孝一・野中純・内田裕之 (2000)「オオタカの巣立ち幼鳥の行動」『日本鳥学会2000年度大会講演要旨集』.
7) 国土技術政策総合研究所緑化生態研究室・日本野鳥の会 (2003)『希少猛禽類の把握手法に関する調査総合報告書』栃木地域編.
8) 工藤琢磨・鷲尾元・米川洋・池田和彦・酒井智丈 (2000)「オオタカの行動圏と環境選択性」『日本鳥学会2000年度大会講演要旨集』.
9) 堀江玲子・遠藤孝一・山浦悠一・尾崎研一 (2008)「栃木県におけるオオタカ雄成鳥の行動圏内の環境選択」『日鳥学誌』57：108-121
10) Kudo K., Ozaki K., Takao G., Sakai T., Yonekawa H. and Ikeda K. (2005) Landscape analysis of Northern Goshawk breeding home range in northern Japan. *J. Wildl. Manage.* 69：1229-1239.
11) 堀江玲子・遠藤孝一・野中純・尾崎研一 (2007)「栃木県におけるオオタカ雄成鳥の行動圏の季節変化」『日鳥学誌』56：22-32.
12) 遠藤孝一 (1989)「オオタカ保護の現状と問題点」*Strix* 8：233-247.
13) オオタカ密猟対策協議会 (1984)『狭山の森から ─ オオタカ密猟監視報告 '83』オオタカ密猟対策協議会. 東京.
14) 尾崎研一・遠藤孝一編 (2008)『オオタカの生態と保全 ─ その個体群保全へ向けて』日本森林技術協会.
15) 遠藤孝一 (1994)「「種の保存法」はオオタカ保護に何をもたらしたか」『関西自然保護機構会報』16：131-135.
16) 環境庁自然保護局野生生物課編 (1996)『猛禽類保護の進め方 (特にイヌワシ, クマタカ, オオタカについて)』財団法人日本鳥類保護連盟.
17) 前橋営林局編 (1998)『オオタカの営巣地における森林施業 ─ 生息環境の管理と間伐等における対応 ─』日本林業技術協会.
18) 埼玉県環境生活部自然保護課編 (1999)『オオタカとの共存を目指して ─ 埼玉県オオタカ等保護指針』埼玉県環境生活部自然保護課.
19) 鈴木伸 (2007)「オオタカ営巣地における開発行為と保護事例」*Goshawk* 5：36-42.
20) 環境省自然環境局 (2005)『オオタカ保護指針策定調査報告書』環境省.

21) Kawakami K. and Higuchi H. (2003) Population trend estimation of three threatened bird species in Japanese rural forest : the Japanese Night Heron *Gorsachius goisagi*, Goshawk *Accipiter gentilis* and Grey-faced Buzzard *Butastur indicus*.『山階鳥学誌』35：19-29.
22) 日本野鳥の会研究部 (1984)「クマタカ・オオタカ・ハヤブサの生息状況に関するアンケート調査」『特殊鳥類調査報告書』：21-27，環境庁.
23) Kenward R. E. (2006) *The Goshawk*. T & AD Poyer, London.
24) Rutz, C., Bijlsma, R. G., Marquiss, M. and Kenward, E. (2006) Population Limitation in the Northern Goshawk in Europe : a review with case studies. *Studies in Avian Biology* 31: 158-197.
25) 中島京也・中島和也・中島欣也 (2006)「外来猛禽類の発見状況」『日本鳥学会2006年度大会講演要旨集』.
26) 山家英視・阿部功之・大町芳男・小笠原嵩 (2003)「人工巣によるオオタカ営巣地誘導の試み」『山階鳥学誌』35：1-11.
27) 阿部学 (2006)「人工代替巣を用いた猛禽類の保全技術」『日本鳥学会2006年度大会講演要旨集』.
28) 勝亦修 (2007)「三遠南信自動車道・飯喬道路における猛禽類保全対策」*Goshawk* 5：1-5.
29) 尾崎研一・遠藤孝一・工藤琢磨・河原孝行 (2007)「環境影響評価によるオオタカ保全の限界とそれに代わる個体群保全プラン」『生物科学』58：243-252.

column 8

大量捕獲と捕獲規制

● 古南幸弘

　人による乱獲，大量捕獲により，種や個体群が脅威にさらされる場合がある．IUCNレッドリストにあげられた世界の鳥類の絶滅危惧種のうち，31％の種（1186種中367種）が，食用やペット用の捕獲により脅威にさらされている[1]．日本のレッドデータブックの絶滅種，絶滅危惧種でも，減少原因に乱獲があげられている種は20種にも上る[2]（キタタキ，トキ，シジュウカラガン，ウスアカヒゲ，オオヨシゴイ，ツクシガモ，アマミヤマシギ，アカガシラカラスバト，ヤイロチョウ，アホウドリ，アオツラカツオドリ，コクガン，ヒシクイ，トモエガモ，オオタカ，ナベヅル，マナヅル，オオアジサシ，シラコバト，アカヒゲ，ホントウアカヒゲ）．また，2006年の環境省のレッドリスト改訂で新たに絶滅危惧種になったシマアオジも乱獲が減少の原因の一つと言われている（コラム5参照）．

　わが国で様々な種に影響を与えた大量捕獲方法として，銃猟とカスミ網があげられる．銃猟による影響は特に明治時代前半に著しかった．江戸時代まで，狩猟そのものが仏教の禁忌と規制のもと，非常に限定的にしか行われず，また鉄砲の使用も禁じられていた．しかし明治時代にこれらの規制が無くなると乱獲がはじまり，大型の水鳥類を中心に急速に個体数を減らした種が続出した．特にトキ，コウノトリやツル類はこの期間に急速に減少したと思われ，明治43（1910）年には早くも狩猟禁止の措置が取られた[3]．ガン類も狩猟

圧による渡来地の消滅が続き，狩猟法による規制により羽数の減少に一定の歯止めがかけられたが，狩猟は第二次世界大戦後まで続いた．個体数の減少を反映すると思われる捕獲数の緩やかな減少が戦後も続いた[3]ため，昭和46 (1971) 年に天然記念物に指定されると同時に狩猟が禁じられ，その後，個体数の回復を見ている[4]．

■カスミ網による捕獲

　カスミ網による捕獲は小鳥類に対して大きな影響を与えたと考えられている．カスミ網は，江戸時代に北陸の加賀藩により考案されたと言われており，武士にのみ許された猟法として武芸鍛錬の一環として一部の地方で行われた[5]．明治時代に規制が無くなり，北陸から中部地方を中心に各地で，秋から初冬にかけて，食用のためにツグミ，シロハラ，マミチャジナイやアトリ，アオジ，カシラダカ等の冬鳥の渡り途中の群を捕獲するのに使われるようになった．当時はこれらの種は狩猟鳥であり，カスミ網猟が法定猟法の指定を受け，甲種（網・わな猟）狩猟免許で，正式に狩猟に使えるようになった．

　狩猟統計によれば，ツグミは1928年には400万羽以上が捕獲されている．しかしその後捕獲数は徐々に減少し，1935～45年には200万羽台となり，第2次世界大戦後の1945～46年には100万羽前後まで落ち込んでいる．同じくマミチャジナイは1928年に70万羽以上捕獲していたが，1935～45年には平均40万羽，1945～46年には20万羽前後，シロハラは変動はあるもののピーク時74万羽獲っていたものが (1934年)，1935～45年には平均50万羽，1945～46年には20万羽前後に落ち込んだ．以上3種にアトリ，カワラヒワ，ホオジロ，アオジ，カシラダカの捕獲数を合計すると，1935～45年には500万～700万羽を捕獲していたが，1945～46年には300万羽台になっていた[3]．この間，甲種狩猟免許者数には大きな変動はなく，大量捕獲によりこれらの鳥類が激減してしまったものと考えられる．カスミ網猟を行っていた狩猟者数は1946年当時で1万人程度であったと思われる[6]．

　カスミ網猟は混獲を免れ得ず，しかも渡り途中の群を大量に捕獲してしまうので，大正時代には既に問題視され，大正3 (1913) 年にツグミ類の農業に対する有益性とともにカスミ網猟の漸次廃止が提案された[7]．これを受けて，

1923年,農商務大臣諮問機関の狩猟調査会において,カスミ網猟の猟期の短縮,使用網数の制限,狩猟者の制限によって,5年後にカスミ網猟を全廃する予定が討議され,翌年,勅令にて以後5年間の猶予期間の後,カスミ網猟の期間を10月15日から10月末日までの期間に短縮することを答申している.しかし,この勅令は実現せず,カスミ網猟は,第二次世界大戦後まで正式の猟法として存続した[3].

戦後,昭和21 (1946) 年に全国の狩猟方法について視察を行ったGHQは,カスミ網猟の禁止について勧告を出し,これを受けて農林大臣は,カスミ網による狩猟を禁止.翌年に狩猟法施行規則が改定され,ツグミ,アトリ,カシラダカ等が狩猟鳥から外され,またカスミ網が法定猟具から外された[3].

このように問題指摘から長い期間の後,カスミ網猟による大量捕獲は法により禁止されることになったが,その後もカスミ網猟復活の動きが3回も (1952年,1957～1958年,1969年) 起きている.しかし,鳥類保護の立場から反論がなされ,いずれも成立しなかった[8].一方で,山中で行われ,たためば荷物のなかなどに隠して携行しやすく,銃のようには音がしたりしない,といった人が気づきにくい性質もあり,カスミ網による密猟は半ば公然と行われていた.日本野鳥の会は1969年に「カスミ網反対運動本部」を設置し,密猟の実態を調査,カスミ網の販売禁止を求める署名等を開始した.1988年には現地調査に基づき密猟による捕獲数を年間200万羽と推定した.20年に及ぶ運動の末,1990年に全国から集まった国会請願署名は30万人分にも達し,国際的な要請もあり (コラム5参照),カスミ網の所持,売買・譲渡の禁止を眼目にした法改正が国会に上程されることになった[8].そして1991年,鳥獣保護法の改正により,カスミ網は使用に加えて所持,売買・譲渡も禁じられ,海外での捕獲を考慮して輸出も規制されることになった.

この改正後,カスミ網密猟に対する取り締まりは容易になり,密猟は次第に減少して行った.岐阜県東濃地方では日本野鳥の会岐阜県支部による見回りが毎年行われているが,1992年以降は密猟の発見数は減少,特に1998年以降は激減した.公然たる密猟は減少,小規模化し,また新品のカスミ網の使用が見られなくなったことが報告されている[9].

しかし2002年ごろから,新たに製造されたカスミ網がペット店で売られ

ていたり[10]，また警察により違法販売を摘発されたペット店からカスミ網が見つかるという事犯が見られるようになった．インターネット上のオークションで公然とカスミ網が売られているのも複数回確認している．2004年以降，鳥インフルエンザの発生によりアジア諸国からの鳥類の輸入が制限されたため，日本産と同種の野生鳥類が輸入されなくなり，これを密猟により調達するためにカスミ網の製造が行われている可能性が高い．

　メジロの違法飼育者の間には全国的に，「海沿いの土地や島のメジロは美声である」という根強い評判があり，このためシマメジロ（屋久島付近に留鳥として分布）やリュウキュウメジロ（奄美大島から与那国島に留鳥として分布）といった島嶼産の亜種がブランド品として取引されることも多い．こうした比較的小さな個体数の亜種，個体群へのダメージを防ぐためにも，販売への監視も含め，大量捕獲用具としてのカスミ網の取締りを今後も強化していく必要があろう．

参照文献

1) BirdLife International (2000) *Threatened Birds of the World*. Lynx Editions and BirdLife International. Balcerona and Cambridge, UK.
2) 環境省自然環境局野生生物課 (2002)『改訂・日本の絶滅のおそれのある野生生物　2　鳥類』財団法人自然環境研究センター．
3) 林野庁 (1969)『林野行政のあゆみ』，572．財団法人林野弘済会．
4) 呉地正行 (2006)『雁よ渡れ』精興社．
5) 遠藤公男 (1983)『ツグミたちの荒野』講談社．
6) 古賀正 (1953)「ツグミ・アトリ・カシラダカ問題特集号」『野鳥』158：8-71．
7) 内田清之助 (1913)「本邦産鳥類ト農業トノ関係調査成績」『農事試験場特別報告第29号』，56．農商務省農事試験場．
8) 日本野鳥の会 (1993)『野鳥保護資料集第7集　カスミ網猟の根絶に向けて』財団法人日本野鳥の会．
9) 日本野鳥の会岐阜県支部 (2001)「かすみ網から野鳥を守ろう！」『第9回野鳥密猟問題シンポジウム in 岐阜 2001　報告書』，23-35．
10) 中村桂子 (2002)「成果をあげた滋賀県の野鳥販売実態調査」『野鳥』659：28．

第9章

本村　健
Motomura Ken

営巣地と採食地を回復する
── チョウゲンボウ ──

1　普通に観察されるタカ，チョウゲンボウ

　チョウゲンボウ Falco tinnunculus は，タカ目ハヤブサ科の猛禽類である．猛禽類のなかでは小型で，全長は35cm程度，翼を広げると70〜80cm，体重は雄が150g，雌が190g程度である．羽色は全体的に褐色で黒斑があり，雄の頭と尾は青灰色である．アフリカ大陸からユーラシア大陸まで分布し，国内では全国的に記録がある．繁殖期は主に草地や農耕地を中心とした平野部と，住宅地と若干の草地と農耕地を含む都市部に生息し[1]，営巣は兵庫県などの近畿地方から北海道までで確認されている．越冬期は全国的に分布し，繁殖期と同様な環境に加え干拓地や湿原にも生息する．つまり，普通に観察される猛禽類の一つである．主要な餌はハタネズミ Microtus montebelli などの小型哺乳類と，小鳥類からハト大までの鳥類，そしてコウチュウ目やバッタ目などの昆虫類や，爬虫類である．特にチョウゲンボウはハタネズミ類の採餌に適応した種であり，ハタネズミ類の糞尿に反射する紫外線を感知することによって，その存在を確認することができる[2]．そしてその近くでヘリコプターのように空中の1点で静止する停空飛翔を行うか，または留まり木による待ち伏せを行い，獲物を発見したら降下し捕獲する．また，チョウゲン

ボウはハタネズミ類の活動時間に合わせて狩りを行う[3]．チョウゲンボウの繁殖時期は地域や個体によって大きく異なり，産卵は早いつがいでは3月に，遅いつがいでは6月に行われる．一腹卵数は通常1から7まで変異する[4]．これらの抱卵開始時期と一腹卵数の変異は，テリトリー内の質（ハタネズミ類の生息密度）に関係があることが明らかにされている[5]．

　チョウゲンボウは様々な場所に営巣する．以前は崖の横穴や岩の隙間，カラスの古巣，木の洞などで営巣することが知られていた[4]．巣の入り口は10cmから50cmほどで，小さい方がカラスなどの天敵の侵入を防ぐことができる[1]．また巣の中は広い方が多くのヒナを育てることができる[6]．しかし近年，鉄橋の横穴，建築物の換気口，ドバトの古巣，鉄骨のくぼみ，巣箱などで営巣することが多くなっている．日本で発見されたかつてのチョウゲンボウの繁殖地は，そのほとんどが農村部の天然の崖の横穴に営巣するものであった．しかし1960年代からは首都圏の人工建造物にも繁殖分布を拡大した．現在では首都圏に限らず，日本国内のいくつかの都市部でも人工建造物に営巣している．このような都市部における営巣は，その周辺に採餌可能な環境である草地や農耕地が土地面積の30%以上存在する場合が多いが[1]，そのような採餌環境がほとんど存在しない繁殖地もあり，本来の採餌環境とは異なった環境の住宅地などで採餌を行っていることが推察される．また，都市部におけるチョウゲンボウの採餌メニューの多くは小鳥類であり，本来の主要な餌メニューであるハタネズミ類を全く採餌しない繁殖地もある．そのような都市部においても，巣立ち雛数では最大7羽の記録もあり，郊外の個体群と比較して繁殖状況が不利ではない可能性もある．一方郊外の農村部でも，近年チョウゲンボウは人工建造物に営巣を行う場合が多い．2004年に長野県北部の農村部において確認した14地点のチョウゲンボウの生息地（繁殖地）は，そのすべてが人工建築物であった[7]．このように，チョウゲンボウが人工建築物に営巣する習性が強く見られるようになってから，我が国のチョウゲンボウの個体数は，徐々にではあるが，増加傾向にあると考えられる．

2 珍しい集団営巣

　チョウゲンボウは，一般的には他の猛禽類と同じように単独のつがいで営巣を行う．しかし，日本でのみ集団営巣が多く記録されている．

　鳥類の集団営巣は，採餌効率や天敵からの捕食率，そして婚外交尾率などの社会的な利益と不利益の関係から最適サイズが決定され，集団営巣が形成される．また，集団サイズは営巣場所不足などの環境条件にも影響される[8]．これまでの鳥類の集団営巣の研究は，このように社会的要因と環境要因の側面から研究が行われてきた．この鳥類のなかで，集団営巣の形成を行う確率が低いと推測されるグループがある．それは一般的に単独で生活するとされる猛禽類である．猛禽類はつがいごとで広い行動圏やなわばりが必要とされ，排他性も強く，天敵からの捕食率も低いとされている．しかし，猛禽類のなかにも集団で採餌を行ったり，営巣場所が特異的なため不足が起きたりする種が存在する．そして猛禽類でも集団営巣を行う種が存在する[9]．その割合は猛禽類全体の約7%と少ないが[10]，ミサゴ属，トビ属，そしてハヤブサ属の数種などは，集団営巣を行うことが知られている[9], [11]．それらの種が集団営巣を行う理由としては，集団採餌，集団防衛などを行う際に有利であることが報告されている．また，ハヤブサ属の一種であるウスズミハヤブサ *Falco concolor* では，営巣場所数と餌量が少ない繁殖地では単独営巣，それらが多い繁殖地では集団営巣を行うことが報告されている[12]．このように猛禽類における集団営巣も，他の鳥類と同様の社会的要因と環境要因から形成されると考えられる．

　チョウゲンボウの集団営巣は，スペイン，ドイツ，日本，ノルウェー，ロシア，オーストリア，南アフリカ共和国で記録されているが[4]，その密度が最も高いのは日本であると考えられている．また海外では集団営巣が毎年行われることは少ない．集団営巣は崖や鉄橋などの人工物の横穴等で行われ，巣間距離は1m～約300mである[7], [13]．営巣数は，年度や営巣地ごとに2つがいから28つがいまで変動することが知られている．しかし，チョウゲンボウの集団営巣の形成要因は明らかではない[4]．チョウゲンボウは集団採餌

や集団防衛を行わないため，集団営巣を行う他の猛禽類とは異なった形成要因を持つ可能性がある．イギリスの研究者 A. ヴィレッジは，チョウゲンボウの集団営巣形成要因として利用可能な営巣場所数が少ないことに注目したが，多くの場合それはありえないと考察している[4]．日本においての集団営巣形成要因の一つとしては，本村らが崖や鉄橋などの営巣を行う場所が大きく，また草地などの餌場が広い環境であることが明らかにしている[14]．しかし他の環境要因や社会性に関する集団営巣の形成要因は現在明らかにされていない．

3 減少している本来の集団営巣地

日本におけるチョウゲンボウの集団営巣地は，長野県中野市十三崖，同上田市岩鼻，同松本市中山丘陵，同長野市松代金井山採石場，山梨県韮崎市穂坂町，栃木県矢板市などで，1950〜60年代に発見された．しかし，それらの集団営巣地の多くは1970年代後半に営巣数が減少し[15]，現在では長野県中野市十三崖と栃木県矢板市の営巣地のみに複数のつがいが営巣しているのみである．一方都市部では集団営巣は確認されており，1990年代前半には東京都町田市，同多摩市，神奈川県藤沢市，千葉県我孫子市などで確認されている．これらの営巣地はすべて人工建造物である．同時に郊外での人工建造物での集団営巣も確認されるようになり，1990年代後半から2000年代前半にかけて，新潟県，長野県，山形県，秋田県，宮城県，群馬県などで20か所以上が確認された[16]．このように，日本では数多くの集団営巣地があるにもかかわらず，現在崖地の集団営巣地は少ない．

崖地の集団営巣地の減少の原因としてまず考えられるのは，営巣場所となる崖や巣穴の減少である．崖や巣自体の崩壊やフンの堆積，そしてハチなどの巣が作られたことにより，利用できる巣穴の減少が繁殖個体数の減少をもたらしたと考えられる[15]．実際に，遠藤と菊池は崖に人工の巣穴を掘り，つがい数の増加に成功している[17]．また，営巣地付近一帯での宅地化の進行やクズやフジといったマント植物の繁茂が営巣場所や採食場所を減少させたこ

とも，繁殖数を減少させた理由の一つと考えられる[15]．近年では，ハヤブサ *Falco peregrinus* が内陸部にも生息するようになり，以前はチョウゲンボウの集団営巣地であった崖に繁殖し，チョウゲンボウが営巣を行わなくなった例もある．ハヤブサはチョウゲンボウを捕食する天敵のため，この現象は集団営巣地自体の減少の原因の一つと考えられる．

人工物の集団営巣地では，目立った営巣数の減少は報告されていない．また集団営巣地数の大きな変動も見られない．しかし，営巣数は毎年変動する場合がある．前出の本村らによれば，営巣数は営巣場所の大きさと，草地などの餌場が広さに関係がある[14]．しかしこれらの条件は大きな環境の改変が無い限り，同じ繁殖地では大きく変化することはない．一方，単独で営巣するチョウゲンボウの営巣密度は，餌量の豊富さと巣を作る場所の密度や位置に関係している[18]．集団営巣地でも同様に，営巣数の変動にそれらの要因が関係している可能性もある．

4 世界的にも貴重な自然の集団営巣地「十三崖」

現在，チョウゲンボウの崖地の集団営巣地は，国内では長野県中野市十三崖（図1）と栃木県矢板市の営巣地のみであり，海外ではスペインの1か所に記録がある．十三崖はこの数年の営巣数は3から5で推移しており，また矢板市の営巣数は2から4である．矢板市の場合は，毎年集団営巣を行っているが巣穴が4か所のみであり，現時点ではそれ以上の営巣数増加の可能性は無い．一方十三崖は，営巣可能と思われる巣穴の数は多く，営巣数増加の可能性がある．この十三崖は，以前は現在より多くのつがいが営巣していた．

中野市域では，チョウゲンボウは「へったか」と呼ばれ昔から親しまれてきた．十三崖は，1950（昭和25）年にチョウゲンボウが集団繁殖していることが地元の観察者によって確認された．十三崖は，高社山の火山岩が河川や地すべりなどで運ばれ堆積した扇状地を，千曲川の支流である夜間瀬川が浸食して出来た崖である．以前の夜間瀬川は中野市の南西側を流れていたが，1406（応永13）年の大洪水で流れが北側へ移動し，現在に近い位置になった．

図1　長野県中野市十三崖

その後も十三崖は夜間瀬川によって繰り返し浸食されたため，垂直な崖面が維持されてきた．崖は北西から南東方向に約1500m続き，中央部分で30m以上の高さを保つ崖となっている．1953（昭和28）年に，長野県下高井郡科野村（現中野市科野地区）は，十三崖のチョウゲンボウを国の天然記念物として保護，指定するよう国に申請した．同年に黒田長禮文化財専門審議会専門委員による調査が行われ，1953（昭和28）年11月14日に，「十三崖のチョウゲンボウ繁殖地」として国の天然記念物に指定された．この頃，十三崖には20つがい以上のチョウゲンボウが営巣していた．現地調査を行った黒田長禮博士は，十三崖にタカ類であるチョウゲンボウが集団繁殖することこそが貴重であり，重要であると報告している[7]．十三崖はチョウゲンボウが集団営巣するからこそ，天然記念物に指定されたのである．当時アメリカから来日していたC. M. フェンネル[19]は，当時の十三崖について，「チョウゲンボウは日本で集団営巣を行うことがあり，1kmにわたり続く崖に1mから95m

間隔で営巣している．その崖はヨマセ川沿いにある」と報告している[19]．1954（昭和29）年には，科野村を含む1町8村の大同合併により中野市が誕生，「十三崖のチョウゲンボウ繁殖地」は中野市に所在することになり，1984（昭和59）年には天空に悠々と舞う姿が限りなく発展する中野市を象徴するにふさわしいという理由で，チョウゲンボウが市の鳥として制定された[15]．また2008（平成20）年には，豊田村との合併後，新しい中野市の鳥として再び制定されている．

5 「十三崖のチョウゲンボウ繁殖地」における営巣数の減少とその要因

十三崖のチョウゲンボウ繁殖地の営巣数は，天然記念物指定当時に確認された20つがい以上から，2001年には2つがいにまで減少した（図2）．現在考えられるつがい数減少の主な要因として，主に営巣場所と周辺環境の変化があげられる．営巣場所の変化は営巣行動に直接関わる要因であるが，十三崖で繁殖するチョウゲンボウの生活圏すなわち採餌行動圏をめぐる環境の変化も，十三崖のチョウゲンボウの繁殖つがい数に大きな影響を与える要因と考えられる[7]．以下に考えられる減少要因を記した．

(1) 営巣場所
1) 崖の崩落による巣穴の減少
　雨水，地下水，風などによって，チョウゲンボウの営巣に適した巣穴の形状が壊れて，営巣に適さなくなった．また巣穴は限定された地層にあるため，その他の地層には横穴が少なく，適した巣穴の崩落が十三崖での営巣つがい数の減少につながっている可能性が高い．
2) ハチ類による巣穴の占拠
　スズメバチやミツバチの営巣により巣穴が占拠された．
3) 植物の繁茂による巣穴への出入りの制限
　ツル性植物や木本植物が崖の上部からあるいは下部から巣穴まで伝って伸び，巣穴のごく近くを通ったり，一部の巣穴を被うように繁茂したりす

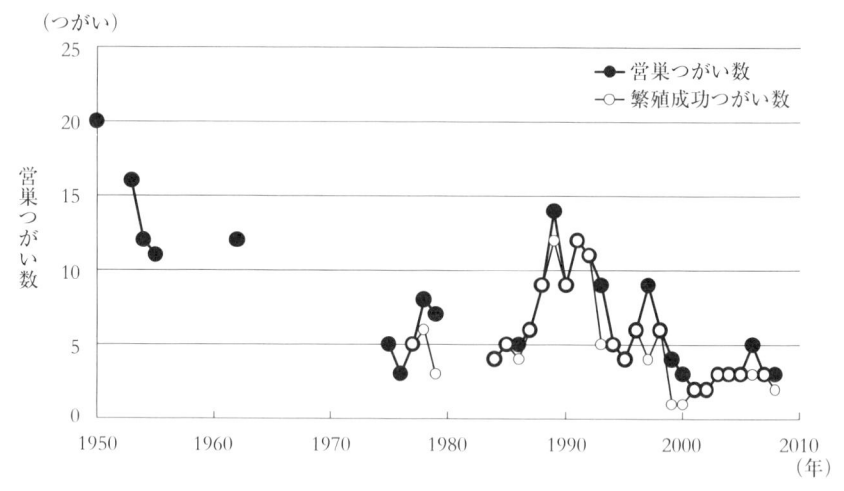

図2 十三崖のチョウゲンボウの営巣つがい数と繁殖成功つがい数の変遷

ることによって,繁殖中のチョウゲンボウが巣穴へ出入りするのを妨害した.さらに,この植物の繁茂は,ヘビなど外敵の侵入を容易にするため,巣の安全性を低下させる.これらの植物にはニワウルシやアレチウリなどの外来植物も含まれている.

4) 崖下部のスロープ化

崖の崩落に伴う崖直下での土砂の堆積は,崖面下部をスロープ化し,そこへの植物の繁茂を容易にした.近年も崖直下は徐々にスロープ化し,雑木が生え,ツル性植物も繁茂するという状態となり,崖の露出面積をさらに少なくする要因となっている.

(2) 周辺環境
1) 採餌場の減少

十三崖のチョウゲンボウの繁殖つがい数を決定する要因の一つとして,チョウゲンボウの狩り場の面積と,チョウゲンボウの採食の対象となる小動物の量があげられる.チョウゲンボウの狩り場は,天然記念物指定当時と比べて,現在の周辺地域の土地利用形態は著しく変化したため減少して

いる[15]。天然記念物指定の3年前の1950 (昭和25) 年の農用地の利用状況は，水田29％，畑地47％，樹園地24％であった。また樹園地の内訳は，果樹園 (主にリンゴ) 51％，桑園37％であった。しかし2000 (平成12) 年の農用地の利用状況は，水田6％，畑地8％，樹園地86％であり，樹園地の47％がブドウであった[7]。上記の値から，指定当時の周辺地域は，水田，畑地，リンゴ畑が多くの面積を占め，チョウゲンボウの狩り場として最適なものであったと予想される。ところが周辺の土地利用形態は徐々に変化し，水田や畑地が樹園地へと変わり，特に近年はブドウが中心となり，現在は農用地の約4割を占めている。ブドウ畑は棚があるため，チョウゲンボウの狩り場としては利用価値が低いものと考えられ，また近年はブドウのハウス栽培も盛んで，その面積も広い。ハウスは建造物であるため，チョウゲンボウは狩り場として利用できない。ネズミ類，小鳥類，トカゲ類など餌動物の量は，以前の状況と比較して増減を明らかにすることはできないが，土地利用の形態の変化が，チョウゲンボウの狩り場を減少させた可能性は高い。

2) 河川敷での樹木の高木化

河川敷に生育する樹木の生長により，チョウゲンボウがかつて利用していた巣穴の前面まで樹木が高木化した。その結果，チョウゲンボウの巣穴への出入りが妨害され，巣穴としての利用価値が低くなったと考えられる。これらの樹種にも，ニワウルシやハリエンジュなどの外来植物が含まれている。この河川敷の樹木の繁茂は，夜間瀬川流路の直線化により河川敷が乾燥し，植生遷移が進行したものだと考えられる。

6 「十三崖のチョウゲンボウ繁殖地」環境整備事業の実施

「十三崖のチョウゲンボウ繁殖地」として国の天然記念物に指定されてから20年後の1973 (昭和48) 年に，中野市はチョウゲンボウの巣穴の造成を計画し，文化庁に天然記念物の現状変更の申請をした。その理由は，指定当時は20ほどであったつがいの数が5, 6つがいにまで減少してしまい，その

原因が巣穴等の生息環境の悪化と考えられたためである．しかし，事前に詳細な生態調査が必要とされたため，事業は見送られた．その後も営巣数等の回復がみられなかったことから，中野市は1986（昭和61）年にチョウゲンボウ保護事業として，巣穴前の立木の伐採を実施し，1996（平成8）年にも崖面のツタの除去や立木の伐採を行った．

しかし2001（平成13）年に営巣つがい数が2となり，中野市は同年と2003（平成15）年にも崖面のツタの除去や立木の伐採を行ったが[15]，つがい数減少に危機感を持った．そこで中野市はチョウゲンボウの集団営巣地の本格的な回復を目指し，文化庁，長野県，国土交通省と協力して「十三崖チョウゲンボウ繁殖地環境整備事業」を2005（平成17）年度と2006（平成18）年度に行った．また事業の開始に際し検討委員会（委員長：山階鳥類研究所長 山岸哲）を発足し，事業内容の検討を行った．検討委員会による検討の結果，崖面と河川敷の草地の拡大のため，樹木の伐採が必要であると判断された．行われた整備の内容は，①崖面の植物の除去，②河川敷の樹木の伐採と草地化による餌場の拡大，③6箇所の人工巣穴の掘削であった．また整備開始と同時に検討委員会から引き継ぐ形で発足した整備委員会が，整備の指導を行った．

2005（平成17）年度の整備は，渇水期にあたる11月1日から，翌年の1月20日まで行い，天然記念物指定範囲内における河川敷の樹木の伐採，崖面のツタ切り，そして崖上の樹木の枝下ろしを行った（図3）．崖の樹木の枝下ろしは，樹形を70％に縮小する形で56本行い，崖面のツタ切り等は，クレーン車でゴンドラを吊り，4498㎡を行った．また河川敷内樹木の伐採は，ハリエンジュなど外来植物を中心に10385㎡の範囲を根元から伐採した（図4）．

2005（平成17）年度の整備工事を行った結果，工事前は3つがいであった営巣数が，工事後の平成18年には5つがいに増加した．しかし，そのうち2つがいは抱卵期と育雛期で繁殖に失敗した．また，伐採した範囲での採餌行動も確認された．

営巣つがい数の増加という結果をもたらした2005（平成17）年度の整備工事であったが，十三崖周辺には林が残り，そして樹木を伐採した崖面には営巣可能な横穴が思ったより少ないことが判明した．また崖面と河川敷の樹林の伐採範囲も，天然記念物指定範囲の4割程度であった．翌2006（平成18）

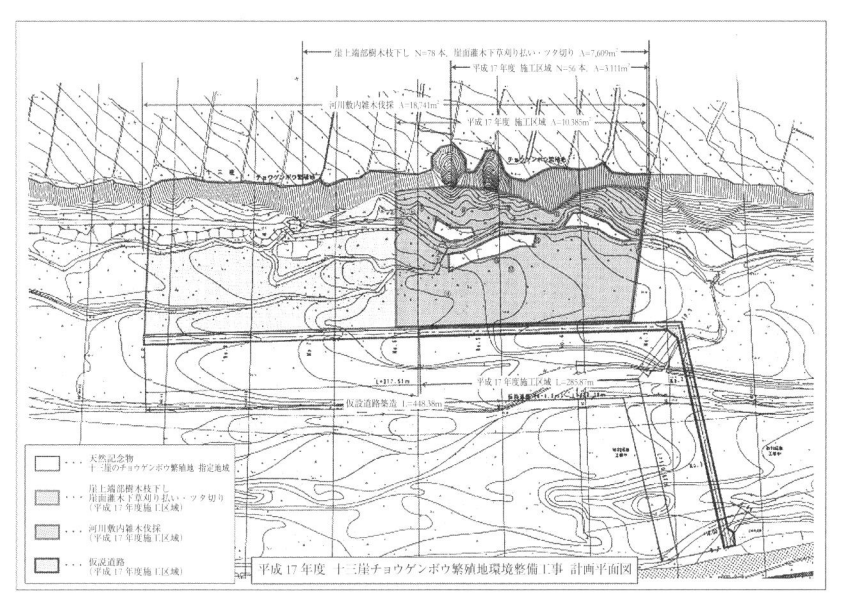

第9章　営巣地と採食地を回復する：チョウゲンボウ

図3　平成17年度十三崖チョウゲンボウ繁殖地環境整備工事計画平面図

年度の整備工事は，当初，指定範囲内で残った下流側の河川敷内（図5：A地域）の樹木伐採と，そして崖上の大木の枝下ろしを予定していた．しかし整備委員会から，下流側は崖面の高さが低いことからチョウゲンボウの営巣に利用する可能性が低く，主な整備範囲を指定範囲より上流のチョウゲンボウが利用している山ノ内町の地域（図5：B地域）に移すべきであり，また2005（平成17）年度に整備した地域の崖面に巣穴が少ないことから，崖面に人工的に巣穴を数箇所設けるべきであるという意見が提出された．この意見を受け，指定範囲の上流側において，公図と現地を耕作する所有者との踏査により，整備を行う上流側の崖面は，実は中野市の地域であることを確認した．これに基づき，山ノ内町教育委員会に，公図に基づき河川敷内の伐採について確認したところ，実施については問題無いという回答が得られた．ただし崖面については境界が不明なため，崖上の耕作者，あるいは崖下の耕作者の承諾を得て，崖面の整備を行った．また人工巣穴築造については6か所を予定した．整備工事は前年度と同様に，渇水期にあたる11月1日から，翌

215

図4　平成17年度十三崖チョウゲンボウ繁殖地環境整備工事河川敷樹木伐採

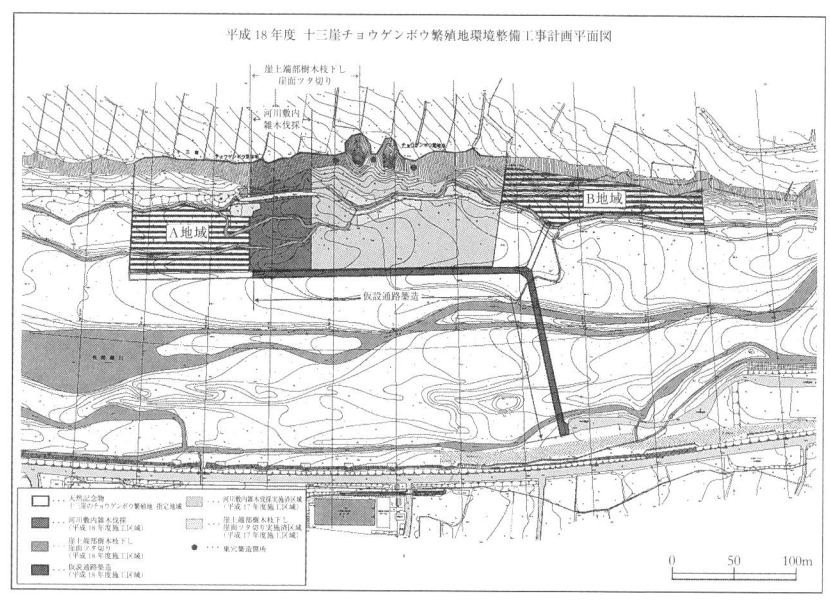

第 9 章　営巣地と採食地を回復する：チョウゲンボウ

図5　平成18年度十三崖チョウゲンボウ繁殖地環境整備工事計画平面図

年の1月20日まで行った．河川敷内の樹木の伐採はハリエンジュを中心に8218m^2を行い，また長野県中野建設事務所が河川管理の一環として上流部河川側の地域の伐採を行った．この結果，河川敷の伐採面積は繁殖地の8割近くまで拡大した．崖の樹木の枝下ろしは，前年度の整備と同じ方法で22本行い，崖面のツタ切り等は，8303m^2を行った．築造する人工巣穴6箇所は，その形状を整備委員会委員で検討し，幅30cm，高さ20cm，奥行き50cm程度とした．またそのうち3箇所にはステンレス製の補強材を挿入し，周囲を自然石とモルタルで固定した．平成18年度整備後の十三崖を見た地元の人からは，「懐かしい風景に戻った」との言葉も聞かれた．

　翌2007（平成19）年度の繁殖期には，チョウゲンボウは例年より早く，2月に十三崖に飛来した．4月のつがい形成期までには，昨年と同様の5つがい10個体を確認した．また人工巣穴を覗き込む個体もあった．しかし，営巣を行い，実際に抱卵を開始したのは3つがいであった．また，それらのつがいが使用した巣穴は，すべて昨年繁殖が成功した箇所であり人工巣穴は利

用されなかった.

2007 (平成19) 年度には整備委員会の意見に基づき, 12月に中野建設事務所が崖面に堆積する土砂の除去作業を行った. それに先立ち, 同11月に中野市とボランティアグループ「十三崖チョウゲンボウ応援団」が堆積土砂上から8箇所の人工巣穴を掘削した.

7 普及・啓発活動と「十三崖チョウゲンボウ応援団」の設立

1984 (昭和59) 年にチョウゲンボウが中野市の鳥として制定されているが, その翌年の1985 (昭和60) 年には, 中野市が第1回目の「チョウゲンボウ探鳥会」を開催し, 「十三崖のチョウゲンボウ繁殖地」とチョウゲンボウについて現地で観察して理解を深めるとともに, 文化財, 自然保護意識の高揚を図った. チョウゲンボウ探鳥会はその後も毎年5月下旬から6月上旬頃に開催され, 2008 (平成20) 年度時点で24回を数えている. また2003 (平成15) 年1月には「十三崖のチョウゲンボウ繁殖地」が国指定天然記念物に指定されてから50周年を迎えることから, 講演会「鳥の大学 十三崖に再びチョウゲンボウの舞う中野市」が開催された. この講演会では十三崖のチョウゲンボウをテーマとし, 自然とどのように共生していくかについての講演が行われた. この講演会「鳥の大学」も, チョウゲンボウをはじめとした野鳥等に対する理解を深めることで, 自然保護意識の高揚を図るという目的で開催された. このように, 中野市主催での普及啓発活動は継続的に行われてきた.

2005 (平成17) 年の環境整備事業後, ボランティアグループ「十三崖チョウゲンボウ応援団」が結成された. 十三崖チョウゲンボウ応援団 (以下応援団) は2006 (平成18) 年7月に設立され, 「十三崖のチョウゲンボウ繁殖地」において整備された繁殖地の管理と, 中野市内外の人々を対象に生態系とその再生について普及啓発を行っている. 応援団の主な活動を具体的に以下に記す.

(1) 行政機関によって樹木が伐採され整備された繁殖環境を維持し, チョウ

図6　十三崖チョウゲンボウ応援団植物刈り取り作業

ゲンボウの巣場所と餌場を良好な状態に維持するために，河川敷，崖面に生育した植物を刈り取る（図6）．
(2) 観察会を開催し，夜間瀬川の環境と十三崖およびチョウゲンボウの関係を，参加者に伝え自然を大切にする気持ちを育てる．
(3) 講師を招いて自然環境に関わる勉強会を開催し，河原の草地や砂礫地等の重要性を伝え，会の活動について議論，検討する．
(4) 調査研究を行い，集団営巣するチョウゲンボウの生態や夜間瀬川流域の生物相を学ぶことで，客観的な自然の見方を身につける．
(5) 講師を招いて自然解説講習会を実施し，十三崖の自然解説が行える技術や知識を習得する．

また応援団は地元産業との協力を得て活動を行っている．2007（平成19）年には㈲たかやしろファームと共同で，チョウゲンボウラベルのワインを企画し販売した．その売り上げの一部は応援団の活動資金となっている．このように応援団を中心とした力が，十三崖のチョウゲンボウ繁殖地を再生に導くことが期待される．

8 十三崖のこれから

十三崖を保全する意味は二つある．一つは，昔から人々の生活とともにある地域の代表的な自然を存続させること，そして二つ目は，世界的にも希少な集団営巣地で生態の解明が行えることである．この二つの意味は，集団営巣の形成要因の研究結果を営巣地の存続のための整備に用い，そして整備の結果を研究にフィードバックすることで，相補的な関係にある．

2005（平成17）年度から3年間の整備を行った結果，営巣数は2006年には5，2007年には3，2008年には3と推移している（図2）．しかし，2007年はつがい形成期には5つがい，2008年には同時期に延べ9つがいを確認していた．十三崖でチョウゲンボウの集団営巣を存続させるためには，定着するつがい数がどのような要因で決定されるのかを詳細に解明する必要がある．

第9章　営巣地と採食地を回復する：チョウゲンボウ

　前述したが，チョウゲンボウの集団営巣形成要因は現在明らかではない．しかも，他の鳥類とは集団営巣の形成要因が異なる可能性もある．しかし集団営巣形成要因を解明するには，十三崖のみの調査では難しい．また十三崖以外の崖地の集団営巣地は少ないが，崖地の単独営巣地の記録は全国各地にある．そこで，崖地における集団営巣地と単独営巣地の比較，営巣数と周辺環境の関係，そして十三崖の環境整備と営巣数やつがいの行動の関係などを明らかにする必要があるであろう．また，実際の鳥類の集団サイズには，利用可能な巣の数やなわばりのサイズや位置などの空間分布が重要である[20]．そしてA．ヴィレッジは，単独営巣のチョウゲンボウの営巣密度は，餌密度，利用可能な営巣場所数，そしてなわばり面積に関係すると報告している[18]．チョウゲンボウの集団営巣地のなわばり面積は営巣数と関係し[15]，また利用可能な営巣場所数の分布は鳥類の集団営巣の形成要因として多くの事例がある[8]．そのため崖地の営巣数と，周辺環境や餌密度，利用可能な営巣場所数，およびなわばり面積などの関係を解析し明らかにする必要があると考えられる．また，崖地の集団営巣地は少ないが，人工建造物での集団営巣地は数多くある[16]．この両者の関係や違いは今のところ明らかではないが，人工建造物の巣で生まれ育った個体が，崖地で繁殖した例も観察されている．もし，崖地と人工建造物の営巣地間で，営巣場所の構造の違いがチョウゲンボウの行動に差異をもたらさないのなら，その両者をプールして解析を行うことも可能だろう．またチョウゲンボウは，採餌行動，営巣場所選択，配偶者選択，都市化など特徴的な生態を有しており，それらと集団営巣の関係も考慮して研究を行う必要があるであろう．

　行政機関による繁殖地の整備は終了したが，今後も整備は継続していく必要がある．もちろん研究結果から整備の方向性は決定されるべきだが，今は即効性も求められる状況のため，営巣場所と餌場に関する基本的な整備は研究と並行して進める必要がある．これまでの整備は主に営巣場所に関して行われてきた．崖面の植物や土砂の除去，河川敷の高木伐採，そして合計14箇所の人工営巣場所の設置が行われている．そのため，今後は餌場の整備を行う必要があるであろう．十三崖のチョウゲンボウの餌場の減少については，天然記念物指定当時と比べて，現在の周辺地域の土地利用形態は著しく変化

していることから推測される[7]．現在ではブドウ畑の面積が増えてきており，ハウスの面積が多くを占めている．J. アシュワンデンらは，チョウゲンボウは下草を刈った農地は草地よりも採餌を頻繁に行うことを報告している[21]．また本村らは，人工建造物の営巣地ではあるが，営巣数が多い集団営巣地の周辺には広い採餌場が存在することを報告している[14]．ブドウ畑やハウス以外の農地で下草を刈ることにより餌場面積を拡大することは，十三崖の集団営巣の保全に有効である可能性がある．

　このような整備作業は，応援団によって行われれば普及啓発活動の面でも有効であろう．2008（平成20）年3月に，応援団の活動の一環として「十三崖チョウゲンボウワークショップ」が開催された．その場で今後の活動について様々な意見が提出されたが，それらは①農業との共存と②子どもたちへの普及・啓発の2項目に集約された．①農業との共存は採餌場の拡大に関係する．また②子どもたちへの普及・啓発は，現在応援団の会員に若い世代が少ないことと，また教育に携わる会員が多いことから提案されたと考えられる．教育の現場から見ても十三崖のチョウゲンボウ繁殖地は，地域の代表的な自然であるとともに，人々の生活に深い関わりがあるため，題材として有効であるとの意見も多く聞かれた．今後，応援団の会員から小中学校や高校に出前授業を行い，今後子どもたちが十三崖を保全する活動に加わることを期待したい．そして，子どもたちにだけではなく，市内外の人たちに目に見える形で十三崖の解説を行う施設が必要である．現在中野市では市立博物館の設立に向け準備中であるが，そのなかに「十三崖のチョウゲンボウ繁殖地」の解説コーナーが予定されている．このように，市民，産業，行政が一体となり，環境整備，普及啓発，研究を行うことで，少しずつでも「十三崖のチョウゲンボウ繁殖地」が昔のような集団営巣地として再生することを期待したい．

参照文献

1) 池田昌枝・本村　健・石井良明・内藤典子・藤田　剛 (1991)「南関東都市部におけるチョウゲンボウの繁殖状況と環境特性」*Strix* 10：149-159．

2) Viitala, J., Korpimäki, E., Palokangas, P. and Koivula. M. (1995) Attraction of kestrels to vole scent marks visible in ultraviolet light. *Nature* 373: 425–427.
3) Rijnsdrop, A., Daan, S. and Dijkstra, C. (1981) Hunting in the Kestrel and the adaptive significance of daily habits. *Oecologia* 50: 391–406.
4) Village, A. (1990) *The Kestrl*. T & AD Poyser, London.
5) Meijer, T., Daan, S. and Hall, M. (1990) Family planning in the kestrel (*Falco tinnunculus*): the proximate control of covariation of laying date and clutch size. *Behaviour* 114: 117–136.
6) Valkama, J., Korpimaki, E. and Tolonen, P. (1995) Habitat utilization, diet and reproductive success in Kestrel in a temporally and spatially heterogeneous environment. *Orins Fennica* 72: 49–61.
7) 中野市教育委員会 (2005)『平成16年度チョウゲンボウ繁殖地環境整備計画報告書』．中野市教育委員会．
8) 藤田　剛 (2002)「鳥類の営巣様式 — 集団営巣から単独営巣まで — 」山岸哲・樋口広芳共編『これからの鳥類学』，裳華房．
9) Newton, I. (1979) *Population ecology of raptors*. T & AD Poyser, London.
10) Ferguson-Lees, J. and Christie, D. A. (2001) *RAPTORS OF THE WORLD*. Christopher Helm, London.
11) del Hoyo, J., Elliott, A. and Sargatal, J. (eds.). (1994) *Handbook of the birds of the world*. Vol.2. Lynx Edicions, Barcelona.
12) Walter, H. S. (1990) Colonial nesting in Eleonora's and Sooty Falcons. In *Birds of prey*. Eds. Newton, I. and Olsen, P., 118. Facts On File, New York.
13) Cade, T. J. (1982) *The falcons of the world*. Cornell University Press, New York.
14) 本村健・関島恒夫・堀藤正義・大石麻美・阿部學 (2001)「チョウゲンボウの営巣密度と営巣場所条件および周辺環境の関係」『日本鳥学会誌』50：17-23．
15) 羽田健三・北沢義政 (1983)「長野県下におけるチョウゲンボウの位置と生息状況」信州鳥類生態研究グループ．『長野県下における特殊鳥類』: 25-35. 長野県林務部, 長野．
16) 本村健 (2001)『チョウゲンボウの営巣様式決定要因に関する研究』新潟大学大学院博士論文．
17) 遠藤孝一・菊池知義 (1987)「栃木県におけるチョウゲンボウ，オオタカ，クマタカの繁殖生態および生息状況と保護対策」『栃木県ワシタカ類保護対策調査報告書』: 23-70. 栃木県林務観光部．
18) Village, A. (1983) The role of nest-site availability and territorial behaviour in limiting the breeding density of Kestrels. *Journal of Animal Ecology*. 52: 635–645.
19) Fennel, C. M. (1954) Notes on the nesting of the kestrel in Japan. *Condor* 56: 106–107.
20) 長谷川政美・種村正美．1986．『なわばりの生態学』東海大学出版会．
21) Aschwanden, J., Birrer, S. and Jenni, L. (2005) Are ecological compensation areas attractive hunting sites for common kestrels (*Falco tinnunculus*) and long-eared owles (*Asio otus*) ? *Journal of Ornithology* 146: 279–286.

column 9

なぜ普通種を調べ，守る必要があるのか

● 植田睦之

　2006年12月，環境省からレッドリストの改定が発表された[1]．チゴモズやアカモズは絶滅の危険性のランクが高くなり，今までレッドリストに入っておらず，新たに入った9種のなかにはサシバ，ヒクイナ，ヨタカが含まれていた．また，最近では，コサギが減っているのではないかとも言われている[2,3]．

　これらの種は一昔前までは，どこでも見られたごく普通の鳥だった．それが急激に個体数を減らし，レッドリストに掲載されるまでになってしまった．このような普通種の急激な減少は鳥だけに起きていることではない．全国の小川どこででも見られたニホンメダカも絶滅危惧種になり，秋の七草として親しまれてきたキキョウやフジバカマも絶滅危惧種になっている．

　普通種のなかには，人間と密接な関係をもって暮らしてきた種が多くいる．そのために人間活動が変化した場合には大きな影響を受けることになる．ハシブトガラスのように人間のゴミ管理が変化したことにより，急激に個体数を増やした鳥もいるが[4]，レッドリストに載るようになった鳥たちは逆に負の影響を受けたと考えられる．コラム13で紹介するように農業の場では従来型の里山環境の管理がなされなくなることと，それとは反対に農業の近代化がおこり，また居住の場では，都市圏への集中化と中山間地の過疎化がおき，今まで「普通」だった場所が無くなったり，変化したりしてしまった．

そのため，今まで「普通」だった普通種の一部が個体数を減らし，レッドリストに載るまでになってしまったのだろう．

　希少種については，「希少種」として注目があつまることもあり，また調査費がつきやすいこともあり調査が行われ，情報は蓄積されやすい状況にある．しかし普通種については軽視されがちで，チゴモズのように気づいたときには生息地がごくわずかになってしまう場合もある．2003年から環境省によりモニタリングサイト1000という全国の生態系の長期的なモニタリングがはじまったが[5]，それだけでは不十分である．標識調査の捕獲数をもとに福井県織田山のカシラダカやメジロなどが減少していることが明らかになっているので[6]，標識調査などの既存の調査を継続，再解析していくとともに，身近な場所に特化した新しい調査を組み立てていく必要性も高い．NPO法人バードリサーチでは，普通種の鳥類のモニタリングのために，身近な野鳥調査[7]を立ち上げているが，その必要性についての認識度が低いため，得られている情報はまだ多くない．普通種の情報収集を進めていくためには，普通種が希少種になる可能性以外にも，普通種を調べ守ることの重要性についての認識を高めていく必要があるだろう．

　では，普通種を調べ，減少しないように守ることがなぜ必要なのだろうか？普通種は数が多いだけに，生態系のなかで，他の生物の獲物として，そして逆に捕食者として大きな役割を負っており，いなくなってしまうことにより他の生物に大きな影響が出る．そのため，人間が自然から享受することのできる「生態系サービス」でも希少種よりも重要な役割を果たしていることが多い．鳥が担っている生態系サービスには水域に流れ出てしまう養分を陸上に戻す役割[8]や食料となることなどもあるが，一番分かりやすいのは害虫をコントロールする役割だろう．鳥の多くは繁殖期に昆虫を食べている．また猛禽類はネズミなどを捕食する．これらの鳥が繁殖していると，自分が食べる以上に多くの昆虫やほ乳類等を捕食する．そのため農林業に被害を与える生物が増えすぎないようにコントロールするうえで極めて重要な役割を果たすことになる．食品の安全性に注目が集まり，また農作物のブランド化にあたって，今後，無農薬あるいは減農薬の農業が多くなっていくと思われる．そのようななか，病害虫をコントロールするうえで鳥類が果たす役割はより

大きくなっていくに違いない．普通種が減少しないように保護していく必要性は大きくなっていくだろう．

また，鳥には環境変化の指標としての価値もあり，環境汚染や環境変化等を鳥の生息状況を通して知ることができる[9]．普通種は人間生活に一番近い場所の環境変化の指標となり，それを一般人にも分かりやすく伝えることができる．そういった点でも身近な普通種を調べ，保護していく必要性は高いといえる．

参照文献

1) http://www.env.go.jp/press/press.php?serial=7849
2) 河地辰彦（2004）「栃木県におけるコサギとダイサギの生息状況の変化について」*Accipiter* 10：27-36．
3) 内田博（2007）「埼玉県でのコサギの越冬個体の減少要因を探る」『日本鳥学 2007 年度大会講演要旨集』．
4) Ueta, M., Kurosawa, R., Hamao, S., Kawachi, H. and Higuchi, H. (2003) Population change of Jungle Crows in Tokyo. *Global Environmental Research* 7: 131-137.
5) http://www.biodic.go.jp/moni1000/index.html
6) 米田重玄・上木泰男（2002）「環境庁織田山一級ステーションにおける標識調査 – 1973 年から 1996 年における定量的モニタリング結果」『山階鳥研報』34：96-111．
7) http://www.bird-research.jp/1_katsudo/index_veranda.html
8) 亀田佳代子（2007）「陸上生態系と水域生態系をつなぐもの – 海鳥類の物質輸送と人間とのかかわり」山岸哲監修『保全鳥類学』，167-189．京都大学学術出版会．
9) 永田尚志（2007）「鳥類は環境変化の指標となるか？」山岸哲監修『保全鳥類学』，211-232．京都大学学術出版会．

第10章

田畑孝宏
Tabata Takahiro

巣箱を使った保護活動
―― ブッポウソウ ――

1 | はじめに

　分布が局地的であり生息数も少ない本種は，昭和の初めからその生息地であった各地の社寺林が国の天然記念物に指定され保護されてきた．しかし，今ではそのほとんどの場所から姿を消し，絶滅危惧種ⅠB類にあげられる稀少種である[1]．

　本章では，本種の生態と分布の現状，巣箱設置による保護活動の成果，そして，今後の課題について，資料等から得られた情報と現地調査の結果をもとに検討する．

2 | 生　態

　本種は，平安の昔から夜間に「仏法僧（ブッポウソウ）」と鳴く鳥とされてきた．しかし，「仏法僧」の声で鳴くのはフクロウ科のコノハズクであり，本種は昼間に「ゲッゲッ」，あるいは「ゲーゲゲゲゲゲッ」と鳴く．この誤解が解けたのは，昭和10年になってのことである[2), 3)]．

図1 ブッポウソウ．頭部は暗緑色，体全体は金属光沢のある青緑色で，太い嘴と脚が紅赤色という色彩鮮やかな美しい鳥．

　体長29cm．雌雄同色で頭部は暗緑色，体全体は金属光沢のある青緑色をしており，太い嘴と脚が紅赤色である．飛翔時には初列風切りの白斑が目立つ色彩鮮やかな美しい鳥である（図1）．
　ユーラシア大陸の東端から東南アジアの島々を中心に，西はインドから東は日本，南はオーストラリアにかけて広く分布する．日本のほかロシア，朝鮮半島，中国といった北部に分布するものは，夏鳥として渡来し繁殖する．インドから東南アジアの島々では留鳥である．オーストラリアへは越冬地として渡来する個体がある[4]．日本では北海道へ飛来する記録もあるが[5]，おもに本州，四国，九州へ4月下旬から5月初めに渡来し，5月から6月に純白の卵を3～6個産む．雛は7月から8月に巣立つ．抱卵は22～23日間，雌のみが行う．孵化後24～25日で巣立つ．育雛期には雌雄がともに雛に餌を運ぶ[6],[7]．
　1985年と1986年に，長野県下水内郡栄村において本種の餌内容について調べた．餌は，7月下旬から8月上旬にかけて，孵化日から2週間以後にあたる育雛中期から後期の雛から採取した．採取方法は，針金の入ったビニー

表1　ブッポウソウの雛の食物　Food items of nestling Broad-billed Rollers.

食物	巣 1985				巣 1986		Total
	N2	N4	N5	N8	N5	N7	
Insecta　昆虫綱							
Coleoptera　コウチュウ目							
Carabidae　オサムシ科							
クロカタビロオサムシ Calosoma maximowiczi	1				1		2
Harpalidae　ゴミムシ科							
キマワリ Plesiophthalmus nigrocyaneus	1						1
Lucanidae　クワガタムシ科							
ノコギリクワガタ Prosopocoilus inclinatus					5	2	7
Scarabaeidae　コガネムシ科							
ドウガネブイブイ Anomala cuprea	1	1			1		3
ヒメコガネ Anomala rufocuprea				1			1
サクラコガネ Anomala daimiana	1		1			5	7
キンスジコガネ Mimela holosericea					1		1
コフキコガネ Melolontha japonica						1	1
アオカナブン Rhomborrhina unicolor	5				4	1	10
ミヤマオオハナムグリ Protaetia lugubris					2		2
ハナムグリ Eucetonia pilifera				1			1
コアオハナムグリ Oxycetonia jucunda	1			1			2
Cerambycidae　カミキリムシ科							
ウスバカミキリ Megopis sinica						1	1
クロカミキリ Spondylis buprestoides		1					1
オオヨツスジハナカミキリ Macroleptura regalis				1			1
コマダラカミキリ Anoplophora malasiaca						1	1
Cerambycidae sp.					1		1
Odonata　トンボ目							
Cordulegasteridae　オニヤンマ科							
オニヤンマ Anotogaster sieboldii	4	2	1	2	4	2	15
Orthoptera　バッタ目							
Tettigoniidae　キリギリス科							
ヒメギス Metrioptera hime	1					1	2
Locustidae　バッタ科							
コバネイナゴ Oxya japonica						1	1
Hemiptera　カメムシ目							
Pentatomidae sp.　カメムシ科					1	1	2
Cicadidae　セミ科							
エゾゼミ Tibicen japonicus	1				1	1	3
アブラゼミ Graptopsaltria nigrofuscata	4(1)					1	5(1)
ニイニイゼミ Platypleura kaempferi	1(1)				1	2	4(1)
ヒグラシ Tanna japonensis	3			1	7(1)	6(1)	17(2)
Diptera　ハエ目							
Tabanidae sp.　アブ科					2		2
Lepidoptera　チョウ目							
Cossidae　ボクトウガ科							
コマフボクトウ Zeuzera leuconotum	1						1
Gastropoda　腹足綱							
Bradybaenidae　オナジマイマイ科							
Euhadra sp.					1		1
Total	25	4	2	7	32	26	96

No. in parentheses show no. of female cicadas.
(　)の数はメスを表す.

ルコードで雛の首を軽くおさえ，呼吸はできるが給餌された餌は飲み込めない状態にする「頸輪法」[8]によった．調査した巣は，1985年4巣，1986年2巣の計6巣である．その結果，計6巣の雛21羽から96個体の餌を採取した．これらの餌は，軟体動物門腹足綱オナジマイマイ科の1個体を除き，他のすべてが節足動物門の昆虫類であった．昆虫類で最も多いのは，コガネムシやカミキリムシの仲間のコウチュウ目で，全体の44.8%を占めていた．次に多いのはセミやカメムシなどのカメムシ目の32.5%，以下トンボ目のオニヤンマ15.6%，キリギリスやバッタの仲間のバッタ目3.1%，ハエ目アブ科2.1%，チョウ目ボクトウガ科1.0%の順であった．コウチュウ目のなかで最も多かったのはサクラコガネ，アオカナブンなどのコガネムシ科で，コウチュウ目全体の半分以上(65.1%)を占めていた．以下，クワガタムシ科のノコギリクワガタ16.3%，カミキリムシ科11.6%の順であった．オサムシやゴミムシも1個体ずつ採取された．カメムシ目のほとんど(93.5%)はセミ科で，ヒグラシが17個体(54.8%)と最も多かった(表1)[9]．このように，大型の飛翔性昆虫を主な餌とする本種は，貝殻や瀬戸物片，小石や缶ジュースのプルリングなどを飲み込み，砂嚢で摺り合わせて消化を促すという特異な習性を持つ[10]．なお，こうした行動は本種に限らず，アブラヨタカやアリスイなど，昆虫を主な餌とする鳥に共通して見られる[11),12),13),14),15),16),17)]．

3 分布の現状

　本来，本種は古木の樹洞を利用して繁殖してきた．このため，古くから樹洞が多く見られる神社仏閣の社寺林での繁殖が多く報告されている．このほか，集落や農耕地に接する林の樹洞での繁殖例もある．日本海側の多雪地では，ブナ林での繁殖が目立つ．標高は，岐阜県州原神社の100mから岐阜県白山神社や長野県開田高原の1200mまでの広い範囲に及ぶ．しかし，分布は局所的で数も少ない．そのため昭和の初めには、当時の主な繁殖地が国の天然記念物に指定され保護されてきた．昭和9年5月1日に宮崎県西諸県郡高原町狭野神社，昭和10年6月7日に長野県木曽郡三岳村御岳神社，昭和

10年6月7日に長野県木曽郡三岳村八幡社，昭和10年6月7日に岐阜県美濃市須原神社，昭和12年12月21日に山梨県南巨摩郡身延町身延神社である．しかし，今ではこれらの場所でさえ姿を見ることすらできない[18]．

『近畿地区鳥類レッドデータブック』には，大阪を除く近畿6県で1990年代の初めまで繁殖が見られたものの，近年繁殖の記録の無い，または不明の県が4県，残る滋賀と兵庫では減少・急減し，推定個体数が10〜20とされている[19]．各都道府県が発行しているレッドデータブックを調べると，かつて本種の繁殖が見られた多くの都府県において近畿地方と同様である．神社仏閣の社寺林やブナ林での樹洞営巣は著しく減少し，河川にかかる橋梁やダムのコンクリート壁面の穴，巣箱などの人工物で，少数の繁殖が確認されるというのが各地の現状である．中村浩志は，各地から得られた情報をもとに，国内における本種の繁殖つがい数を250と推定している[18]．動物が安定して存続するためには，鳥などの脊椎動物では最低でも個体群に500個体以上が必要だと言われる．しかし，生息地の分断により非常に厳しい現状にある．そのなかで，岡山，広島，鳥取の3県では，近年巣箱設置により繁殖つがい数の回復が報告されている[20],[21],[22],[23],[24],[25]．

いつ頃，どのような場所から本種が姿を消していったのだろう．また，巣箱設置は本種の保護に効果があるのだろうか．この点について，詳しい記録が得られた長野と新潟，岡山，鳥取各県の様子から記す．

(1) 調査方法

2007年に，本種の繁殖分布に関する調査を行うことができた．調査地は，長野，新潟，岡山，鳥取の4県である．長野と新潟においては，新潟県野鳥愛護会の協力を得ながら文献資料をもとに，過去に本種の生息・繁殖が確認された場所において，定点観察とセンサス調査を延べ658時間（50日）行った．なお，長野においては，1985年より継続的に繁殖分布調査を行ってきている．岡山では，日本野鳥の会岡山県支部と峯（信州大学大学院生態研究室）の協力を得て，吉備中央町において繁殖分布調査を5日間行った．鳥取では，日本野鳥の会鳥取県支部の土居，池田，松本，桐原に協力をいただき，日南町と南部町で2日間繁殖分布状況を調べた．

(2) 長野県における分布の変遷と現状

　長野では，戦前には五味[26]，矢澤[27]により，戦後は牛山[7]，中村・田畑[9]，原[28]により，当時の分布状況が明らかにされている（図2）.

　五味，矢澤の調査結果から，明治から昭和の初めにかけて，県内のほぼ全域に本種が分布していたことが分かる．特に木曽地方は個体数が多く，当時，木曽福島町興禅寺裏山の御料林は，この鳥の保護区にも指定されていた．1929（昭和4）年には，木曽福島町（現木曽町）城山で4つがい，三岳村（現木曽町）三尾八幡社で2つがい，同村黒澤御岳神社付近で4つがいの繁殖が確認されている．このほか，大桑村，上松町，新開村（現木曽町）でも，繁殖期につがいや雛が確認されており，繁殖の可能性が高かったことが示されている[26),27]．その後，1935（昭和10）年には三岳村御岳神社（黒澤）と八幡社（三尾）が，本種の繁殖地として国の天然記念物に指定された．

　しかし，上記のほとんどの場所において，1960年までに生息の確認が途絶え，1970年代半ば以降になると，国の天然記念物に指定されている御岳神社や八幡社でさえその姿すら確認されなくなってしまった[7]．このことから，1930年代以降の30〜40年の間に，それまで県内の広い範囲で繁殖が確認されていた本種が，急速にその分布域を減らしていったことをうかがい知ることができる．現在では県最北端の栄村と，最南端の天龍村，そして，中川村で繁殖が確認されるのみになってしまった[28),29]．

　2007年，長野県内で繁殖が確認されたつがい数は栄村の6つがい，天龍村の9つがい，そして，中川村の小渋ダムにかかる四徳大橋の梁の穴で営巣した1つがいの計16つがいである．このうち，栄村のブナの樹洞に営巣した1つがいを除く15つがいが人工物での営巣であり，中川村小渋ダムの1つがいを除く14つがいが巣箱での営巣になる．社寺林での繁殖はすべて途絶え，ブナ林でさえ樹洞営巣は1つがいのみである．巣箱設置がなされなければ，長野での繁殖つがい数はさらに少なくなっていったことは容易に推測できる．

　また，南北に長い長野県では，地域によって生息環境に次のような違いが見られた．北部の多雪地に位置する小谷村，鬼無里村，栄村では，いずれもブナ林に生息し，ブナの樹洞での営巣であった．これは，長野県に限らず，

日本海側の多雪地で一般的である．長野，松本，諏訪，木曽の各盆地およびその周辺では，すべて社寺林やその周辺林に生息し，スギ，ヒノキ，サワラ，クリにできた樹洞での営巣であった[7),26),27)]．そして，南部の中川村，天龍村，泰阜村では，橋の梁や役場庁舎の排気口，ダムのコンクリート壁面の穴での営巣であった[28),29)]．このように，橋梁やダムのコンクリート壁面の穴など，河川やダムに近い場所にある人工物での繁殖は，長野県南部の天竜川水系で繁殖するすべてのつがいで見られるばかりか，静岡や岐阜など本州中部の太平洋側の地域，さらには四国や九州でも見られる．これは，餌となる昆虫が得やすいことと，蛇や小型の獣などの天敵による捕食の被害が少ないことなどが理由としてあげられる[18)]．

(3) 新潟県における分布の変遷と現状

　新潟県における本種の分布の変遷については，渡辺の「新潟県におけるブッポウソウの生息状況」[30)]に詳しい．これによると，過去には新潟県を15の地区で分けたうち，三島と佐渡を除く13地区39地域において生息が確認されている．その分布を見ると，標高の低い平野部や海岸地域では見られない．これは，本種の生息に適した環境が少ないことに起因する．十日町，川西町，中里村，津南町など中魚沼地区に生息地が多く，松代町，松之山町などを含む東頸城地区や，これらと接する刈羽地区，北魚沼地区にも生息地が多い．生息環境の特徴は，加茂市の2か所と中里村小出の計三つの社寺林を除くと，低地から標高500mまでに分布するブナ林，またはブナが優先する落葉広葉樹林で，松之山小学校の巣箱利用以外はすべてブナ林内のブナの樹洞での営巣であった．

　1994年に行われた全県調査では，9地区20地域で生息が確認された．過去の記録と比較すると，生息地域に減少が見られる．過去に生息が確認されている県央に位置する中蒲原，南蒲原，山古志・長岡地区と，県南部の西頸城で生息確認が途絶えた．繁殖が確認されたのは以下の7つがいである．東蒲原地区川上村月山3つがい，中魚沼地区中里村土倉1つがい，中魚沼地区川西町1つがい，東頸城地区松之山町1つがい（巣箱），東頸城地区松代町仙納1つがい（松之山の1つがい以外は樹洞営巣）．この他，北蒲原地区黒川村奥

第Ⅰ部　わが国の希少鳥類をどう保全するか

図2　長野県におけるブッポウソウ分布の変遷

△　1900〜1936年に生息又は繁殖確認（1〜18）
〃　1945〜1981年に　　　　　　（19〜23）
●　1985〜2007年に　　　　　　（24〜48）
＊矢沢、牛山、中村、田畑、原を改変

1) 1900年 (M33年) 松本市　放光寺
2) 1917年 (T6年) 戸隠村（現長野市）
3) 1919年 (T8年) 烏川村（現安曇野市）
4) 1921年 (T10年) 松本市
5) 1923年 (T12年) 木曽福島（現木曽町）
6) 1929年 (S4年) 木曽福島　4つがい繁殖
7) 1929年 (S4年) 木曽郡三岳村（現木曽町）　三尾八幡神社　2つがい
8) 1929年 (S4年) 木曽郡三岳村（現木曽町）　黒澤御岳神社　4つがい
9) 1929年 (S4年) 木曽郡大滝村水ヶ瑞
10) 1929年 (S4年) 下伊那郡大鹿村　工場の煙突
11) 1929年 (S4年) 下伊那郡下條村　工場の煙突
12) 1929年 (S4年) 諏訪郡諏訪の諏訪大社上社
13) 1929年 (S4年) 下水内郡戸隠村（現長野市）
14) 1929年 (S4年) 下水内郡芋井村（現長野市）中社
15) 1929年 (S4年) 南佐久郡大奏村
16) 1929年 (S4年) 木曽郡上松町
17) 1929年 (S4年) 木曽郡新開村（現木曽町）
18) 1929年 (S4年) 木曽郡新開村（現木曽町）
19) 北安曇郡小谷村ブナ帯で少数繁殖（羽田健三, 1971）
20) 上水内郡鬼無里村（現長野市）奥裾花峡ブナ林（山田拓・中川孝雄, 1966）
21) 諏訪郡富士見町三光寺　1979まで　1つがい繁殖（小平万栄・隆旗国春）
22) 岡谷市湊小坂観音　1970〜1984　1つがい繁殖（林俊夫・牛山英彦）
23) 諏訪市中洲諏訪大社上社　1969〜1993　1つがい繁殖（林俊夫・牛山英彦）
24〜34) 下水内郡栄村千曲川周辺のブナ林　1985〜現在　4〜10つがい繁殖（中村・田畑）
35〜37) 上伊那郡中川村小渋ダム四徳大橋　1990〜現在　1〜3つがい繁殖（戸谷吾・小泉人・原一彦）
38) 下伊那郡泰阜村泰阜ダム排水口　1996　1つがい繁殖（桐生尊義）
39) 下伊那郡泰阜村役場庁舎排気口　1984〜現在　1998〜現在の巣箱（田畑）
40〜48) 下伊那郡天龍村天竜川及び支流の橋　1998〜現在　2〜9つがい繁殖（田畑）

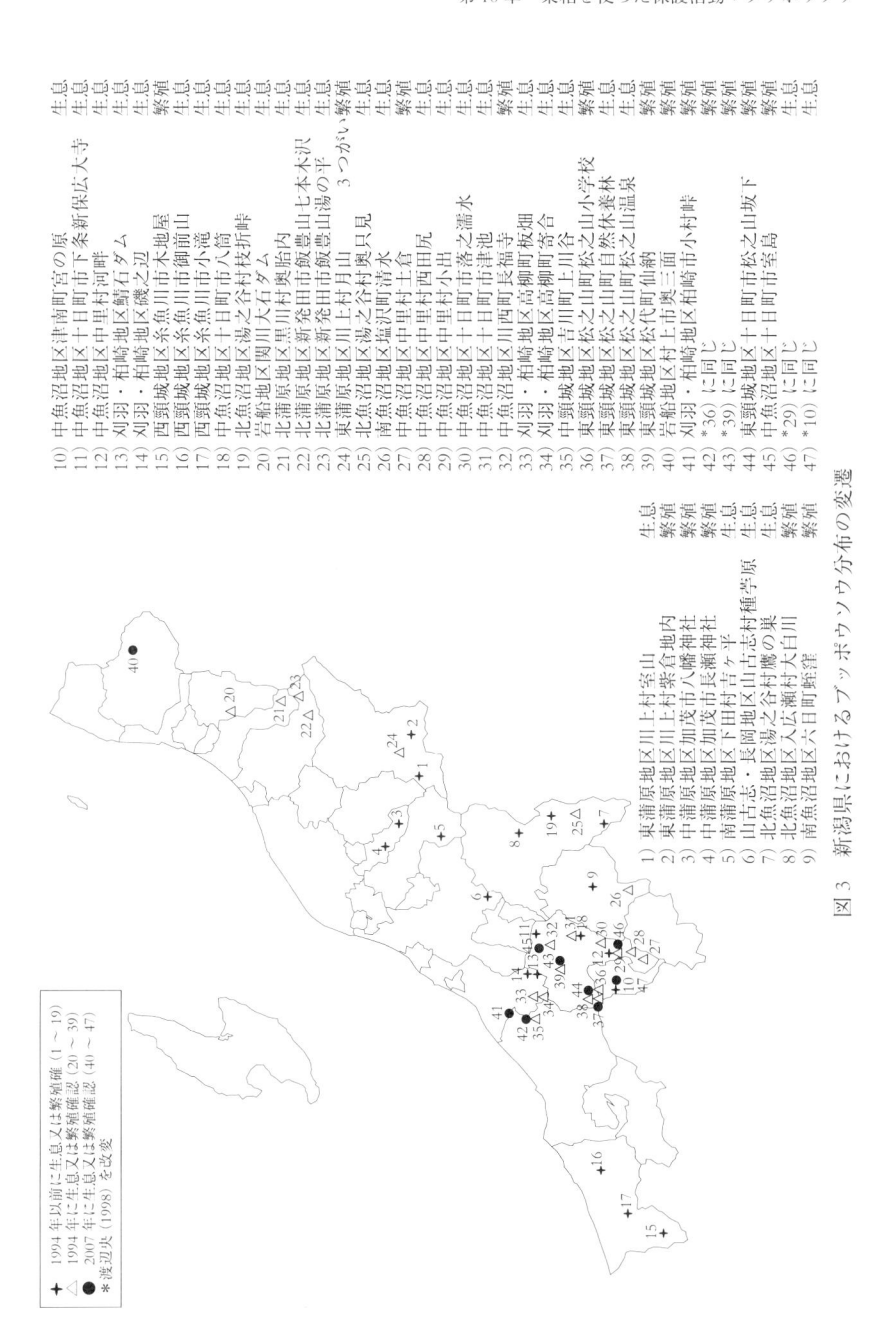

第 10 章　巣箱を使った保護活動：ブッポウソウ

図 3　新潟県におけるブッポウソウ分布の変遷

凡例:
+ 1994 年以前に生息又は繁殖確認 (1〜19)
△ 1994 年に生息又は繁殖確認 (20〜39)
● 2007 年に生息又は繁殖確認 (40〜47)
* 渡辺 (1998) を改変

1) 東蒲原地区川上村峯倉山　生息
2) 東蒲原地区川上村紫倉神社　繁殖
3) 中蒲原地区加茂市八幡神社　繁殖
4) 南蒲原地区加茂市長瀬神社　生息
5) 南蒲原地区下田村吉ヶ平　生息
6) 山古志・長岡地区山古志村種芋原　繁殖
7) 北魚沼地区湯之谷村鷹の巣　生息
8) 北魚沼地区入広瀬村大白川　繁殖
9) 南魚沼地区六日町蛭窪

10) 中魚沼地区津南町宮の原　生息
11) 中魚沼地区十日町市下条新栄広大寺　生息
12) 刈羽・柏崎地区磯石ダム　生息
13) 刈羽・柏崎地区中里村河畔　生息
14) 刈羽・柏崎地区磯之辺　繁殖
15) 西頸城地区糸魚川市木地屋　生息
16) 西頸城地区糸魚川市岡前山　生息
17) 西頸城地区糸魚川市小滝　生息
18) 中魚沼地区十日町市大石ダム　生息
19) 岩船地区湯之谷村枝折峠　生息
20) 岩船地区関川村奥胎内　繁殖
21) 北蒲原地区黒川村七本木沢　生息
22) 北蒲原地区新発田市飯豊山　生息
23) 中魚沼地区新発田市飯豊山湯の平　生息
24) 東頸城地区奥只見　3 つかみ　繁殖
25) 北魚沼地区湯之谷村月見　生息
26) 南魚沼地区湯之谷村塩沢町落水　繁殖
27) 中魚沼地区中里村上合　生息
28) 中魚沼地区中里村西川合　繁殖
29) 中魚沼地区中里村小出　生息
30) 中魚沼地区十日町市落之溜水　生息
31) 中魚沼地区十日町市長嶺　繁殖
32) 中魚沼地区十日町市奥柳町板畑　繁殖
33) 刈羽・柏崎地区高柳町寺合　繁殖
34) 刈羽・柏崎地区高柳町板畑　繁殖
35) 中頸城地区吉川町清水　繁殖
36) 東頸城地区松之山町松之山小学校　生息
37) 東頸城地区松之山町自然休養林　繁殖
38) 東頸城地区松之山町松之山温泉　生息
39) 東頸城地区松代町仙面　生息
40) 岩船地区村上町奥三面　繁殖
41) 刈羽・柏崎地区柏崎市小村峠　繁殖
42) *36) に同じ　繁殖
43) *39) に同じ　生息
44) 東頸城地区十日町松之山坂下　繁殖
45) 東頸城地区湯之谷村島の巣　生息
46) *29) に同じ　繁殖
47) *10) に同じ　生息

胎内，南魚沼地区塩沢町清水，中魚沼地区中里村西田尻と小出，刈羽・柏崎地区高柳町板畑と寄合，中頸城地区吉川町上川谷，東頸城地区松之山町自然休養地の8地域で繁殖の可能性が高い[30]．

1994年に行われた全県調査と同様の調査が2007年に行われた．また，1994年の調査で繁殖が確認された場所，または繁殖の可能性が高いとされた北蒲原，東蒲原，南魚沼，中魚沼，東頸城の5地区11地域で，延べ538時間（38日）のセンサス調査と定点観察を行った．両調査の結果，繁殖および生息が確認されたのは以下のとおりである．

村上市奥三面 1つがい繁殖，上越市小村峠 1つがい繁殖，十日町市室島 1つがい繁殖，十日町市松代 1つがい繁殖，十日町市松之山 2つがい繁殖，胎内市荒井浜 生息，阿賀町上川 生息，阿賀町鹿瀬 生息，十日町市小出 生息，十日町市松之山中津保 生息，十日町市松之山キョロロの森 生息，津南町寺石 生息，上越市上川谷 生息

繁殖の確認は県北端の村上市と中部に位置する十日町市，上越市の計6つがいである．十日町市松之山の2つがいはいずれもブナ林に設置された巣箱での営巣で，ほかは樹洞営巣である．1994年の調査結果と比較すると，繁殖つがい数は1つがいのみの減少であるが，新たに4地域で4つがいの繁殖が確認された一方，3地域から5つがいの繁殖が途絶えた．かつての繁殖地であった胎内市奥胎内，阿賀町上川，南魚沼市清水，柏崎市高柳，十日町市土倉・西田尻・千手長福寺・新保広大寺，上越市牧峠からは本種が姿を消した可能性が高いとされる[31]（図3）．

(4) 長野・新潟両県の調査結果から

過去と現在の分布を比較すると，かつては両県ともに全県にわたる広い地域で本種が確認されている．しかし，年々数を減らし，今では両県ともに北部と中南部のごく限られた地域でしか確認することができない．過去10～20年の間で分布と繁殖つがい数の変化を比較すると，長野県においては栄村でやや繁殖つがい数が減少したものの，毎年同じ地域で計15つがい前後の繁殖が続いている．一方，新潟県では，経年変化の把握はされていないが，1994年と2007年の結果を比較すると，繁殖つがい数の変化は長野と同様に

少ないものの，3地域から5つがいの繁殖が途絶え，それらと入れ替わる形で新たに4地域において4つがいの繁殖が確認された．繁殖は計6つがいである．14年前と同様に繁殖が確認されたのは，十日町市松代と松之山の2か所のみである．

　新潟に比べ，長野は繁殖つがい数が比較的多い．これは，新潟との比較だけに限らず，近畿より東の地方において，確認されている繁殖つがい数が軒並み1桁，あるいは繁殖が途絶えた都府県が多いなかでは抜きんでた数である．また，新潟県同様に，繁殖が途絶える地域が増加する都府県が多いなか，長野では10年，あるいは20年以上複数のつがいによる繁殖が続いていることも稀な例である．

　なぜ，繁殖つがい数や分布地域の移り変わりにこのような違いが見られるのだろうか．両県において，10年前と同様に繁殖が続いている場所は，栄村と十日町市松代のブナの樹洞に営巣する2か所を除くと，いずれも巣箱または橋の梁，ビルの排気口という人工物である．ブナや社寺林など，樹洞での自然営巣は両県ともにほとんどが途絶えてしまった．

　後に詳しく記すが，長野では北端の栄村で20年前より5地域にある七つのブナ林へ10～20個の巣箱が設置されている．南端の天龍村では，10年前より天竜川とその支流にかかる8本の橋，およびその周辺の林へ18～25個の巣箱設置が続けられている（口絵10，図4）．しかし，新潟県では，十日町市松之山で10年前より数個の巣箱設置が行われているのみである．この巣箱設置の違いが，現在の繁殖つがい数と分布地域の移り変わりに影響していると思われる．巣箱設置は，本種に安定した営巣環境を供給し，継続的な繁殖に大きく役立つと考えられる．

　しかし，なぜ樹洞での繁殖は途絶えてしまうのか．自然営巣で最大9つがいの繁殖が確認された栄村では，営巣樹が朽ち枯れて倒れてしまった場所が2か所，樹洞に水が溜まって繁殖に適さなくなってしまった場所が2か所，さらに，本種の営巣を知らずに伐採されてしまった場所が1か所と，半数以上の営巣樹において，繁殖が確認されたのち1～5年以内に営巣環境の突然の変化によって繁殖が途絶えてしまった．営巣樹の伐採例は，古くは木曽，6年前には津南町でも確認されている．このように樹洞での自然営巣は，自

第Ⅰ部　わが国の希少鳥類をどう保全するか

図4　高い橋梁の上に登って巣箱を設置する（上），設置された巣箱．

然の現象または人的行為によって途絶えてしまうのである．

自ら巣穴を掘ることができない本種は，自然にできた樹洞やキツツキ類やムササビなどの古巣，人が設置した巣箱などに営巣環境を依存する他ない．今，繁殖が見られる場所へ巣箱を設置し，営巣環境を整え保っていくことがブッポウソウを保護するうえでは必要不可欠な対策であり，急務であるといえよう．

4 巣箱を使った保護活動

(1) 長野県におけるとりくみ

1985年に9つがいの繁殖が見つかった県最北端に位置する栄村では，翌年より枯れ朽ちた営巣樹が雪の重さに耐えられずに倒れたり，巣穴に水が溜まって繁殖に失敗するつがいが見られたりするようになった．そこで，1988年より地元栄村立栄中学校科学部員らによる巣箱設置が行われるようになった．巣箱は，毎年5月の連休を利用して，本種の繁殖が確認された村内5地域にある七つのブナ林内へ計10～20個が設置されている．

巣箱かけを行った初年度は，繁殖した8つがいのうち1つがいのみの利用であったが，徐々に巣箱での繁殖数が増え，4年目には10つがい中7つがいが巣箱で繁殖するようになった．しかしその後，栄村では年を追うごとに繁殖つがい数が減少し，2007年は6つがいの繁殖（うち1つがいのみ樹洞営巣）にとどまっている．

一方，県最南端にある天龍村では，1997年4月，天龍村立平岡小学校（現天龍小学校）の4年生が，村内に環境の異なる五つの調査コースを設け野鳥観察を始めた．1年間に220回のセンサス調査を行った結果，30科65種の野鳥を確認した．観察を続けるなかで，子どもたちは役場庁舎の排気口で繁殖する本種をみつけ，その後，定期的に観察を続けた．

本種の観察から巣箱設置による保護活動へ至った経緯を「天龍小学校開校10周年記念誌」より抜粋して以下に記す[32]．

子どもたちと地域の方々に支えられ確かに守られてきたブッポウソウ

　平成9年7月15日午前4時，4年生の子どもたち全員が天龍村役場の駐車場に集まった．ブッポウソウの雛の誕生を確かめるためである．階下の駐車場でじっと耳を澄ますこと30分．屋上にある排気口から「キチキチ・・・」と，二羽の雛の声．雛の誕生を喜び合い，無事に巣立つ日を願った．

　その矢先の出来事だった．「先生，大変だ．役場に足場がかかった」「ブッポウソウ，大丈夫？」「このまま足場が組まれたら，ブッポウソウがだめになる」「どうしよう．校長先生にお願いするか」と，子どもたち．

　汚れが目立つようになった役場庁舎の壁面塗装工事のため，ブッポウソウが繁殖する排気口のすぐ下まで鉄製パイプの足場が組まれ始めたのだ．

　しかし，たった一番の鳥のために，村の大事な工事を中断できるのか．夕刻も迫る．子どもたちを帰宅させた後，夜まで迷った．無理をお願いしては，校長先生にも迷惑がかかる．しかし，ブッポウソウは県の天然記念物．子どもたちの願いでもある．これ以上工事が進んだら，ブッポウソウは巣を放棄するだろう．猶予はない．深夜，出張から戻られた山口趙校長に工事の中断を申し出た．

　翌日，秦正村長より工事中断の知らせが届く．子どもたちと共に，ブッポウソウの無事を喜んだ．その後，役場からは連日のように電話が．「まだ雛は巣立ちませんか．いつ頃巣立ちますか」「お盆明けには工事を済ませたい．契約した会社も予定が組めない．足場の費用も安くはない」．担当された役場職員の方々も，心穏やかではなかったことだろう．私たちも，朝に夕に，観察に都合の良い天龍中学校のプール横から役場の排気口を覗く日々が続いた．

　夏休みに入って4日目の7月29日，ようやく最後の雛の巣立ちを確認．一緒に雛の巣立ちを見守ってきてくれた子どもたちもほっとした様子であった．無理もない．連日，早朝から炎天下での観察であったのだから．

　この出来事をきっかけに，子どもたちのブッポウソウ保護への気運はいっきに高まった．「巣箱を作ってかけよう」「林もいいけど，橋にもかけたら．だって，役場の排気口で繁殖するのだもの」．こうして「めざそう！ブッポ

第 10 章　巣箱を使った保護活動：ブッポウソウ

ウソウのすむ村『天龍村』!!」の活動が始まった.

　実際に巣箱を作り始めたのは翌年 4 月.「なつみさんたち (向方小, 福島小の子どもたち) が来たら, 一緒に作ろう」との, 子どもたちの心遣いからである. 子どもたちが 5 年生を迎える平成 10 年は, 天龍小学校開校の年でもあった (この年, 村内 3 小学校 1 分校が統合した).

　巣箱の材料は, 大工をされている歩美さんのお父さんが, 丁寧に製材して届けてくださった. 巣箱かけを支えてくださったのは, 保護者の方々と, 林業に携わる天龍緑の少年団指導員の方々. 高い木の上の作業も慣れたものだった. 天竜川にかかる橋に巣箱をかけるための高所作業車も, 村にある板倉電設の社長さんのご厚意でお借りすることができた. こうして 4 月 29 日, 無事巣箱設置完了.

　しかし, 一抹の不安もあった. 4 月に開かれた, 村の「緑の少年団」打合せの会で,「橋に巣箱をかけてもいいが, 本当にブッポウソウが入るのかな」と秦村長. 子どもたちの願いではあるとはいえ, 事を起こすことの重大さを感じた.「栄村 (以前より調査している地域) のブナ林とは条件が違う. もしブッポウソウが巣箱に入らなかったらどうしよう」. 不安な日々が続いた.

　5 月 19 日朝, 郵便局職員の宮澤俊教さんから吉報が届く.「清水口の橋の巣箱にブッポウソウが入ったに」. 教室で, 子どもたちと飛び上がって喜んだ. 4 日後の 23 日には, 子どもたちが水神橋の巣箱でも利用を確認. こうしてこの年, 役場庁舎排気口を含む 3 ヶ所でブッポウソウの繁殖を確認することができたのである.

　巣箱かけによるブッポウソウの保護活動が始まって 10 年目の今年, 長野県内で確認された繁殖番数は 16. そのうち 9 つがいが天龍村での繁殖になる. 環境省, 県指定の絶滅危惧種. 県の天然記念物. 今年からは, イヌワシと並ぶ県の特別指定稀少野生動物.

　稀少種ブッポウソウは, この天龍村で, 多くの方々の理解と協力と熱意によって, 確かにその命を繋いでいる.

　平成 10 年から始まったこの活動は, 天龍村, 天龍村教育委員会, 天龍村緑の少年団, 下伊那森林組合の協力を得るまでに至り, 学校行事として位置

づけられ，毎年4月下旬に行われている．天龍村村議会は，平成11年に本種を「村鳥」に指定し，村ぐるみでこの鳥を大切にしてきている．天龍小学校の児童を中心に，地域住民が一体となってこの稀少種を保護する取り組みは，「第33回（平成10年）全国野生生物保護実績発表大会（環境庁・日本鳥類保護連盟主催，文部省・林野庁後援）」において環境庁長官賞を，「第58回（平成16年）愛鳥週間全国野鳥保護のつどい」において日本鳥類保護連盟会長賞を受賞するという栄誉にも恵まれた[33]．

　初年度は18個設置した巣箱のうち2か所のみでの繁殖であった．その後，年々繁殖つがい数は増え，2007年には25個設置した巣箱のうち8個の巣箱で本種の繁殖が確認された．同村における今年の繁殖つがい数は，20年前から繁殖が続く役場庁舎排気口の1つがいとあわせて9つがいである．巣箱は，村の中央を南北に流れる天竜川とその支流の遠山川にかかる計8本の橋のほか，周辺の林内にも設置されている．しかし，本種が繁殖に利用するのはすべて橋に設置した巣箱である（図5）．

(2) 日本野鳥の会岡山県支部・鳥取県支部によるとりくみ

　小林佳助[34]は，「局地的な鳥であるが，中国山脈の標高400〜600mの地では稀ではない」と記している[34]．日本野鳥の会による「鳥類繁殖地図調査1978」でも，兵庫，岡山，鳥取，広島の中国山地に分布の集中が見られる[35]．また，清棲[36]には，「鳥取県では電柱にあるキツツキの古巣穴を利用して…」という記述もみられる[36]．このように，中国地方では比較的数が多く，木製電柱にアオゲラがあけた穴を利用して繁殖が続いてきた[20]．木製電柱にあけられた穴の利用は中国地方に限らず，滋賀県など近畿地方でも確認されている[19]．しかし，1980年代の初めに，急速に木製電柱からコンクリート製や鉄製電柱への架け替えが進み，これに伴って本種の数が激減したと言われている[18], [20], [23]．

　岡山県では，日本野鳥の会岡山県支部の丸山を中心に，1988年から1991年までの4年間にわたり全県的な分布調査が行われている．『岡山県におけるブッポウソウの生息状況調査報告書』[23]によると，岡山県下の46か所で計87個体を確認し，繁殖は天然木と鉄塔の2例を除く64つがい（94%）が木製

図5　設置した巣箱で繁殖するブッポウソウ.

電柱にできた穴であったとされる．木製電柱がコンクリート製や鉄製電柱へ架け替えられることによって，本種の繁殖数に影響があることが確認されたため，1990年には上記の調査で生息密度の高かった加茂川町（現吉備中央町）で，電柱に9個の巣箱が設置された．翌1991年には1個が増設され，このうちの1個の巣箱で繁殖が確認された[23]．その後，年々巣箱の増設が行われ，1997年にはその数が130個にのぼる．巣箱の増設に伴い，本種による利用も増えた．2002年には100つがいを超え，2007年の調査では115つがいを数えた[25]．

岡山において，これほどまでに繁殖つがい数が増加した理由として，次の3点をあげる．

  ⅰ）もともと木製電柱での繁殖つがい数が64つがいと多かった．
  ⅱ）林縁に河川や水田が続くという，餌が豊富な里山環境が広く残っていた．
  ⅲ）そうした場所へ100を超える巣箱を設置し，営巣環境を整えた．

峯は，林内や林縁から5m以内に設置された巣箱，隣接する巣箱間の距離が400m以下の巣箱で利用率が極めて低いこと，近くに河川や湖沼のある巣箱の利用率が高いことなどを明らかにしている[25]．林内や林縁から5m以内の巣箱の利用率が極端に低い点は，日本海側多雪地のブナ林内で繁殖してきた本種と大きく異なる．分布を隔てた時間の経過とともに，それぞれの地に適した生き方を選択し，獲得してきた証であろう．本州の太平洋側から四国，九州にかけての地域では，橋の梁の穴やダムのコンクリート壁面の穴，また，中国地方では電柱に設置された巣箱での繁殖が一般的であるように，本種は本来餌の得やすい開けた場所を好む種なのかもしれない．

鳥取県では，日本野鳥の会鳥取県支部により，2000年から日南町で36個の巣箱設置が行われている．また，隣接する南部町でも，2005年から12個が設置されるようになった．両町ともに年々巣箱での繁殖数が増加し，2007年には日南町で18つがい，南部町では9つがいが繁殖している[24], [37]．

岡山県や鳥取県と同様に，広島県においても巣箱設置による効果は大きく，

現在270つがい以上の繁殖が確認されている[22),38),39)]．なお，こうした活動は，東京都や九州の熊本，宮崎，大分の各県へも広がってきている[40)]．

5 今後の課題

(1) 守るべき環境

　前述のとおり，本種が営巣する場所は，日本海側の多雪地に見られるブナ林や，中国地方に見られる電柱，中部以南の太平洋側の地方に見られる河川に架かる橋やダムのコンクリート壁面の穴など，地域ごとに違いがある．これは，ブッポウソウが自ら繁殖に必要な巣穴を掘れないということが根本的な要因である．巣穴を掘れないがゆえに，自然にできた樹洞やキツツキ類やムササビの古巣を，さらには橋梁や建造物，電柱の穴といった様々な場所を利用して繁殖を続けてきた．

　しかし，本来は日本海側多雪地のブナ林で見られるように，開けた環境に接した森に住み，自然にできた樹洞やキツツキやムササビの古巣で繁殖してきたのだ．その後，森が切り開かれ，営巣に適した樹洞が得にくくなった地域では，餌となる飛翔生昆虫と繁殖に必要となる樹洞とが残る神社仏閣の社寺林に住む場所を求めていったのであろう．近年，そうした場所でも開発が進み，徐々に住みにくい場所へと変わってきてしまった．そのような状況のなか，近畿から中国地方では木製電柱で，また，本州中部の太平洋側から四国，九州地方では橋梁や人工構造物の穴で，かろうじてわずかな個体が命をつないできたのである．

　だが，そうした場所でさえ安住の地とは言えない．木製電柱はコンクリート製や鉄製に架け替えられてしまった．長野県の中川村にあるダムの橋で繁殖を続けてきたつがいは，近年同じ橋で繁殖を始めたチョウゲンボウに雛が襲われるようになった．巣箱でさえ同様である．長野県天龍村や岡山県吉備中央町では，カラスに雛が襲われる巣箱も少なくない．開けた場所に求めた営巣環境は，餌が得やすい反面，天敵に見つかりやすいというリスクも背負っている．また，長野県栄村や天龍村では，本種と同様に樹洞で繁殖してきた

ムササビやアオバズク，オシドリやオオコノハズクがブッポウソウのためにかけた巣箱で繁殖する．樹洞にたよって生きてきた者たちが，繁殖に適した巣箱を得るために競合しているのだ．

　巣箱設置は本種の保護に有効である．そして，ここまで数を減らしてしまった本種にとって，巣箱設置が急務である．しかし，所詮は人工物．応急的な対策でしかない．本当に必要なのは，樹洞に依存して生きる様々な生き物たちが安心して暮らすことのできる豊かな森林環境なのだ．

　さらに，本種の保護に必要となる，守っていかなければならない環境とはどのような場所なのか詳しくみてみよう．

　先に本種の餌内容について記した．これら餌となる昆虫の生息環境についてみると，全体の約半数を占めるコウチュウ目は，コガネムシやクワガタムシ，カミキリムシなどいずれも森林環境に生息する種である．また，コウチュウ目に次いで全体の3割を占めるカメムシ目のほとんどは，ヒグラシやアブラゼミなどのセミ類であり，これらも森林環境に生息する種である．全体の15.6％を占めるトンボ目のオニヤンマと，3.1％を占めるバッタ目のキリギリスやバッタ，2.1％のハエ目のアブ科は林縁に広がる草地や水田，湖沼などに生息する種である．このことから，本種は森林環境に生息する昆虫を主な餌として捕らえる一方，林縁部の開けた場所に生息する昆虫をも捕らえていることが分かる．

　雛から採取した餌が，成鳥や巣立ち後の若鳥の食性を反映しているとは限らない．山階芳麿は，消化器官の内容物の分析から，育雛期以外の本種の主食はトビケラ，ガガンボ，トンボなどとしている[41]．雛には与えないが，渡来当初や雛の巣立ち後の早朝や夕暮れ時に，河川や農耕地，集落の上空を複数で飛び回る様子が観察されることから，このときに小型の飛翔性昆虫を捕らえていると考えられる．特に大型昆虫の少ない渡来当初は，水生昆虫の成虫への依存度が高いと考えられる．

　以上，餌内容の分析から本種の生息に適する環境を推定した．営巣環境となる樹洞を持つ豊かな森林環境はもちろん，その周辺に広がる林縁部や飛翔性の水生昆虫が豊富に発生する水辺環境までもが本種の生息には必要な環境であると言えよう．

(2) 越冬地の環境

　長野県の栄村では，この20年間巣箱設置を続けてきている．しかし，生息数が増えてはいない．むしろ，減少傾向さえ見られる．巣箱の設置数が少ないこと，中国地方のような開けた場所への設置ではなく，限られたブナ林内へのみ設置してきたことに問題があったのかもしれない．このことに関しては，2008年に巣箱を増設し，経過を見ることにしている．問題は，巣箱の設置方法だけにあるのか．気になるのは越冬地の環境の変化である．

　本種の越冬地は，スマトラ，ボルネオといった東南アジアの島々とされる．それらの地域では，森林開発が膨大な面積で急速に進んでいるという．伐採された木材の主な輸出先は日本だというが，この影響はどうなのだろう．

　樋口・中村他によって，人工衛星で発信機の発する電波を追跡する「アルゴシステム」を用いて，ハチクマの渡りのルートが明らかにされている[42]．今後，発信機の小型化が進めば，本種の渡りについても明らかになり，この問題も解明されていくことであろう．ただし，ブッポウソウの日本への渡来が続くうちにこの課題が解決されることを強く望む．

(3) 遺伝子解析の結果から

　野生動物の生息地の減少や分断化，個体数の減少は，個体の移動分散を妨げ，近親交配の頻度を高める．両親が血縁関係にあるならば，まれな劣性遺伝子が発生しやすくなり，また，遺伝的変異が失われることがある．このような過程によって，個体の生存率と繁殖成功率とが低下し，個体群全体としてもこれらの率の平均値が低下する可能性がある．また，変異の喪失により，その個体群が新たな環境条件や端的な環境条件に適応する能力が低下する可能性もある[43]．遺伝的変異を保つためには，個体群の個体数が500個体以上必要であるとされる．しかし，国内における本種の個体数は，最小存続個体数ぎりぎりである．しかも，いくつかの地域に分かれて生息しており，その地域ごとの生息数を見ると500個体には到底及ばない[18]．ここまで数を減らし，生息地の分断化が進む本種においては，巣箱かけによる保護策を講ずるとともに，本種の遺伝的多様性を明らかにすることが，今後この鳥の保護を考えるうえで重要である．

本種の集団ごとの遺伝的多様性，集団全体，集団内での遺伝子の多様度，遺伝子分化の度合い，および集団間での遺伝的距離について，葦原[43]と熊野[44]により明らかにされた．これによると，ミトコンドリアDNAコントロール領域1133塩基対において，計84試料から21のハプロタイプが検出された．このうち，最も多くみられたハプロタイプはEu4である（表2）．ハプロタイプの多様度は，新潟0.80，栄村0.85，天龍村0.83，鳥取0.91，岡山0.85，広島0.91と全地域で0.8以上に達した[44]．この値はマナヅルやナベヅルと同様で[43]非常に高い遺伝的多様性を示した．遺伝子の分化は中程度であった．また，各地域由来の系統は検出されず，地域間の遺伝的距離（Fst）では，すべての地域間において有意差はみられなかった[44]．

　これら結果は，本種が長期にわたり安定的に異なる地域間で遺伝的な交流を重ねてきたことを示す．しかし，個体数を減らすばかりか生息地の分断が進む本種の現状と矛盾する．これは，もともと個体数の大きい集団が急速に減少しているために，個体群内で遺伝的な多様性が現在も残されていることを示唆している．つまり，本種の生息個体数の減少および生息地の分断は，本種が命をつないできた長い歴史のなかではごく最近の極めて短い時間に急激に起こっていることを示しているのだ．この問題をさらに詳しく明らかにするには，本種の繁殖地への帰還率を明らかにする必要がある．帰還率が高ければ地域間の交流は少なく，絶滅の危機がさらに急速に進んでいることが明らかになる．今後，生息個体数が安定した地域において，個体識別に基づいた調査を通して本種の帰還率を明らかにし，移動分散について検討していくことも，本種を保護していくうえでは重要な課題であると考える．

表2　各地域のハプロタイプ分布 (熊野 2008)

ハプロタイプ	新潟県	長野県 栄村	長野県 天龍村	鳥取県	岡山県	広島県	全体
Eu1	2	1	1	2	6		12
Eu2				1			1
Eu3					1	1	2
Eu4	1	3	3	2	9	2	20
Eu5			1			1	2
Eu6				1			1
Eu7						1	1
Eu8		3				2	5
Eu9			3		2	1	6
Eu10			1	1			2
Eu11						1	1
Eu12		2			2		4
Eu13						1	1
Eu14					3		3
Eu15				1			1
Eu16					2		2
Eu17						1	1
Eu18	2	3			1	5	11
Eu19				2	1		3
Eu20					1		1
Eu21				1		3	4
合計	5	12	9	11	28	19	84

参照文献

1) 環境省 (2006)「鳥類，爬虫類，両生類及びその他の無脊椎動物のレッドリストの見直しについて」『環境省自然環境局野生生物課報道発表資料』．
2) 小林清之助 (1971)『ブッポウソウのなぞ』小峰書店．
3) 笠井勇二 (2006)『仏法僧の不思議』幻冬舎ルネッサンス．
4) OSJ (ORNITHOLOGICAL SOCIETY OF JAPAN) (1974) Chech-list of Japanese Birds. 5th ed. Gakken Tokyo.
5) 中村登流・中村雅彦 (1995)『原色日本鳥類図鑑』保育社．
6) 清棲幸保 (1965)『日本鳥類大図鑑Ⅰ』講談社．
7) 牛山英彦 (1983)「長野県下におけるブッポウソウの分布と繁殖生態」『長野県下における特殊鳥類報告書』長野県 5：55-72．
8) 山岸哲 (1997)『鳥類生態学入門』築地書館．

9) 中村浩志・田畑孝宏 (1990)「ブッポウソウの雛の餌」『日本鳥学会誌』38 (3): 131-139.
10) 中村浩志・田畑孝宏 (1988)「なぜ，ブッポウソウは巣に奇妙な物を運ぶのか」『日本鳥学会誌』36 (4): 137-152.
11) JENKINSON, M. A. and R. M, MERGL (1970). Ingestion of stones by goatsuckers (Caprimulgidae). *Condor* 72: 236-237.
12) DEKHUYZEN-MAASLAND, J. M.・H, STEL. and B. J, HOOGERS. (1962) Waarnemingen over de Draaihals *Jynx torquilla* L. *Ardea* 50: 162-170.
13) KLAVER, A. (1964) Waarnemingen over de biologie van de Raaihals(*Jynx troquilla* L.). *Limosa* 37: 221-231.
14) DORNBUSCH, M. (1968) Zur Nestlingsnahrung des Wendehalses. *Falke* 15: 130-131.
15) HEUER, B & KRAGENOW, (1973) Fremdkorper im Nest des Wendehalses. *Falke* 20: 103.
16) TERHIVUO, J. (1977) Occurrence of strange objects in nests of the Wryneck *Jynx torquilla*. *Ornis Fennica* 54: 66-72.
17) TERHIVUO, J. (1983). Why does the Wryneck *Jynx torquilla* bring strange items to the nest? *Ornis Fennica* 60: 51-57.
18) 中村浩志 (2004)『甦れ，ブッポウソウ』山と渓谷社，東京.
19) 山岸哲監修 (2002)『近畿地区鳥類レッドデータブック』京都大学学術出版会.
20) 飯田知彦 (1992)「電柱を営巣場所にするブッポウソウの繁殖分布」*Strix* 11: 99-108.
21) 飯田知彦 (2001)「人工構造物への巣箱架設によるブッポウソウの保護増殖策」『日本鳥学会誌』50 (1): 43-45.
22) 飯田知彦 (2008)「広島県におけるブッポウソウの個体群保全の成功例」『日本生態学会全国大会 ESJ55 講演要旨』日本生態学会第 55 回大会一般講演 A2-10.
23) 日本野鳥の会岡山県支部 (1993)『岡山県におけるブッポウソウの生息状況』日本野鳥の会岡山県支部.
24) 日本野鳥の会鳥取県支部 (2007)「日南町におけるブッポウソウの繁殖状況等確認調査報告書」『平成 19 年度鳥取県保護管理計画活動報告書』日本野鳥の会鳥取県支部.
25) 峯光一 (2008)「岡山県吉備中央町におけるブッポウソウの営巣環境と環境収容力」信州大学大学院教育学研究科教科教育専攻理科教育専修生態研究室卒業論文.
26) 五味義尚 (1929)「木曽に於ける仏法僧に関する調査」『鳥彙報』1 巻 1 号.
27) 矢澤米三郎 (1929)『雷鳥』岩波書店.
28) 原一彦 (1996)「天竜川水系の鳥 ― ブッポウソウ第 2 報 ―」『上伊那教育会郷土館専門委員会紀要』18 (2): 1-10.
29) 田畑孝宏 (2000)「巣箱で繁殖したブッポウソウの生態」『信濃教育』1366: 18-25.
30) 渡辺央 (1998)「新潟県に於けるブッポウソウの生息状況」『鳥獣保護対策調査報告書』新潟県, 81-85.
31) 新潟県野鳥愛護会 (2008)「新潟県におけるブッポウソウの生息状況と保護対策」『野鳥新潟 143』新潟県野鳥愛護会.
32) 田畑孝宏 (2007)「子どもたちと地域の方々に支えられ確かに守られてきたブッポウソ

ウ」『天龍小学校開校 10 周年記念誌』天龍村立天龍小学校.
33) 田畑孝宏 (2000)「めざそう『ブッポウソウの棲む村　天龍村』― 野鳥観察とブッポウソウの保護活動を通して」『私たちの自然』日本鳥類保護連盟 456：18-21.
34) 小林桂助 (1957)『原色日本鳥類図鑑』, 保育社.
35) 日本野鳥の会 (1978)「鳥類繁殖地図調査 1978」, 日本野鳥の会.
36) 清棲幸保 (1969)『野鳥の辞典』, 東京堂.
37) 桐原真希 (2007)「南部町のいきものたち『ブッポウソウ』」『広報なんぶ』南部町 7：14.
38) 松田賢・植田秀明・上野吉雄 (2003)「温井ダム管理施設への巣箱架設によるブッポウソウ保護増殖の試み」『高原の自然史』8：23-47.
39) 松田賢・長谷川匡弘・上野吉雄 (2007)「ブッポウソウの給餌活動の日周変化と餌内容」『高原の自然史』12：57-73.
40) 馬場芳之 (2007)「九州におけるブッポウソウ巣箱設置の試み」『比較社会学』九州大学 13：57-62.
41) 山階芳麿 (1941)『日本の鳥類と其の生態 2』岩波書店.
42) 樋口広芳・中村浩志・植松晃岳・久野公啓・佐伯元子・堀田昌伸・時田賢一・守屋恵美子・森下英美子・田村正行 (2005)「ハチクマの渡り衛生追跡」『日本鳥学会誌』54：167-171.
43) 葦原沙都子 (2007)「日本に生息するブッポウソウの遺伝的多様性と集団間の遺伝的距離」信州大学大学院教育学研究科教科教育専攻理科教育専修生態研究室卒業論文.
44) 熊野彩 (2008)「ミトコンドリア DNA によるブッポウソウとライチョウの遺伝的多様性の比較」信州大学教育学部教科教育専攻理科教育専修生態研究室卒業論文.

column 10

増えた鳥の保護管理

● 髙木憲太郎

　ある程度個体数が多い鳥の場合，人間活動との間に軋轢が生まれてしまうことがある．環境省が取りまとめた平成17年度鳥獣関係統計の全国の有害鳥獣捕獲（駆除）数を見てみると，駆除された鳥は48種にものぼる．1970年代には絶滅が危惧されるほどに個体数が減少したカワウも，個体数の回復とともに人との軋轢が起きるようになった．この本で取り上げた希少鳥類も，将来，軋轢の問題に直面するかもしれない．こうした問題にはどのように対応したら良いのだろうか．カラス類とカワウの事例を紹介しよう．
　カラス類による被害は，農業被害と都市部での被害がある．農林水産省がまとめた農作物被害統計データによると，平成18年度の鳥による被害のうち，約半数がカラス類によるものとされ，果樹と野菜の被害が多い．また，都市部でもカラス類によるゴミの散らかしの被害の他，件数は少なくても深刻な問題として繁殖期の人への威嚇や襲撃の問題が起きている．
　カワウは，20世紀前半は北海道を除く全国に分布し，少なくない個体数が生息していたが，1970年代には推定3000羽にまで個体数が減少した[1]．原因は定かではないが，残留性有機汚染物質の影響が大きかったのではないかと思われる（コラム1参照）．しかし，1980年代に入ると急速に個体数が回復し，分布も全国に広がった．それに伴って，内水面漁業協同組合などから，被害の声があがるようになった．漁業被害の他にも，カワウの集団ねぐらや

コロニーとなった場所では，糞による光合成の阻害や巣材のための枝葉の折り採りによって樹木の枯死が起き，森林が文化財に指定されている場所や，公園などで問題となっている．

これらの被害に対する保護管理の方策として，特定鳥獣保護管理計画制度では，被害防除対策と個体数管理，生息環境管理の三つの柱が立てられている[4]．

カラス類の被害防除対策の例としては，農地での案山子や目玉模様の風船，防鳥テープなどの使用があげられる．これらは設置直後の効果はあるものの，危険が無いと分かると慣れてしまい，効果が無くなってしまう．この他，播種の深度を深くしたり，忌避剤を使用するという方法もあるが[2]，完全に被害を防げるものではない．ゴミの散らかしの被害の場合は，ごみ袋を柵やネットで覆って，物理的にカラスがゴミに近づけなくする方法が最も効果的である[3]．ただ，ネットの場合は重りをつけてカラスが網をめくれないようにする必要があるし，当然，柵や網の外にゴミが捨てられたのでは，意味が無い．

小学校にカラスが巣を作ってしまい子どもたちを襲う場合などでは，巣を撤去する必要が出てくる．しかし，すべての巣でそうした対策が必要かというと，そうではない．カラスが人を襲うのは多くは繁殖期で，特にヒナが巣立った直後のことが多い．被害が発生する期間が限られていることを考えれば，カラスの巣がある場所を避けて通ったり，そこを通るときだけ傘をさすという方法でも被害を避けることができる[3]．

カワウの漁業被害については，被害が起きている河川などを人間が見回り，追い払う方法が効果的である[4]．しかし，毎日河川全域を見回るのは難しいので，守らなければいけない時期と場所をしぼり，案山子を組み合わせるなどして見回りの回数を減らす工夫が必要である．さらに，案山子の服装を釣り人やハンターの格好に似せたり，設置場所や服装を変えたりすることで，カワウの慣れを防ぎ効果を長くすることができるし，作業のために人が入ることが追い払いにもつながる．

計画的な個体数管理ではないが，平成17年度鳥獣関係統計によると全国で約30万羽のカラス類が駆除されている．カラスの駆除の方法には，銃器以外に捕獲小屋によるものがあり，北海道の池田町で年間3000羽[5]，東京都

で年間1万羽の捕獲が行われている．しかし，すぐに個体数が減り，被害が無くなるというわけではない．捕獲小屋で捕まるのは，ほとんどが若鳥であり[6]，死亡率の高い若鳥を多く駆除していることが，捕獲数の割に個体数が減らない理由の一つではないだろうか．この他周辺からの流入や繁殖率の増加などが影響していると考えられる．また，カワウについても，滋賀県で平成16年度から3年間，毎年銃器によって1万羽以上のカワウが駆除されたが，個体数は減少しなかった．しかし，駆除が行われることによって，鳥の警戒心が高まり，見回りや案山子などの効果が高まるのであれば，個体数は減らなくても駆除は被害の軽減につながる．直接的な駆除でなくても，ハシブトガラスでは，行動圏内のごみ集積所が減ると，巣立ちヒナ数が減るという傾向がみられている[6]．このことは，防除により食物を食わさないようにする対策が，個体数を減らす可能性があることを示唆している．

　カワウの場合は，豊かで複雑な河川環境を復元することが，根本的な解決につながるのではないか．カワウがいなくならなくても，魚がたくさん釣れる河川が戻ってくれば，おそらく被害はなくなる．こうした生息環境管理はすぐにできることではないが，竹の束や石などを水中に沈めて魚の隠れ場所を作るという対策がとられている．樹木の枯死の問題については，ロープを樹冠に張ったり，見回りなどによってねぐら入りする範囲を制限したり，追い出す方法がある．しかし，追い出すことは，近隣にカワウを分散させることになり，被害を拡大させる危険がある．

　カラスとカワウの対策については，ここに紹介したように色々な方法があるが，どれも決して完璧な方法ではない．鳥との共存のためには，最終的には人間がどう譲歩できるかということが重要になってくる．肝心なことは，すべて守ろうとするのではなく，鳥の生態を理解し，被害がいつ，どこで，どのようにして起きているのかを把握して，守るべき範囲や期間をしぼることだ．そうすれば，いくつかの方法を組み合わせて守る術も見えてくる．また，被害はなくならなくても，被害者に鳥たちの存在をある程度許容してもらえるようになれば，そこがゴールではないだろうか．関係者が時間をかけて議論し，折り合いのつく場所を見出していくことが必要なのである．

　そうしたことができる場として，カワウの場合はカワウ保護管理広域協議

会というものがあり，国や都道府県の鳥獣担当，水産担当，河川管理担当の他，内水面漁業協同組合や自然保護団体によって構成されている．カワウはねぐらから40km近くまで採食に行くことがあり[7]，季節的な移動を考慮すると都道府県界を越えて移動している．そのため範囲も，関東カワウ広域協議会が関東1都6県に福島と山梨，静岡の富士川以東，中部近畿カワウ広域協議会が新潟と山梨，静岡の富士川以東を除く中部地方と近畿地方に徳島を加えた15府県となっている．これまでに，ねぐらやコロニーのカワウの個体数が調査されており，関東では4月に一斉追い払いが行われている他，情報交換が行われている．隣県の駆除やねぐらの追い出しなどの状況が分かれば，時期などを合わせてより効果的な対策を取ることも可能になる．カワウでの広域連携の取り組みが，行動圏の広い鳥類の今後の保護管理の試金石になるのではないだろうか．

参照文献

1) 福田道雄・成末雅恵・加藤七枝（2002）「日本におけるカワウの生息状況の変遷」『日鳥学誌』51：4-11.
2) 吉田保志子（2006）「カラスの生態と被害対策について」『農業技術』61：445-449.
3) 環境省自然環境局（2001）『自治体担当者のためのカラス対策マニュアル』．
4) 日本野鳥の会（2004）『特定鳥獣保護管理計画技術マニュアル（カワウ編）』．
5) 玉田克巳・深松登（2004）「捕獲小屋で捕獲されたハシボソガラスとハシブトガラスの捕獲数と齢構成の季節変化」『日本鳥学会誌』40：79-82.
6) 松原始（2003）「ゴミステーションへのネットかけがハシブトガラスの行動圏および繁殖成功に与える影響」Strix 21：207-213.
7) Grémillet, D., Wilson, R. P., Storch, S. and Gary, Y. (1999) Three-dimensional space utiilization by a marine predator. Mar. Ecol. Prog. Ser. 183: 263-273.

第11章

百瀬邦和
Momose Kunikazu

給餌活動による過密化を克服する
―― タンチョウ ――

1 保護活動による個体数回復の歴史

　我が国では絶滅寸前とされていたタンチョウが再発見され，現在1200羽を越えるまでに個体数が回復してきた歴史については，すでに多くの機会に記述されている[1],[2]ので，ここでは概況をおさらいすることに留めておく．

(1) 初期の保護活動

　現在タンチョウは国の特別天然記念物（種指定）および国内希少野生動植物種に指定されているが，行政による保護活動は1889（明治22）年の北海道庁による丹頂猟獲禁止令にはじまる．その後，狩猟法公布により捕獲禁止(1895)，「釧路丹頂鶴繁殖地」として天然記念物(1935)，「釧路のタンチョウ及びその繁殖地」として特別天然記念物(1952)，「特別天然記念物『タンチョウ』地域を定めず（主な生息地北海道）」と名称および指定地域の変更(1967)，特殊鳥類(1972)，国内希少野生動植物種(1992)などの法律によって種および生息地が保護されてきた．しかし，行政による初期の保護政策は事実上法律の整備による狩猟の禁止などがその中心で，現場における積極的な活動ではなかった．

一方，地元での保護活動は1935年の釧路丹頂鶴保護会の結成以降数々の実際的な取り組みがなされてきた．1936年には給餌活動を開始，愛護思想の普及のための標語を募集しポスターを作成するなど，地元の市町村，警察署，国鉄などを巻き込んだ運動が行われた．これらの活動は生息地への立ち入り制限や禁猟の徹底などタンチョウそのものの安全の確保，卵やヒナを守るためのキツネ・イタチ等の駆除の実施，保護意識を普及させるための座談会開催やポスター・パンフレットの作成，予想されていた冬期の餌不足に対しての給餌の試みなどが中心だった．給餌に関しては，「最も効果あり是非必要と痛感され乍らも冬期に於ける餓死防止のための人工給餌は不可能であり，唯々夏季の間にこれらの餌を増殖して置いて自然に食せしめるより外に方法はなかった」として，ドジョウの放流，ソバやドングリの散布，セリの移植などを行ったり，主な飛来箇所にトウキビ・ソバ等を刈り残して給餌畑とするものであった．また，ハクチョウ他の「雑鳥」との競合によってヒナを含む餓死がおきているとの認識から，ハンターによる「雑鳥」の駆除が実施されるなど，手探りでの活動が進められた[2),3)]．しかし，当時はまだタンチョウが給餌された餌を積極的に利用するという状況にはなく，さらに戦争による空白期間もあってその成果が目に見えるものにはなっていなかった．

(2) 給餌活動の成功と個体数の回復

　1952年は北海道のタンチョウにとって転機の年とされている．井上元則はこの年の様子を次のように書いている．「昭和二十七年二月釧路地方一帯は猛吹雪におそわれ幾日も続いたが，その雪のなかで餌を探しているタンチョウの群れを発見，阿寒町の人たちがトウモロコシを与えたところ腹のすいた群れがこれをついばみ，その後も同じ場所で供餌について食うことを覚えた」[4)]．その頃には収穫期の畑にタンチョウが飛来してソバ，トウモロコシを食べており，一部では人の撒いたトウモロコシをタンチョウが食べる例も出始めていた．タンチョウにとってはこうした流れの延長であったと思われるが，意図した「給餌」をタンチョウが継続的に利用するのが確認されるようになったという意味で新しい展開であり，今日まで50年以上にわたって続けられている給餌活動の始まりでもあった．

第 11 章　給餌活動による過密化を克服する：タンチョウ

　北海道のタンチョウは道内で短い移動を行うものの，一般的には留鳥と言って良い．かつては多くの個体が本州に渡って越冬していたと考えられるが，現在はほぼすべての個体が北海道東部地域で繁殖，越冬している．冬の給餌活動の普及は，タンチョウが水辺の凍結と積雪によって餌場環境を極端に狭められることによる越冬期の餌不足から解放されることになり，個体数の回復に大きく貢献した．現在は環境省と北海道が主導した給餌場で，11 月から 3 月まで，主に飼料用トウモロコシが給餌されている．
　給餌の「成功」から 2 シーズン前の 1949 年 11 月に，釧路丹頂鶴保護会が生息数一斉調査を初めて実施して 17 羽を確認．その後地元小・中学校の児童生徒が参加した飛来状況調査（一斉調査）が，1952 年以降毎年 12 月に行われている．この調査は独立した個体群の生息数を長期間にわたって継続的に記録した，日本ではほとんど唯一の例といって良いであろう．
　個体数の調査が給餌の成功と時期を同じくしたこともあり，一斉調査はタンチョウが毎年増加を続けるのを確認する作業となった．10 年も経ない 1958 年には 100 羽を超え，15 年後の 1967 年には 200 羽を超える数を数えている．この頃の増加には，単純に個体数の増加のみならず，それまで給餌場に現れなかった個体が新たに加わった部分も含まれるものと予想されるので，実際の個体数増加は数えられた数字よりも多少緩やかなものだったと思われる．この飛来状況調査は次第に規模が拡大し，参加した小・中学校数は 1952 年の 30 校から 1976 年には 70 校にまで広がった．一方，調査日が 12 月初旬であるため，本格的な冬を前にしてまだ湿原内に残っている個体が把握できていないのではないかという懸念があり，またハクチョウなどとの見誤り等も発生するなど科学的調査としての限界が指摘された．そこで，1973 年 1 月 24 日に給餌場およびねぐら周辺を対象に，タンチョウ給餌人および監視人を中心としたグループによるカウント調査が初められ現在も継続している[2]．この調査では 12 月の一斉調査をいくぶん超える個体数が記録されるようになったが，調査時間を限定した 1 日のみの調査であるため，天候等の影響による調査精度の変動に対応できず，野生個体数の実態を十分捉えられないという問題が残っている．そこで，1985 年 2 月から専修大学北海道短期大学の正富宏之を中心としたグループが独自の冬期センサスを開始し，

注：1983年までは北海道、1984年以降は、総数・幼鳥数・繁殖つがい数ともにタンチョウ保護調査連合（現タンチョウ保護研究グループ）の記録による

図1　北海道タンチョウ個体群の総数と繁殖つがい数

より精度の高い個体数の把握に努めている[5]．その結果，2005年2月の調査で1000羽を超す数が確認され，2008年2月現在1248羽となった[6]（図1）．

2　現在の生息状況

(1) 繁殖地と営巣場所

　タンチョウは基本的にアシの繁茂した湿原に営巣するため，営巣の確認に限っても作業は容易ではない．さらに現在分布が北海道東部に集中しているとはいえ，十勝平野南西部から根室半島先端までの東西190km，野付半島付近までの南北130kmという広い範囲を地上から短期間に調査するのは現実的ではない．そこで，空からの調査が威力を発揮することになる．航空機を使った繁殖期の調査は1970年に釧路教育局がヘリコプターによって初めて

行い，続く 1972 年以降はヘリコプターまたは軽飛行機による調査が断続的に行われたが，タンチョウの全生息域を包括した調査にはなっていなかった．1983 年に 3 日間延べ 9 時間 20 分の軽飛行機による調査と，一部の地上調査を含めて繁殖域全域の調査が初めて実現し，67 の繁殖つがいが数えられた[7]．その後は短い中断あるいは調査精度の不十分な年はあるものの，同一繁殖期に 1～3 回の航空機による調査が行われ，分布全域の繁殖つがい（抱卵中とヒナ連れのつがい）数が毎年調べられている．その結果については，調査のタイミングや天候，さらに飛行調査の回数が一定ではないなど，年ごとの調査精度にばらつきがあるため結果の解釈には注意を要するが，繁殖つがい数は現在も継続して増加傾向にあり，2007 年現在では 354 つがいに達した[8]．

(2) 分布の広がり

繁殖つがいが増加するにつれてその分布も拡大している．オホーツク海に面した網走地方では 1999 年以降毎年 1 または 2 つがいが繁殖するようになった他，道北のサロベツ原野でも 2004 年から 1 つがいが繁殖を始めた[9]．また，以前から繁殖のみられている地域においても，地域内での繁殖域の拡大が続いている．たとえば十勝川流域では，1982 年に河口部の湿原で 1 つがいのみ繁殖していたが，1994 年には 32km 上流まで繁殖域が広がり，2003 年には支流を 49km 地点まで遡り，その後も拡大が続いている[10),11),12)]．また，北海道個体群の繁殖分布の最南端は，長年，十勝地方の大樹町にある当縁川河口湿原であったが，2006 年に約 13km 南西の紋別川流域，2007 年にはさらに先の豊似川での繁殖が確認された[8]．

最も多くのタンチョウが繁殖している釧路湿原地域，また厚岸湾に注ぐ別寒辺牛川，根室地方の風蓮川などの河川流域においても上流での新規の営巣例がほぼ毎年見つかっており，営巣地が河川を遡る傾向は現在も続いている．

(3) 密度

繁殖域の拡大と同時に繁殖つがいの高密度化も進んでいる．繁殖つがいの密度を，隣接巣との最短距離を平均した巣間距離を指標とすると，1997 年の全体平均は 2370m であったが，2007 年には 2280m と短くなった．

この傾向には地域差があり，十勝地方のように営巣地が線状の河川敷や孤立した河跡湖などの例が多いところでは，繁殖分布が上流に拡大することによって巣間距離の平均が 2680m から 2720m とむしろ長くなったところもある．一方原が広がりを持った釧路湿原地域では，2420m から 1620m へと大規模な短縮，つまり高密度化が進んでいる[8]．

　タンチョウの繁殖期のなわばりの大きさについて正富は 1970 年に 2 〜 7 km^2 程度と推定した[13]．これは $1km^2$ あたり 0.5 〜 0.14 つがいという密度になるが，仮になわばりの範囲を湿地のみに限定し，湿地面積あたりの密度と比較すると，2007 年は全域の平均で 0.68 つがい／km^2 である[8]．1997 年には 0.51 であった[8] から，この時点ですでに正富が 1970 年当時に推定した最高の密度が平均値となり，2007 年にはさらにそれを大きく上回ってきたことになる．

　分布の変化と同様に繁殖つがいの密度にも地域差が見られる．上記の湿地面積に対する密度では，2007 年に最も高いのは十勝地方の 2.22，最も低いのは霧多布湿原周辺の 0.31 である[8]．これには両地域の環境の違いが大きく関わっていると考えられる．霧多布湿原周辺は霧多布湿原と周辺にある海沿いの湖沼に沿った湿地がタンチョウの営巣地となっており，その背後は森林に囲まれている．したがって，当地で繁殖するタンチョウのなわばり範囲は湿原と隣接した干潟のみということになる．一方十勝地方は牧草地に加えて麦や豆類，砂糖大根などの畑が広がっており，タンチョウは畑に囲まれた河口湿原，河跡湖，河川敷内など比較的小規模な湿地環境で営巣している．繁殖中のタンチョウは営巣地周辺の農耕地に出て索餌することが多く[14]，湿原が行動圏に占める面積の割合は相対的に少なくなっている．当然，湿地面積に対する繁殖つがい密度は高いことになる．

　霧多布湿原周辺では 1997 年以降の繁殖つがい密度は，$1km^2$ あたり 0.31 から 0.48 と変動が少ないのに対し，十勝地方では 1997 年の 0.89 から年ごとに上昇し，2007 年には 2.22 にまで達している[8]．このことは，霧多布湿原周辺のような湿原環境のみで生活しているタンチョウはすでに生息密度が限界に達しており，十勝地方のようにタンチョウの行動圏の一部に農耕地など人手の加わった場所を含んでいる環境で，現在も新たな繁殖つがいを受け入れて

いると判断できる．

(4) 営巣環境

　タンチョウが巣を作るのは主にアシを主体とした低層湿原である[14]．しかし，北海道東部の湿原は沼や川などの水域から後背の丘陵や農地などに挟まれるように，アシ・スゲ帯，あるいはヤナギやハンノキによる河畔林や湿生林，小規模ながらミズゴケの優先した高層湿原やその移行段階にある中間湿原もあり，一様ではない．空からの調査の際に記録した巣の周辺環境を，川や沼など水域の状態，周辺木立の状況などを目安にしてタイプ分けを行ってみると，「周辺に低・高木が散在する湿草地」での営巣数が 50％を超える．次に「樹林帯に囲まれた湿草地か疎林のなか」での営巣が 25％，「周辺にほとんど樹木のない開けた湿草地」で 15％，その他に「樹林内」や「林と水面に挟まれた幅の狭い湿草地」での営巣も 8％程度あった[8]．このようなタイプ別の営巣数の割合がタンチョウの営巣環境の選択性を示しているのか，あるいは単に道東の現在の湿原状況を反映しているだけなのか分析できていない．いずれにせよ北海道の湿原は個別の特徴や面積を問わずに開発され 20世紀中に 70％が失われたとされ，タンチョウが現在主な繁殖地としている十勝・釧路・根室地方に限っても，約 50％減少した[15]．さらに釧路湿原では湿原内のハンノキ林が急速に広がり，そのなかで数を増やしているタンチョウ（おそらく若いつがい）が新しく営巣場所とする環境は，樹林帯に囲まれた湿草地か疎林のなか，および樹林内で増加傾向にある[8],[15]．

　一方上記のタイプに当てはまらない例も見つかっている．膝上程の草丈の一面の笹原にササの茎を巣材として巣が作られた例や，林床をササに覆われたミズナラ，シラカンバなどからなる見通しの良い乾いた平地林のなかの例もある[14]．さらに最近では牧草を刈り取りに来た農家の人が牧草のなかで抱卵中の巣を発見して対処を役所に連絡してきた例も出てきた[16]．この他にも，耕作されずに放棄されたまま自然植生に戻りつつある「放棄牧草地」に営巣している例はいくつもある．

　営巣環境の選択性に関しては，タンチョウは比較的融通性があるという印象がある．今後は，営巣地の餌場環境を含めた繁殖環境と，育雛に成功した

か否かの繁殖成功率を関連させて営巣環境を分析する必要があろう．

(5) 越冬期の索餌場とねぐら
■給餌場

　冒頭で触れたように，北海道のタンチョウは給餌の成功によって復活し，個体数を増やしてきた．環境省によれば，現在鶴居村2か所と釧路市阿寒町1か所を環境省委託給餌場とし，それ以外の27か所を北海道庁委嘱給餌場として，飼料用トウモロコシ約35トンが配布され，各給餌場では行政から委嘱された「給餌人」が自宅に隣接した牧草地や畑で，主に散布方式での給餌を行っている．またそれ以外にも，近くに飛来するつがいや家族に，住居や農場の敷地内で独自に個人的に餌を与えているところが，給餌場と同数あるいはそれ以上ある．

　また，意図的に給餌しているわけではないが，搾乳用あるいは食肉用の牛を飼育している牧場に飛来して餌を採る次のような様々なケースがある．屋外の放育場で牛の飼料を直接採食する．牛舎内部まで入り込んで飼料を直接採食する．飼料として屋外に保管している裁断した飼料用トウモロコシを直接採食する．この場合，飼料用トウモロコシは畑で葉・茎と一緒に粒のついた房ごと刈り取られて数センチに裁断され，プラスチックシートをかけて保管されているが，牛舎への搬入作業が始まると部分的にプラスチックシートが外されたままになったり，周辺にこぼれ出るものが多くなり，そのなかのトウモロコシ粒が容易に採食できることになる．さらに，牛舎から運び出されて積まれている牛の排泄物の山で索餌しているケースも多い．牛舎から搬出されたばかりの排泄物にはミミズなどの土壌動物が棲息していることはほとんどなく，ハエやアブなど昆虫の幼虫が少量見られるのみである（青木：未発表資料）ことから，索餌の対象はやはり紛れ込んでいるトウモロコシ粒であると予想される．放牧地においても散在する排泄物のなかにトウモロコシが粒状のまま未消化で残っている場合があり，タンチョウはこのトウモロコシを採食しているようである．

　冬期にはほとんどすべてのタンチョウが，このような給餌トウモロコシあるいは家畜の飼料を食べている．ではどの程度こうした人工の飼料に頼って

いるのだろうか？1羽のタンチョウが必要とする餌量に関する資料がほとんどないため，仮に1日の活動時間の割合を指標とすると，給餌場にいる平均滞在時間は標識個体の場合で160～200分[14]，終日カウント記録をもとにした計算では110～320分（百瀬：未発表資料）で，おおむね2時間から5時間20分程度となる．両資料とも記録は1月下旬の厳冬期のものなので，1日の活動時間を日の出前後の朝7時から大部分の個体がねぐらに入る午後5時までの10時間とすると，3時間40分から8時間程度は給餌場以外の場所で活動している計算になる．つまりタンチョウは給餌場におけるよりも長い時間をそれ以外の場所で過ごしており，そこで索餌等を行っていると推察される．冬の積雪期にタンチョウが索餌できるのは，自然の環境では湧水地や不凍の河川といった水辺の他，川岸や急斜面にある雪に覆われていない切り立った崖面などに限られている．実際にそこで何を食べているかについてはまだ十分に調べられていないが，ドブガイ，ウチダザリガニ，ドジョウ類，川石の表面にいるカワゲラ類，イヌスギナの腋芽，クレソンなどの採食が観察されている[14],[17]（図2）．給餌場以外での採食量に関する資料は今のところまだない．

■ねぐら

越冬期のタンチョウは通常浅い水のなかでねぐらをとる．したがって，厳冬期には気温が氷点下20℃を下回る北海道東部では，ねぐらとなる不凍の水のあるところは限られている．さらにねぐらの環境要因として水深10-40cm，流れが緩やかで流速が毎秒1m程度の場所，自然の餌の存在，中州や土手・河畔林など風よけの存在，捕食者からの安全性などがあげられている[14],[18],[19]．それらに，給餌場など主要な餌場からあまり遠くない，などの条件が加わってねぐらの位置が選ばれていると考えられる．現在100羽以上の群れがねぐらをとっているのは鶴居村の雪裡川，釧路市阿寒町の阿寒川と支流の舌辛川，釧路市音別町の音別川が知られており，同一河川の複数箇所がねぐら地点となっている場合もある．その他50～100羽程度のねぐらが鶴居村の幌呂川と同村芦別川近くの排水路，標茶町の茶安別川（別寒辺牛川の支流）などにもある．個々のねぐらの利用個体数は一定ではなく，おそら

図 2 不凍の河川で索餌するタンチョウの親子

く季節の進行，降雪や気温の変化，侵入者などによる攪乱等によって，近接したねぐらの間での移動がある．

先にあげた大きなねぐら以外に，釧路湿原の北部，十勝および根室地方などには家族やつがい単位，あるいは数つがい程度が集まった小規模な集団でねぐらをとっているところもある．これらの場所の多くは，近くの牧場や個人的な給餌場を主な餌場としているつがいが利用しており，釧路川の中州に付属した狭い浅場，幅 2-10m 程度の小規模河川，湧水地，なかには人為的に作られ不凍状態を維持されている池で就塒している例もある．近年，北海道庁委嘱給餌場の多くやその他の個人的に餌を与えている，いわゆる小給餌場を利用する個体が増えている[20]．全体の個体数が増加したことに加えて，最近の暖冬傾向によって越冬可能なねぐらと採餌場を提供する不凍水域が広い地域にわたって出現したことが原因の一つと考えられる[20]が，さらに餌場として牧場を利用するつがいの増えたことが別の要因としてあげられる．

近年鶴居村 2 か所と釧路市阿寒町 1 か所の 200 羽以上が集まる環境省委託給餌場では飛来数の増加に停滞あるいは鈍化傾向が見られ，その要因の一つ

第 11 章　給餌活動による過密化を克服する：タンチョウ

にねぐらの収容力が大きな要素として働いているのではないかとの指摘もあり[8), 21)]．タンチョウの冬期の生息環境保全に際しては，餌条件と並んでねぐら環境が重要な項目としてあげられる．

3 現在および近い将来への懸念

(1) 過密化

北海道でタンチョウを観るには，冬の給餌場を訪れるのが一般的である．多くの川が凍り湿原や農耕地が積雪で覆われる1月から3月初旬はタンチョウが最も多く給餌場に集まるシーズンとなる．先にあげた3か所の環境省委託給餌場では時に400羽を数えることがあり[21)]，まさに過密化を実感することになる．2007年1月の調査では，総数1213羽のうち66％にあたる804羽が上記3か所の給餌場に集中していた[20)]．この3か所の給餌場は互いに5-14kmしか離れていないため，越冬期間中にも一部の個体は給餌場間を移動することが標識個体によって確認されている．

環境省は，タンチョウは個体数を回復してきたが，繁殖地となる湿地の減少や，少数の越冬地への集中，特に現在は環境省委託給餌場とされている3か所の給餌場に全生息数の6割以上が集中している現状は，伝染病などが発生した場合を考えると憂慮すべき状態であるとして，1995年よりタンチョウ分散促進計画を開始した．その内容は，今後タンチョウが繁殖分布を広げることが期待される北海道北部地方の自然環境調査，越冬地を分散させる際の候補地選定のための不凍河川の現状調査，そしてそれを踏まえての越冬地分散候補地調査，つまり越冬地を分散させるための手法を確立するための実地試験である．この試験は，現在集中している越冬地から十分に離れた場所で，周辺に繁殖つがいが定着していて，ねぐらとなる不凍河川があり，現在は越冬している群れがいないなどの条件を考慮して，1999年より根室地方北部の標津川沿いで始められた．初年度はまず営巣地近くの荒れ地に餌とのなる飼料用トウモロコシの房のついた茎の束（ニオ）を置いた．ここでは雪が降るまでの間にわずかに飛来した形跡が認められただけであったが，その

図3　越冬地分散を目的に作られた自動給餌式ニオと刈り残したデントコーン

後は河川の築堤斜面，さらに牧草地へとニオの設置場所を移し，同時にニオに支柱を入れて雪や風に堪えられるように補強し，さらに下部に穴をあけたポリバケツをニオのなかに入れて自動給餌装置として機能させるようにするなどの改良を加えることによって，ニオを餌場の一部として定期的に飛来するつがいが現れた（図3）．2002年からは標津川支流の武佐川沿いで1つがいが毎年越冬するようになった．これと平行して，複数のつがいを越冬させるための試みとして，飼料用トウモロコシの一部刈り残しを農家に依頼した．その結果3シーズン目の2006年には，積雪が20cmを越えた1月初旬まで10羽の小群が滞在するまでになった．積雪によって刈り残したトウモロコシの茎が倒れたり埋まってしまったりすることに対する対策を講じることによって10羽以上の越冬群を根室地方北部に定着させる可能性が出てきた．

(2) 人慣れ（家禽化またはペット化）

　これまでの保護活動などの経緯もあってタンチョウが給餌や家畜飼料へ依存する傾向が進んでおり，四季を通じて自然の餌のみで生活しているつがい

第11章　給餌活動による過密化を克服する：タンチョウ

はほとんど，あるいは全くいないのが現状である．特に自然の餌が不足する冬期には，繁殖地近くに残っているつがいは，それぞれのつがいが特定の牧場あるいは個人的な餌やりに依存している．家の近くにツルが来ていたから牛の配合飼料を撒いたら来て食べるようになったという農家の例が多く，なかには「朝玄関先まできてコロコロと喉を鳴らすように小さな声で餌を催促する」，「5月の早朝にトントンと戸をたたく音がしたので何事かと飛び起きて戸を開けたら大きなツルが小さなヒナを連れていた」，などといった例もある[2]．

　初期の給餌活動は，冬の餌不足からタンチョウを救うために必死で行ってきた様子がうかがえ，当時の様子については次のような記述もある．「12月13日，寒暖計は零下30℃をしめしていた．朝礼に整列した子どもたちが，デントコーン畑に3羽のタンチョウが昨日も今日もうずくまっていると報告された．校長を先頭に畑に直行した．タンチョウは親子づれの3羽だった．『鶴居村の村名にかけても鶴を救おう』と校長の声で，近くの農家を子どもたちも手わけしてデントコーンを集めた．簡単なデントコーンの"ニオ"を作り，ばらのデントコーンを箱に入れて置いた．」[1]

　当初は冬の餌不足を補うため，餓死するツルを助けるために地元で自発的に始められた給餌活動であったが，タンチョウは希少な鳥である，気品があって美しい，といった意識も活動を助けていたのは確かである．その後行政によって給餌用の餌が確保され，給餌人，監視人が任命されるようになって，タンチョウの保護活動すなわち給餌であると信じている人は少なくない．実際に給餌活動をぬきにして現在の個体群を維持するのは不可能であるが，一方で最近では「かわいいから」という理由で，餌によってタンチョウを家の近くに呼び寄せる「ペット化」傾向が増えてきた．餌不足解消のための給餌によって人から餌を与えられることに馴れてきたタンチョウが餌を求めて玄関をノックするようになる，いやノックさせるようにしたのである．こうしてヒトとの距離が近くなることによって，タンチョウがヒトの近くで繁殖し，昔は考えられなかった場所で営巣を始め，かつてなら餌を確保できなかった状況でも暮らせるようになってきた[14]．そしてその結果が繁殖つがい数と個体数の増加に結びついているのである．

一方，こうした「人慣れ」が進んだのを受けて様々な弊害が見られるようになってきた．最もよく見聞きするのは牧場での例である（口絵11）．牛舎のなかまで入り込んで牛の配合飼料を食べるようになったケースでは，時にツルの動きにびっくりした牛があばれて怪我をする場合があり，牧場主はこれを最も警戒している．特に牛が若い場合や，タンチョウが最近飛来するようになった地域のツルに馴れていない牛は神経質だという．なかには20羽を越える群れで牛舎に入るところも現れ，牛舎にネットを張って対処したところもある．ある牧場では牛舎の窓ガラスを破るタンチョウも現れた．この牧場では牛舎の脇に牛の配合飼料*を撒いてツルに与えていたが，ある年，つがいの雄が入れ替わったときから問題がおこったという．この雄はなわばり防衛の意識が強いらしく，牛舎の窓ガラスに写った自分の姿を攻撃して，血だらけになりながらガラスを次々に割ってしまった（図4）．さらに大雪で出来た雪山を経由して牛舎の屋根に上り，なかにいる牛を驚かせたりもしたようだ．また，ガラス扉のアルミ枠をつついて凸凹にしてしまったツルもいる．別のいくつかの牧場では，貯蔵発酵させるためにきっちりと密閉してあるサイレージ**のプラスチックシートに穴を開けてしまうトラブルも発生している．

　一方，人慣れの結果としてタンチョウが被害を受けているケースも多い．近年突然発生してきた事例にスラリーへの転落事故がある．スラリーとは近年牧場施設の一部になっている牛の排泄物処理施設で，液体成分だけを分離保管し，最終的には液肥とするための直径10m以上，深さ2〜5m程度のコンクリート製あるいはプラスチックシート製の簡易型もある．何を間違えるのかタンチョウがこのスラリーに落ちる事故が少なくても6件発生している．牧場や人家周辺には様々な人工物があり，なかにはタンチョウにとって危険なものもある．プルリングを嘴にはめてしまい嘴を開けない状態で見つかった個体，子牛の虚勢用に使う強力な輪ゴムを嘴にはめて1か月ほども餌を採れずに衰弱して保護された個体もあった．人工物のなかには農薬その他

---

*大部分は飼料用トウモロコシである
** 茎を房ごと裁断した飼料用トウモロコシや牧草を積み重ね，空気を遮断して嫌気発酵させた牛の餌

図4 トラック前面に写った姿を攻撃するタンチョウ

の化学物質も含まれる．2002年10月にはつがいと思われる2羽が死体で発見され，フェンチオンによる中毒死と判定された[15]．フェンチオンは殺虫剤の主要成分で，農作物の他牧場での害虫駆除にも使われるという．人慣れの進んだ場所では車の通る舗装道路や駐車場，あるいは鉄道の線路上を歩き回るタンチョウのつがいや家族をよく見る．これらに関係した事故の状況については次の項で紹介する．

さらに危惧される問題は，タンチョウがヒトと接近して生活することによ

り，ヒトが無意識に持ち運ぶあらゆる種類の伝染病に感染する危険があるという点である．現在タンチョウは冬期には少数の給餌場に集中し，そのいくつかは観光スポットとして多くの観光客が出入りしている．人慣れと集中化が進んでいる状況では，伝染病の脅威は大きいと考えておかなければならない．

(3) 死亡事故

怪我や衰弱して発見され，保護収容されたタンチョウは生死に係らず全個体が釧路市動物園に収容され，獣医師による記録が集積されている．記録によると，1960から1970年代には多くの死亡例があり，その年の再生産数すなわち育ったヒナを上回る数が死亡していた年もある[14),15)]．近年の死亡個体収容数は年間15から20羽程度で推移し，冬期調査時のヒナ数に対する死亡個体の割合は10％台である．2007年の死亡個体収容数は19羽で，全個体数の1.6％，前年ヒナ数の15％であった（釧路市動物園資料より計算）．

死亡原因のなかで最も多いのは主に電線などへの衝突事故で，1970年前後の死亡事故の多くが電線事故によるものであった[14)]．これに対しては，その後北海道電力他によるマーカー設置等の対策があり，事故の発生は少なくなっているが，依然として収容原因の多くを占めている[14),15)]．1980年代には交通事故による死亡事故が発生し，1991年以降は毎年記録されるようになった．交通事故のなかには道路上での自動車事故に加え，汽車によるものも含まれている．その後も交通事故件数は増加する傾向にあり，2006年には電線等への衝突事故と同数の6例に達した（釧路市動物園資料）．

これら電線などへの衝突や交通事故などをあわせた各種事故による死亡率は，1991年以降増加しているという計算結果がある[22)]．

4 新たな保護活動

北海道のタンチョウ個体群の将来を予測するために，繁殖つがい数および個体数調査をもとにした繁殖率の変化，事故死亡率の変化，湿原面積をもと

にした環境収容力による制限について現状を分析した報告によると，一つの要因のみが発生した場合には今後100年間の絶滅確率がゼロであったのに対し，二つ以上の要因が同時に発生した場合には絶滅リスクが増大するという[22]．そこで，繁殖率と死亡率に深く関わる給餌活動のタンチョウ個体群維持に対するプラス面とマイナス面を整理しておきたい．

給餌に関して最大のそしてほとんど唯一のプラス面は冬季の餌不足の解消である．その他には観光資源としての効果，タンチョウや取り巻く自然への知識を深める教育活動の場としての役割，調査研究の場，生息地を分散させる際の誘因手段としてなどもあげられるが，これらはヒト側の都合に他ならない．

マイナス面としては，人慣れの進行により多くのリスクを負っていることである．たとえば，人工物である電線・牧柵・自動車・汽車などへの衝突やスラリーへの落下，農薬などの薬物の摂取，釣りの錘など有害な金属の摂取，プルリングや去勢用輪ゴムなどを嘴にはめてしまう事故，紐や網の破片を脚に絡ませる事故，人工の水路へのヒナの転落死，ガラスや鏡様の金属板に写る姿を攻撃することによる怪我，ついには2004年8月に親ツルに牧場に連れてこられたヒナが飼い犬に捕殺される事故までおこっている．先にあげた人間が関与して伝染病に感染する可能性もある．

またそれとは別に，人慣れが進みヒトに依存する割合が大きくなった結果として，様々な面で人間活動の影響を受けてしまうという問題がある．仮に，予算の不足や給餌人の都合等の理由で給餌が中止される，主要な餌である牛の配合飼料が牧畜様式の変化等で食べられなくなる，などという事態が大規模に発生すれば，タンチョウがその急激な変化に対応することはできないであろう．これらを考慮すると，タンチョウ保護にあたっての今後の新しい目標は，「タンチョウの人間活動への依存をできるだけ少なくさせる」ということになるのではないだろうか．

タンチョウがヒトの活動に依存している最大の要因は食料の確保にあるので，この点が最も重要である．現在冬期の給餌活動を抜きにして北海道にいるタンチョウの全個体数を維持できないのは明らかである．それでは不足した食料を補うためだけの，人慣れを排除した給餌は現実的に可能だろうか．

一方で，タンチョウが古くから生息している釧路・根室地方の人々には，給餌を軸に郷土をあげて長く支えてきた保護活動への自負，子どもの頃から慣れ親しんできたタンチョウへの親密感と愛情など特別なものがある．特に一部年配の人のなかには，開拓あるいは戦後の厳しい生活のなかで少ない食べ物を「分け合ってきた」という思いもあろう[2]．しかし，絶滅をから救うための緊急措置だったはずの給餌であったことをあらためて考え直すことで，新しい展開が始められるはずである．

　給餌活動によって発生する種々のリスクを軽減するためには，人慣れの回避を意識した給餌方法を工夫する必要がある．ツルの人離れと同時にヒトのツル離れも必要である．一つの提案は給餌する場所を可能な限りヒトから離れた場所にすることである．ペット化の方向を少し戻すことになる．さらに，給餌活動が始まった当時のように，畑のデントコーンをツルのために刈り残しておくことで毎日の給餌すなわち餌撒きの代わりとすることができるかもしれない．この方法は1998年度より環境省が行ってきた越冬分散候補地でのタンチョウの誘致実験で試みられ，良好な結果が得られている．すでに1956年に出されたタンチョウ保護計画書のなかで，給餌対策と農作物被害の対策を兼ねる「恒久的な対策」としてソバ，トウモロコシ畑の青田買い，すなわちタンチョウの餌場専用畑の設置を提案しているのは注目される[3]．

　同計画書にはさらに，給餌要領として「出来得る限り川沼等による自然飼料の自足を容易ならしめる様留意する」とも記されているが，現在のタンチョウ保護施策にはこのような具体策が盛り込まれていない．タンチョウの越冬に欠かせないねぐらは，多くの場合自然の索餌場でもある．環境省委託給餌場に近い大きなねぐらは地元の自治体やタンチョウ愛護会，監視人の努力で監視が行われているが，それ以外の中小のねぐらに関しては，釣り人やカメラマンあるいはスノーモービルなどの雪上スポーツによる攪乱や，耕地改良などの土木工事に対して対策がとられていない．タンチョウに「自然飼料の自足を容易ならしめる」ための意識を，行政をはじめ地元の関係者があらためて確認する必要がある．

　環境収容力については，道東の営巣地が満杯になっている，あるいは込み合っていると言われて久しいが，実際には依然として個体数の増加は続いて

いる．新たな営巣地は河川上流の狭いアシ原や最近では農耕地とさえ言えるところにまで広がり，まるで本来の営巣地である大きな湿原から溢れ出ているようにも見える．最大で3つがいが繁殖した網走地方から2004年に1つがいが初めて繁殖を開始した[9]道北地方にかけて，さらに道央の勇払原野周辺には，まだ新たな繁殖つがいが分布を広げる余地があると思われるので，これら地方の湿原環境を保持するのと同時に，自治体や農業関係者を含めた地域社会にタンチョウに対する理解を得てゆく必要がある．

現在タンチョウが営巣している道東地域の湿原では，釧路湿原の主要部分が国立公園に指定されている他，ラムサール条約登録地として釧路湿原，厚岸湖・別寒辺牛湿原，霧多布湿原，風蓮湖・春国岱，野付半島・野付湾，濤沸湖の計2万8736ヘクタールが登録されている．しかし，周辺地域や比較的小規模な湿原は法的保護を受けていないため，㈶日本野鳥の会，NPO法人トラストサルン釧路，NPO法人霧多布湿原トラストなどの民間組織が土地を購入し，タンチョウ生息地の保護活動を展開している．環境省も自然再生事業のなかで釧路湿原周辺部の土地購入を始めたが，現在それが継続される状況ではないようだ．これまでに行われた無理な開墾で失われた湿原が，その後に耕作不適地として放棄された結果，ツルもヒトもともに利用していない荒れ地が方々にある．行政と民間が協力することによって，こうした土地の有効利用，たとえばツルの繁殖地や自然の採餌場として再生することは可能であると思えるし，地形等の条件が許せば，自然の中にいるツルを遠くから見て野生のタンチョウを再認識する場にできるかもしれない．すでに一部ではこうした動きも始まっている．

過密化の解消や伝染病による大量死という危険を避けるためには，生息地を分散させることが強く望まれる．タンチョウはすでに繁殖地を北海道のオホーツク海沿岸から道北地方へ広げ始めているし，繁殖年齢前の若い個体が石狩川流域や北海道中部の日本海側に現れる頻度も多くなってきた．やがては海を渡ってサハリンで繁殖するつがいも出てくるかもしれない．また一部のグループは昔のように本州に渡って越冬し始めるかもしれない．タンチョウが『自主的に』分散してゆくのであれば，捕獲して連れて行ったり，現地で飼育繁殖させる，といった強引な方法を用いる必要はない．タンチョウに

はまだそれを待つ時間があるように思える.

　今我々がタンチョウのためにすべき課題は，野生の鳥としてタンチョウと接すること，そしてタンチョウが野生の鳥として生活できる環境を保持し，回復してゆくことにある.

参照文献

1) 釧路叢書編さん事務局編（1976）『タンチョウの釧路』（釧路叢書第17巻）.
2) 特別天然記念物タンチョウ保護30周年記念事業実行委員会事務局編（1982）『タンチョウその保護に尽くした人々』，釧路.
3) 釧路丹頂鶴保護会（1956）『特別天然記念物釧路の丹頂鶴保護計画書』：14. 釧路.
4) 井上元則（1968）「北海道の丹頂鶴百年史」『さっぽろ林友』142：28-48.
5) 正富宏之・百瀬邦和（1985）「冬季給餌場へのタンチョウの飛来個体数」『専修大学北海道短期大学紀要』：123-131.
6) 正富宏之・百瀬邦和・松本文雄・井上雅子・正富欣之・冨山奈美・古賀公也（投稿中）「北海道における2007-2008年のタンチョウ越冬数」.
7) 正富宏之・安部誠典・百瀬邦和・杉本剛・長山清美（1983）「1983年繁殖期におけるタンチョウの分布」『専修大学北海道短期大学紀要』16：200-212.
8) 正富宏之・百瀬邦和・古賀公也・正富欣之・松本文雄（2007）「北海道における2007年のタンチョウ繁殖状況」『専大北海道地域共同研究センター紀要』2：19-43.
9) 正富宏之・百瀬邦和・松本文雄・古賀公也・冨山奈美・青木則幸（2004）「2004年の北海道におけるタンチョウ」『専大北海道環研報』11：1-26.
10) 正富宏之・安部誠典・百瀬邦和・松尾武芳・長山清美（1982）「1982年繁殖期におけるタンチョウの分布」『専修大学北海道短期大学紀要』15：163-173.
11) 正富宏之・百瀬邦和・百瀬ゆりあ・松尾武芳・古賀公也・青木則幸・安部誠典・井上雅子・金井裕（1994）「1994年の北海道におけるタンチョウの繁殖状況」*Strix*. 13：103-142.
12) 正富宏之・百瀬邦和・松本文雄・古賀公也・松尾武芳・青木則幸・冨山奈美（2003）「北海道東部における2003年春期のタンチョウの繁殖」『専大北海道環研報』10：13-38.
13) 正富宏之（1970）「タンチョウの生活における諸問題Ⅰ」『専修大学美唄農工短期大学年報』1：37-45.
14) 正富宏之（2000）『タンチョウそのすべて』，北海道新聞社，札幌.
15) Koga, Kimiya (2008) The status review of the Tancho in Hokkaido: current threats. *The Current Status and Issues of the Red-crowned Crane*: 13-20, Tancho Protection Group, Kushiro.
16) 正富宏之・百瀬邦和・古賀公也・正富欣之・松本文雄・冨山奈美（2006）「2006年の北

海道におけるタンチョウの繁殖」『専大北海道地域共同研究センター紀要』1：1-24.
17) 小林清勇・古賀公也・正富宏之 (2002)「タンチョウは何を食べているか」『阿寒国際ツルセンター紀要』2：3-21.
18) 阿寒町タンチョウ鶴愛護会・阿寒町教育委員会 (1993)『阿寒町タンチョウ塒調査報告 (1)』：40. 阿寒鶴愛護・町教委, 阿寒.
19) 阿寒町タンチョウ鶴愛護会・阿寒町教育委員会 (1994)『阿寒町タンチョウ塒調査報告 (2)』：21. 阿寒鶴愛護・町教委, 阿寒.
20) 正富宏之・百瀬邦和・古賀公也・井上雅子・冨山奈美・松本文雄 (2008)「2007 年 1 月の北海道におけるタンチョウ個体数」『阿寒国際ツルセンター紀要』7：3-15.
21) 正富宏之・百瀬邦和・古賀公也・井上雅子・松本文雄 (2006)「北海道における 2006 年のタンチョウ個体数」『阿寒国際ツルセンター紀要』6：3-15.
22) Masatomi, Yoshiyuki (2008) A simple population viability analysis for the Tancho in Hokkaido, *The Current Status and Issues of the Red-crowned Crane, Kushiro*: 27-38. Tancho protection Group, Kushiro.

column 11

一極集中化と分散

● 植田睦之

　今,鹿児島県出水地方ではマナヅルとナベヅルをあわせ1万羽以上が越冬している.これは,昭和の初めから当時全国的に激減したツルたちを地元住民が給餌等で保護してきたためであり,世界に誇れる日本の自然保護活動の成果といえる.しかし,今,給餌によりツルが一極集中して越冬してしまっていることが,逆にツルの保護にとっての大きな問題になっている.それは出水で何かツルにとっての問題が生じた場合に,それが即,ツルの個体群にとっての大きなダメージとなってしまう危険性である.これは今までも心配されてきたことだが,2000年代になって起きたトモエガモやクロツラヘラサギの大量死,鳥インフルエンザの問題などからその心配が高まっている.

　これを解決するためには,1か所にいるツルを各地に分散させるのが最も効果的である.平成16,17年度に環境省・農林水産省・文化庁が合同で,ツルを分散させるための手法検討を行ったのがきっかけになり,現在,佐賀県伊万里市で,ツルを越冬させるための活動が行われている[1].干拓地の一角をツルにとって安心できる場所にするため,犬の散歩等による立ち入りを止め,水田に水を張ってねぐらを作り,二番穂などの食物が出来るようにするとともに補助的に屑米なども撒いている.まだ数家族が越冬しているだけだが,渡りの時期に立ち寄るツルは増えている.今後徐々に越冬数が増え,越冬地の一つになれば,この事例をまねて活動する自治体が出てきてツルの

分散化がさらに進むことが期待できる．

　一極集中がみられているのはマナヅルとナベヅルだけではない．オオワシやオジロワシといったワシ類でもみられている．ワシ類が集中化したのは氷下漁など漁業活動で捨てられる食物に依存して越冬するようになってしまったためであり，また近年は羅臼で観光目的の餌付けが行われ始めたことも原因となっている．近年，感電や風車への衝突といったワシ類の事故死が増えている．ワシ類のような大型の鳥は，死亡率が低いことによって個体群を維持することができている．特に死亡率の低い成鳥が死ぬことは個体群に大きなインパクトを与える[2]．漁業活動や給餌といった人為的な誘因によりワシ類が集中化することは，ツルで述べたような大量死の問題だけでなく，ワシ類を人間の活動圏へと誘因することにつながり，そのことが事故死を増加させ，個体群に影響を与える可能性もある．

　ワシたちは本来，北海道でどのようにして越冬していたのだろうか？　今となってはカムチャツカや国後など国外で越冬するワシの生態から想像するしかないが，ワシたちはサケ・マス類を食物に越冬していたのではないかと考えられる．北方四島やカムチャツカでは，多くのワシ類がサケ・マス類が遡上する河川や湖沼でサケ・マス類の死体を食物にして越冬している[3), 4)]．

　現在，日本の多くの河川では，堰や捕獲用の簗が設置されていて遡上できるサケは少ないが，従来は，北海道や本州にもサケやマスが自然遡上する河川がたくさんあり，サケやマスの死体も川にたくさんあったのだと思われる．ワシ類はそのようなサケを利用して，各河川に分散して越冬していたものと思われる．実際に道北や道南のサケが自然遡上する河川では，現在もおもにサケを食べて越冬している．また，北海道の積雪が多かった昔には，豪雪で死亡するエゾシカも多く，それも重要な越冬期の食物になっていたのではないかと思われる．

　近年，サケが自然遡上できる河川を増やす動きがあり，また，環境省によりオジロワシ・オオワシの保護増殖事業が動き始めている．自然再生の動きなどとあわせて，自然遡上する魚を利用して越冬することのできるワシたちの越冬地ができればワシ類が将来にわたって安心して越冬できるようになるのではないかと思われる．

希少種の保護にあたっては，まずは絶滅を防ぐことが重要である．しかし，それだけでは不十分で，もし絶滅を防ぐだけなら，極論すれば飼育下に置いておけば良いことになってしまう．希少種の保護は，その種が本来の生態を保って，その地域の生態系のなかで生息できるよう，その生息環境ごと保全していかなければならない．この一極集中化の問題は，絶滅を防ぐという希少種の保護の最初のステップを超えた今，なぜ希少種を保護するのか，という目的を問いかけている．

参照文献

1) 日本野鳥の会 (2006)『平成17年度環境省請負業務　出水・高尾野地域におけるツル類の西日本地域への分散を図るための越冬地整備計画調査 報告書』環境省．
2) Ueta, M. and Masterov, V. B. (2000) Estimation of population trend of Steller's Sea Eagles by a computer simulation. In *First Symposium on Steller's and White-tailed Sea Eagles in East Asia*, eds. Ueta, M. and McGrady, M. J., 111-116. Wild Bird Society of Japan, Tokyo.
3) Ladygin, A. V. (1991)「クリルスコエ湖（カムチャツカ南部）におけるオオワシの大量越冬」『極東の鳥』，11，極東鳥類研究会．
4) Masterov, V. B., Zykov, V. B. and Ueta, M. (2003) Wintering of White-tailed and Steller's Sea Eagles at southern Kuril Islands in 1998-99. In *SEA EAGLE 2000. Proceedings from an international conference at Björkö, Sweden, 13-17 September 2000*, eds. Helander, B., Marquiss, M. and Bowerman, W., 203-210. Swedish Society for Nature Conservation/SNF & Åtta. 45 Tryckeri AB, Stockholm.

column 12

感染症が鳥類にもたらす影響

● 植田睦之

　コラム 11 でも触れたが，以前から感染症は鳥類に大きな影響を与える可能性のある問題として考えられてきたが，2004 年に日本で高病原性の鳥インフルエンザが確認されてから，さらに感染症は注目されるようになった．2004 年の発生では，国内では家禽以外の鳥では二次感染したと考えられるハシブトガラスの死亡以外確認されなかったが，国外では 2005 年の中国青海湖でガン類が大量死するなど，野外の鳥でも大量死が確認されている．そして 2007 年には熊本でクマタカの感染死が，2008 年には青森と北海道でオオハクチョウの感染死が確認された．

　このような感染症が希少種に大きな影響を及ぼした例としては，ハワイのハワイミツスイ類の例があげられる[1]．ハワイにはもともと蚊はいなかったが，1800 年代に人により蚊が持ち込まれた．人が持ち込んだ飼い鳥が保有していた鳥マラリアをその蚊が野外の鳥にうつすことによりハワイミツスイ類に鳥マラリアが蔓延した．鳥マラリアへの抵抗力を持っていなかったハワイミツスイ類は鳥マラリアにより大量に死亡し，19 世紀末から 20 世紀初めにかけて多くの種を絶滅へと追いやることになった．一部の種を除き，現在，ハワイミツスイ類は蚊が生息することのできない高標高の部分に残るのみとなっている．

　同様に蚊が媒介する感染症にウエストナイルウィルスがある．1999 年か

らアメリカで感染拡大し死者が出た脳炎で，鳥と蚊で感染環が維持されていることが知られている．このウィルスによりアメリカで身近な鳥類の個体数が激減したことが報告されている[2]．アメリカで長年行われている繁殖鳥類分布調査の結果を解析し，ウエストナイルウィルスが広がった1999年以降それまでの個体数動向と比べたところ，アメリカガラスの減少が最も大きく，ウエストナイルウィルスが入るまでは個体数が増加していたのに，ウエストナイル熱の発生とともに急激に減少していたことが分かった．それ以外にもアオカケス，エボシガラ，コマツグミ，イエミソサザイ，コガラ，ルリツグミが減少していることが分かっている．

このウエストナイルウィルスは，極東ロシアまで感染地になっており，渡り鳥などを介していつ日本へ侵入してもおかしくない．また人の行き来や物流等を介して，アメリカ等から直接侵入してくるおそれもある．

幸いに今まで日本では感染症による鳥類の大量死は起きていない．しかし近隣諸国では，2000年10月に韓国浅水湾でトモエガモの鳥コレラにより大量死が起きており，2002年12月にはボツリヌス菌によるクロツラヘラサギの大量死が起きている．同様のことが，日本でいつ起きないとも限らない．上述したような物流により，またペットブームによりこれまで輸入されなかったような鳥が国内に輸入されてくることによる新たな感染症の侵入，はたまた温暖化によりマラリア等の北限が北上してくることによる新たな感染症の侵入など，さらにその危険は大きくなっているといえるだろう．

参照文献

1) van Riper, C., van Riper, S. G., Goff, M. L. and Laird, M. (1986) The Epizootiology and Ecological Significance of Malaria in Hawaiian Land Birds. *Ecol. Monographs* 56: 327–344.
2) LaDeau, S. L., Kilpatrick, A. M. and Marra, P. P. (2007) West Nile virus emergence and large-scale declines of North American bird populations. *Nature* 447: 710–714.

第12章

中貝宗治
Nakagai Muneharu

地域をあげた市民の取り組み
―― コウノトリ ――

1 絶望と希望の物語

ほろびゆくものはみなうつくしい
しかし　ほろびさせまいとするねがいは
もっとうつくしい

　1955年，種の保存を目的とするコウノトリの保護活動が，豊岡で組織的に始まった．その立ち上げに多大な貢献のあった，阪本勝・兵庫県知事（当時）の言葉である．しかし，この美しい言葉は，絶望の言葉でもあった．
　1966年6月，阪本はこの言葉を書き記した文章を，次のように結んでいる．

　すべてが後手後手となり，そのうちにかんじんのコウノトリは老衰して繁殖力を失い，ついに絶滅の断崖へ追いつめられてしまったのだ．……この鳥は，美しい日本の自然の中に生き続けてこそ，真の意義があるのだ……それにしても，山頂から豊岡盆地を一望すれば，この地区は，もはやコウノトリがながらえるべき山野たる資格を失いつつあることを認めざるを得ない．……それならば，コウノトリの安住地は，日本国中いったいどこなのだろう．私は異常にむすぼれた気持ちを解きほごすすべもなく，うちしおれて金網のまえを去った[1]．

種を救う最後の手段としてコウノトリの人工飼育が，前年の1965年，阪本らの努力によって豊岡で始まったばかりであった．

阪本がその言葉を記してから39年後の2005年9月24日，5羽のコウノトリが兵庫県立コウノトリの郷公園から豊岡の空に放された．日本における野生での絶滅から34年が経過していた．秋篠宮殿下と同妃殿下のテープカットで箱の扉が開き最初の1羽が飛び立ったとき，見守っていた数千人の人々からどよめきが上がり，拍手が沸いた．「やったー！」という大きな声もした．それは，私の声であった．あちらこちらに涙を流している人もいた．

そして2007年5月，放鳥コウノトリのペアから，日本の野外では43年ぶりにヒナが孵り，46年ぶりに巣立っていった．

コウノトリ保護の現場は，命に関わる驚きと感動の現場であり，時としてその裏返しとしての絶望の現場でもあった．そのコウノトリの絶滅と復活をめぐる豊岡の人々の「果てしない物語（ネバーエンディング・ストーリー）」の一端を紹介することにしよう．

2 コウノトリとともに生きる

(1) コウノトリとは

コウノトリ目コウノトリ科のコウノトリ *Ciconia boyciana* は，体長約1.1m，体重4～5kg，翼を広げると2mにも達する，白い大きな鳥である．くちばしと風切羽は黒色，目の周りと足は赤色をしており，歌舞伎役者のような，凛とした美しい鳥である．ヒナのうちは声を発するが，成長するにつれて体は大きくなっても声帯は発達しないため，声が出なくなる．代わりに，くちばしをカタカタと打ち鳴らすクラッタリングで威嚇をしたり，愛情を表現したりする．

形がツルと似ているため，日本ではしばしばツルと混同されてきた．しかし，両者はそれぞれコウノトリ目とツル目という別の目に属する鳥である．

たとえば，コウノトリは松の大木などの樹上に巣を作るのに対し，ツルは草原など地上に巣を作る．コウノトリは木に止まることができるが，ツルは

できない．松に止まるタンチョウを描いた掛け軸を見かけることがあるが，単にめでたいもの同士を空想で描いたか，コウノトリを勝手にタンチョウに描き換えたか，どちらかであろう．また，コウノトリはドジョウ，カエル，ヘビ，バッタなどを食べ，完全肉食であるのに対し，ツルは雑食である．

　コウノトリを「赤ちゃんを運ぶ鳥」とする伝説があるが，それはヨーロッパの伝説である．ヨーロッパには，くちばしが朱色をしていることからシュバシコウと呼ばれる，日本のコウノトリとは別の種のコウノトリが生息している．ちなみに日本のコウノトリのくちばしは，ヒナのうちはベージュだが，成長するにつれて黒に変わる．

　コウノトリはシベリア東部のアムール川（中国の黒竜江）流域で繁殖し，中国の長江周辺や台湾，韓国，日本などに渡り越冬する鳥であるが，日本では留鳥として繁殖する個体群もいた．日本では，留鳥としては一度野生で絶滅したが，今でも時々大陸から飛来することがある．

　1956年，コウノトリは，特別天然記念物に指定され，1962年，兵庫県が管理団体に指定されている．

　生息数は，世界全体で2000～3500羽と推定されており，IUCN（国際自然保護連合）のレッドリストでは絶滅危惧種となっている[2]．

(2) 水田とコウノトリ

　日本のコウノトリは，里山の松の大木の上に巣を作り，水田や水路，川の浅瀬などで餌をついばんでいた．

　水田は，今でこそ土地改良が進み，多くは機械が入りやすいように必要な時以外は水が無い「乾田」になっているが，豊岡のような低地にある水田は，以前は一年中水浸しのような「湿田」であった．そこには，カエル，ナマズ，ドジョウ，フナなどコウノトリの餌となる生物が大量に生息しており，コウノトリの格好の餌場であった．日本には「水田」という形の湿地が広範に存在し，湿地の鳥であるコウノトリを支えていたと言っても過言ではない．

　コウノトリの繁殖地であるシベリアの自然は，湿地が地平線まで広がるような広大な自然であるが，過酷な自然であって，植物の生育条件も良くない．植生も単調である．とてつもなく広いが，「浅い自然」であると言える．他方，

日本はアジアモンスーン気候にあって，湿潤で温暖である．水と光に恵まれることが植物の生育にとって決定的であり，様々な植物が生える．植物によって様々な動物も支えられる．日本の国土は狭いが，その自然は，「深い自然」であると言える．

そして，その自然に適合するように築き上げられた日本の伝統的水田農業は，カエルやドジョウ，トンボやクモなど様々な生物を支える，極めて優れたシステムであった．

近年，生物多様性の保全が環境問題の大きな柱として認識されつつあるが，食糧・生産の場である水田が同時に生物多様性保全の優れた場であることを，私たちは再認識する必要がある．

コウノトリの生息地は，ロシアでは人間の暮らしから遠く離れた原生的な自然のなかにあるが，日本では里山と水田のような，人間活動によって創出され，あるいは人間の手によって維持・管理されている二次的自然のなかにある．そこは人間の生活の場そのものであり，コウノトリは，人間にとって，「瑞鳥（めでたい鳥）」と稲の苗を踏み荒らす「害鳥」の両面を持ちながら，ともに暮らす「里の鳥」であった．

(3) 豊岡盆地とコウノトリ

コウノトリは，かつては日本の各地で見られる鳥であった．

たとえば，トロイアの遺跡を発掘したことで有名なシュリーマンが幕末に日本を訪れ，旅行記を残しているが，そのなかで，江戸の浅草観音寺の屋根にコウノトリの巣があり，親鳥とヒナの姿が見えた，と述べている[3]．

豊岡盆地にも，かつては数多くのコウノトリが生息していた．

豊岡市は，兵庫県の北部にある，日本海に面した人口9万人弱のまちである．まちは豊岡盆地にあり，市の中央部を円山川がゆったりと流れている．この川では，河口から10km上流でもカレイやアジが釣れる．円山川は，中下流域の河川勾配が1万分の1，すなわち，水平方向100mに対して高低差1cmという極端な水平状態にある川で，川底には海水が忍び込んでいるのである．風が無いときは，鏡の面のように静かで美しい水面を見せている（図1）．

しかし，河川勾配が極端に小さいということは，水はけの悪さも意味する．

図1　豊岡盆地と円山川 (提供：北星社)

豊岡盆地が円山川下流部で瓶の首 (ボトルネック) のような地形になっていることともあいまって，大雨の際には，大量の水がなかなか海に吐き出されず，全体が低地である豊岡盆地に溢れ出て，しばしば水害が引き起こされてきた．

円山川周辺に広がる水田は，「じる田」と呼ばれる湿田で，円山川水系の水際の湿地とともに，コウノトリの格好の餌場であった．しかも豊岡盆地には海水と淡水が混じる汽水域が広がっており，生物相は非常に豊かであった．コウノトリの人工飼育に長らく携わってきた松島興治郎 (現豊岡市立コウノトリ文化館長) は，自身の少年時代の豊岡の自然について，「水よりも魚の方が多かった」とやや大げさに表現している．

豊岡市を含む但馬地方のコウノトリは1930年代が全盛期であると言われている．この頃行われた生息調査の報告から，1930年代には，豊岡盆地とその周辺に少なくとも50〜60羽は生息していたと考えられている[4]．

(4) 絶滅への道

しかし，コウノトリは，明治期の鉄砲による乱獲，第2次世界大戦中の松

第Ⅰ部　わが国の希少鳥類をどう保全するか

図2　1965年豊岡市内出石川で撮られた写真．人とコウノトリがともに暮らすこのような光景も，1971年，最後の野生個体の死によって，失われてしまう．（提供：富士光芸社）

林の伐採，そして第2次世界大戦後の環境破壊，とりわけ農薬の使用と土地改良や河川改修による餌場となる湿地の消滅によって数を減らし，1971年，日本の野生最後の1羽が死んで，日本の空から姿を消した．豊岡が最後の生息地であった（図2）．

　止めを刺したのは，農薬である．但馬地方では1958年頃から農薬の大量使用が始まり，コウノトリは体内から蝕まれていった．当時死亡したコウノトリの体内からは，水銀剤農薬やPCBが検出されている．

　コウノトリの保護活動が豊岡で組織立って始まるのは，1955年のことである．山階芳麿・山階鳥類研究所長（当時）から保護を訴えられた阪本勝・兵庫県知事（当時）が先頭に立って，コウノトリの保護活動が始まるのである．同年11月，阪本を名誉会長，豊岡市長を会長とする「コウノトリ保護協賛会」が発足した．この会は1958年，「但馬コウノトリ保存会」と改称され，

事務局は県の財務事務所に置かれた[5]．

　コウノトリの営巣場所の発見，観察・記録，人工巣塔の設置，「コウノトリをそっとする運動」，水田など民有地を借り上げた人工餌場の設置など，様々な活動が展開されていった．なかでも，小中学校の協力の下にドジョウを集める「ドジョウ一匹運動」が展開され，1963年には西日本一帯から74万7000匹のドジョウが保存会に届けられたことは特筆に価する．

　しかし，それでもコウノトリは数を減らしていく．コウノトリが繁殖しないのは，農薬の大量散布などによる周囲の環境の急速な悪化が原因であることは明らかであった．1963年，文部省（当時）は，緊急避難的な措置として，捕獲して人工飼育を行う方針を決定．兵庫県教育委員会も同様の方針を決定する．これを受けて1964年，豊岡市野上にフライングケージ（大型の鳥かご）が建設され，翌1965年2月，アメリカ空軍の野鳥捕獲の名手によってキャノン・ネット（火薬で発射する捕獲網）でつがいの2羽が捕獲され，人工飼育が始まった．だが，このペアは病気と事故で死亡してしまう．そこで文部省，兵庫県，豊岡市は全国に残っている11羽のすべてを人工飼育によって保護する方針を確認し，順次捕獲が行われていく．

　1971年，野生で最後まで残っていた豊岡の1羽が怪我でふらふらになっているところを捕獲され，1か月後に死亡してしまう．こうして，日本における野生の個体群は姿を消してしまうのである．

(5) 苦難の人工飼育

　1965年に始まった人工飼育は，苦難の道であった．最初の24年間，来る年も来る年も1羽のヒナも孵らなかったのである．この間に55個の卵が生まれたが，どれ一つとしてヒナに孵ることはなかった．卵の半数は無精卵で，残りは成長が途中で止まってしまう中止卵であった．農薬がその原因だと考えられている．

　人工飼育に40年近く携わってきた松島興治郎は，当時を振り返って次のように述べている．

　　昭和50年代のはじめには，もうコウノトリの繁殖は絶望視されていました．世間から

私の耳には，飼育場はいつ閉鎖するのか，などという声も入ってきました．私自身も，コウノトリが増えていくという確信は全くありませんでしたが，それでも毎日飼育を続けました．なぜ続けていったのかと聞かれても，答えようがありません．暗闇の中をひたすら飼育し続けたのです[6]．

　松島が「外も歩けないほど情けない年月を過ごした[7]」と言うほどの，コウノトリ関係者にとって最も苦しい時代であった．

　松島はまた，「なぜ続けることができたのか」という知人の問いに対し，「止める勇気が無かった」と照れくさそうに言い，また「関わった命から立ち去ることができなかった」とも述べている．

(6) 復活への道

　転機は，1985年に訪れる．兵庫県と姉妹提携をしているロシア・ハバロフスク地方（当時ソ連）から6羽の幼鳥が豊岡に送られてきた．当時県から飼育を委託されていた豊岡市の飼育員（松島）が大切に育て，カップルができ，そして1989年5月16日，ついに待望のヒナが誕生する．人工飼育の開始から25年目のことであった．以来，毎年ヒナが誕生している．飼育下で生まれた個体からさらに次の世代である第3世代も生まれている．

　1992年，兵庫県は，羽数が順調に増えていることを受け，「コウノトリ将来構想委員会」を設置し，1993年，同委員会から，コウノトリの野生復帰を目指すことと野生復帰の拠点施設を建設することが提言された．これを受けて，兵庫県は，1994年に野生復帰基本構想を，1995年に野生復帰の拠点となるコウノトリの郷公園の基本計画を策定した．

　1999年，市内祥雲寺地区の165ヘクタールの用地に保護増殖と野生復帰を目的とする兵庫県立コウノトリの郷公園が完成し，同公園に兵庫県立大学自然・環境科学研究所の田園生態保全管理研究部門が置かれて，野生復帰に向けた研究と準備が本格的にスタートする．この研究部門には，保全生物学，動物生態学，景観生態学，環境社会学を専門とする研究者4人が常駐し，獣医，飼育員らとともに研究と実践を続けている．

　豊岡市も2000年に同公園内に市立コウノトリ文化館を設置し，普及啓発の拠点とした．なお，1965年から人工飼育を担ってきた兵庫県立コウノト

リ保護増殖センターは，その管理を豊岡市に委託されていたが，コウノトリの郷公園の完成を機に，同公園の付属施設として兵庫県に一元化された．

2002年，豊岡の飼育コウノトリはついに100羽を突破．2003年3月，兵庫県は野生復帰推進計画を策定し，同年9月，放鳥候補として選抜されたコウノトリの飛翔訓練や採餌訓練が始まった．

(7) 野生コウノトリの飛来

2002年，豊岡に小さな奇跡が起きた．8月5日，1羽の野生コウノトリが突然コウノトリの郷公園に舞い降りたのである．野生コウノトリはそのまま豊岡に居つき，市内のあちこちを飛び回り，姿を見せた．落ちていた羽根のDNA鑑定でオスであることも分った．8月5日に来たところから，いつしか「ハチゴロウ」と呼ばれるようになり，人々に親しまれるようになった．

ある小学校では，授業中，窓の外をハチゴロウが横切り，大騒動になった．校内放送が流され，児童たちは空を見上げ，歓声をあげた．

別の小学校では，校庭で凧揚げをしていたところ，突然ハチゴロウがやってきて凧の周りでホバーリングをして，子どもたちを大喜びさせた．

まちは一気に活気づいた．

当時，コウノトリの野生復帰に向けた様々な活動が行われていたが，コウノトリとともに暮らした経験を持つ市民は，高齢者を除き，そう多くはなかった．しかも，一度野生で絶滅した動物を人間の暮らす里に放す取り組みは，世界でも初めての試みだった．関係者は，野生化の意義についての確信と成行きに対する楽観を持ちつつも，何がしかの不安も持っていたのである．

ところが，ハチゴロウは，まちのあちこちを飛び回ることによって「ああ，コウノトリとともに暮らすって，こういうことか」という具体的イメージを人々に与えた．豊岡にやってきた翌年，コウノトリの餌場にすることを目的に市内福田地区にビオトープ水田が作られると，さっそく舞い降りて餌をついばんだ．自分たちの方向は間違っていない —— 豊岡は，新たな勇気を得た．

(8) コウノトリ放鳥

2005年9月24日，歴史的瞬間がやってくる．コウノトリの郷公園の敷地

内から，5羽のコウノトリが豊岡の空に放されたのである．日本における野生での絶滅から34年が経過していた．

　放鳥は，人工飼育の大きな到達点であった．同時に，それは一つの通過点であり，新たな出発点でもあった．完全肉食の大型の鳥であるコウノトリですら生きていくことができる環境づくりはまだ途上にあり，コウノトリが現実に人々の暮らしのなかに放されたことで，コウノトリとともに生きるまちづくりが決意新たに始まった．

　そして2007年5月20日，市内百合地地区の水田地帯に設置された人工巣塔の上で，放鳥したコウノトリのペアから，日本の野外では43年ぶりに1羽のヒナが孵り，同年7月31日，46年ぶりに巣立っていった．

　ちなみに，放鳥は，訓練したコウノトリを箱から直接放す「自然放鳥」の他に，風切り羽根の先端を切って飛べなくしたペアを水田に設置したケージに入れ，そのペアが育てたヒナを自由に飛び立たせる方法と，同じく水田に設置したケージで一定期間飼育し，周囲の環境になじませてからその鳥をケージ外に飛び立たせる方法でも行われている．後の二つの方法は，「段階的放鳥」と呼ばれている．2008年9月までに，「自然放鳥」で11羽が，「段階的放鳥」によって12羽が野外に放されている．

　放鳥コウノトリの中には，人工衛星で追跡できるよう発信器が付けられているものもいる．豊岡→小浜→大阪→宝塚→神戸→篠山→豊岡という大旅行をした鳥や，松江や徳島，岡山に飛んでいって帰ってきた鳥もいる．

(9) 野生復帰とは

　「コウノトリの放鳥」イコール「野生復帰」ではない．

　兵庫県のコウノトリ野生復帰推進計画で目指す野生復帰とは，IUCN（国際自然保護連合）のガイドライン（IUCN-SSC Guidelines for Re-introductions）による「再導入」を指し，「過去における生息地またはその一部であった場所に，そこから一度，駆逐されたり絶滅した種を野生下で復帰させる取り組み」を言い，「存続可能な個体群の確立を意図」するものであるとされている．ただ空に放しただけでは「野生復帰」とは言えず，放された鳥が自活し，繁殖し，世代を超えて個体群が維持される状態になって初めて「野生復帰」と言える．

現在，放鳥コウノトリのなかには，自然界の餌の他，コウノトリの郷公園のオープンケージ（天井のないケージ．中の鳥は風切り羽根を片方だけ切って飛べなくしている）で与えられる飼育コウノトリの餌にも依存しているものもいる．

コウノトリの野生復帰は，漸く緒についたばかりである．

(10) 野生復帰のねらい

2009年の今年は，コウノトリの野生での絶滅から38年，人工飼育の開始から44年，豊岡で保護活動が組織だって始まってから54年になる．長い時間と膨大なエネルギー，そしてたくさんの資金が必要であった．おそらくこれから先も同様であろう．

なぜ，それほどまでにして，豊岡はコウノトリの野生復帰を進めようとするのか．

コウノトリの野生復帰事業は，国，県，市の行政機関，研究機関，学校，各種組織，民間団体，個人，企業など様々な主体が関わり，それぞれの役割を果たしながら，連携して進められている．野生復帰に取り組むねらいはその主体ごとにあるが，野生復帰事業全体としてのねらいは，大きく次の三つである．

第一に，人間とコウノトリとの約束を守り，コウノトリを本来の場所に帰そうということである．今から44年前，野生の鳥を捕獲して人工飼育が始まった．「コウノトリはたとえ滅びようと，大自然のなかで飛んでこそのコウノトリである」という批判もあるなかで，当時の人々は，「安全な餌を与えて繁殖させ，増えたらいつかまた空に帰す」ことを誓って，人工飼育に踏み切った．いわば，人間はコウノトリと約束をした．約束は，果たされなければならない．

第二に，野生生物の保護に関して世界的貢献をしようということである．シュバシコウと呼ばれるヨーロッパからアフリカにかけて生息するコウノトリは，80万羽以上いると言われている．これに対し，日本のコウノトリと同種の鳥は世界全体でもわずか2000羽から3500羽と推定されている．絶滅寸前の鳥である．その種の保存に関して貢献しようということである．また，

コウノトリの野生復帰の取り組みを通じて，野生生物の保護に関して同様の努力を続けている世界の人々に勇気を与えることができるに違いない．

第三に，コウノトリも住める豊かな環境を創ろうということである．

コウノトリは完全肉食の大型の鳥で，食物連鎖の頂点にいる生き物である．飼育下でコウノトリは餌を1日500gも食べる．ドジョウに換算すると，1日約80匹に相当する．そのような鳥でもまた野生で暮らすことができるようになったとすると，そこにはたくさんの種類の，そして膨大な量の生き物が存在するはずである．そのような豊かな自然は，人間にとってもすばらしい環境なのではないか．

しかし，大切なことは自然だけではない．たとえどんなに自然が豊かになって餌生物が豊富になったとしても，飛んできた鳥にわけもなく鉄砲を撃つような文化のところにコウノトリは暮らすことはできない．日本においてコウノトリは「里の鳥」であり，その生息地は人間の暮らしの場でもある．したがって，コウノトリが生息するためには，人間の側に，コウノトリを自分たちの暮らしのなかに受け入れるおおらかな文化が存在することも不可欠である．コウノトリを愛するところにこそコウノトリは住むことができる．さらに言えば，そもそもコウノトリも住むことができるような自然を再生しようと考え，実行するかどうかは，そこに住む人々の価値観によるのであり，優れて文化の問題である．そして，コウノトリを排除するのではなく暮らしのなかに受け入れる文化もまた，人間にとってすばらしい環境と言えるのではないか．

そこで，コウノトリの野生復帰をシンボルにして，コウノトリも住める豊かな環境，すなわち豊かな自然と文化をもう一度創り上げようというのが，三つ目の，そして最大のねらいである．

豊岡市の総合計画は，目指す都市像として「コウノトリ悠然と舞うふるさと」を掲げている．コウノトリの野生復帰事業は，野生復帰を通して地域住民が自らの暮らしと地域のあり方を見直そうとする，まちづくりの活動そのものでもある．それは，豊岡の人々の「自治」の問題であると言ってもいい．

ちなみに，コウノトリの郷公園に併置されている兵庫県立大学の自然・環境科学研究所の田園生態管理保全部門には，環境社会学の専門家も配属され

ている.それは,野生復帰にとって人間社会との関わりが極めて重要である,との認識に基づいている[8].

3 自然再生の取り組み

　上述のようなねらいを持つ野生復帰を実現するため,様々な取り組みが行われている.それらは,自然再生事業から環境学習,コウノトリの絶滅と復活を題材にした音楽物語やミュージカルの上演,コウノトリの絵馬やお守りの販売,公用車やバス,飛行機などへのコウノトリのマーキングに至るまで多彩に広がっているが,ここでは,自然再生事業,とりわけ水田と河川の自然再生の取り組みを紹介しよう.コウノトリは湿地の生きものであり,野生復帰の実現には湿地の再生が重要だからである.

(1) 水田の自然再生

　水田は,日本最大の湿地である[9].かつて,水田はコウノトリをはじめ多くの生き物を支えてきた.5月頃,水が張られた水田地帯を空から見ると,もともと渡り鳥であったコウノトリが日本で留鳥になった気持ちが分るような気がする.

　問題は,その「質」である.

　様々な生きものが支え合い,関わりあって生きていることを「生物多様性」という.かつて水田は,豊かな生物多様性が存在する場であった.しかし,農薬の使用や土地改良による乾田化,河川・水路・水田の間の往来可能性の喪失などによって,生きものを支える水田の機能は著しく損なわれ,水田の生物多様性も失われてきた.水田の自然再生とは,水田の生物多様性を保全する作業である.ここで「保全」とは,単なる保存にとどまらず,再生と創造も含んでいる.

■ビオトープ水田

　2001年,豊岡市は,NPOのコウノトリ市民研究所と共同して,農家から

休耕田を借り上げ，1年中水を張ってビオトープとする取り組みを始めた．ビオトープの「ビオ」は「バイオ（生きもの）」，「トープ」は「場所」のことであり，「生き物の生息場所」という意味である．ビオトープ水田は，多様な生きものを育みコウノトリの餌場になる他，水鳥の越冬場所にもなる．

2003年には，市が農家に対し休耕田をビオトープとして維持管理することを委託し，その委託料の半額を兵庫県が市に補助する仕組みが作られ，面積が拡大する．この制度に乗ったビオトープ水田は，2009年1月末現在，市内に約13ヘクタールあり，コウノトリの貴重な餌場となっている．

さらに，放鳥されたコウノトリの多くがコウノトリの郷公園で飼育コウノトリに与えられる餌に依存している実態を憂慮した市民有志が，農家から休耕田を無償で借り受け，ビオトープ化する試みを行っている．2009年1月末現在，このようなビオトープ水田は，約70アール存在する．その一つ，久々比（ククヒ）神社のすぐ側にあることから「ククヒ湿地」と名づけられたビオトープ水田には，しばしばコウノトリやサギが飛来している．

■冬期湛水・中干延期稲作

2003年から，兵庫県と豊岡市は，農家の協力を得て冬期湛水・中干延期型稲作も進めてきた．

アカガエルは，2月から3月にかけて卵を産むカエルである．そこでアカガエルを増やすために，通常の農法では行わないことだが，冬期にも水田に水を張り，アカガエルの産卵場所を確保することにした．

また，中干延期も冬期湛水と抱き合わせて進めてきた．豊岡では6月中旬に水田から水を抜く「中干し」という作業を行う．しかしこの時期は，トノサマガエルやアマガエルはまだオタマジャクシのままであり，中干しによって大量に干上がって死んでしまう．そこで，トノサマガエルとアマガエルを増やすために，中干しの実施を1月程度遅らせることにした．この間にオタマジャクシはカエルに変態し，水田から水が抜かれても生き延びることができる．また，ヤゴがトンボへ羽化することもたすけることができる．

ビオトープ水田では米作りは行われないのに対し，冬期湛水・中干延期型稲作は，米の生産と生物多様性保全の両方を水田で行う取り組みである．米

の栽培は無農薬または減農薬で行われる．

　市が上記のような水田管理を農家に委託し，その委託料の半額を県が市に補助する仕組みになっている．冬期湛水・中干延期型稲作の2008年度作付けは，市内で約65ヘクタールある．

　これらの水田にはカエルが確実に増えていることが調査で確認されており，コウノトリの他，冬期にはコハクチョウ，タゲリ，カモ類がやってくるようになっている．

　なお，冬期湛水はもともと環境対策としてスタートしたが，今では抑草等に優れた効果を発揮する技術であることが分っている．

■水田魚道

　さらに，2002年から兵庫県が中心になって，水田魚道の設置も進めてきた．本来，水田は多くの生きものにとって，卵を産み，子どもが育つゆりかごのような場所であるが，今では土地改良によってできた，水田と水路の間の大きな段差によって往来が妨げられている．そこで県は，水田と水路・河川を行き来できるように水田魚道の整備を始めた．費用の半額を市が負担している．ドジョウやナマズをはじめ，様々な生きものが水田魚道を利用していることが調査で分っている．2009年1月末現在で，関係者の自主設置も含め，市内110箇所に設置されている．

■ハチゴロウの戸島湿地

　2005年夏，城崎温泉近くの戸島地区の休耕田に，絶滅危惧種であるミズアオイの花が咲き乱れ，そこに連日，野生コウノトリのハチゴロウがやってくるようになった．

　戸島の水田は，「じる田」と呼ばれる典型的な湿田で，長辺が200〜300mもある細長い形状をしていた．ぬかるんで機械が入らないため，膝まで浸かりながら腰をかがめて行う田植えは重労働で，しかも端まで植え終わらないと腰を下ろして休むこともできない．この地区の水田には，「嫁殺し」というあだ名がついているほどであった．何とかしたい，という地域の人々の願いが叶い，土地改良工事が始まった．しかし，2004年10月に豊岡を襲った

台風23号による大水害で工事が中断され，未完成部分の水田は洪水で冠水したままの状態で放置されていた．そして洪水時に入り込んだ大量の魚もそのまま取り残されていたのである．

　ハチゴロウは，自然湿地の様相を呈した水田に飛来し，餌をついばみ，ミズアオイの紫色の花のそばにたたずんだ．

　その光景を見た市民から湿地を守れという声があがり，それを受けて，2006年，市は地権者との話し合いを進めながら，戸島湿地整備計画の策定を開始した．城崎温泉では，完成後の戸島湿地の維持管理費用に充てようと，観光協会によって募金活動が始まった．

　その矢先のことだった．ハチゴロウは，2007年2月，市内の山林で死んでいるのを発見された．

　その死後，市はハチゴロウが野生復帰に向かう勇気を市民に与えたとして，ハチゴロウを讃え，感謝の気持ちを伝えるため，湿地の名称を「ハチゴロウの戸島湿地」とすることを決めた．用地は約4ヘクタールで，県と市が工事を分担して行い，2009年春の完成を予定している．2008年7月，湿地内に設置された人工巣塔から3羽の幼鳥が巣立っている．

(2) 河川の自然再生

　2005年11月，国土交通省と兵庫県は，河川における生物多様性の保全を目的として，「円山川水系自然再生計画」を策定した．むき出しのコンクリートではない多自然型護岸の導入，魚道による河川の連続性の確保などの配慮に加え，堤外湿地面積を10年間で3倍，約200ヘクタールに増やすことが盛り込まれた．

　豊岡は，2004年の台風23号による大水害を経験している．死者7名，床上浸水以上約5千帯，災害ゴミ約3万6千トンという大変な被害であった．その教訓から，国土交通省は円山川とその支流である出石川の河川改修を進めつつあるが，自然再生計画を踏まえ，治水対策とあわせて湿地再生も進めている．河川敷を浅く掘ることによって湿地の創出を図っており，2008年3月末現在，円山川水系の湿地面積は，約115ヘクタールになっている．今では，円山川，出石川に舞い降りるコウノトリを見ることができる（図3）．

図 3 自然再生によって造られた円山川の浅瀬に舞い降りたコウノトリ．かつての風景が蘇った（2008 年 10 月撮影）．

また，出石川の堤外にある約15ヘクタールの農地を国土交通省が買収し湿地再生を行う計画も進められている．

4 環境経済戦略

(1) 環境経済戦略とは何か

　コウノトリの野生復帰が進みつつある今，豊岡が次に開こうとしているのは「環境経済戦略」の扉である．

　環境と経済の関係には，様々なバリエーションがある．一方の極に，かつての公害に見られるような，経済が環境を徹底的に破壊しながら発展するという関係がある．他方の極には，環境を守るために経済に徹底的に制約を課するという関係もある．しかし，そのどちらでもない関係があるはずである．環境を良くする行動（環境行動）によって経済が活性化する，俗な言葉で言うと「儲かる」，そしてそのことが誘因になって環境行動がさらに広がるという，環境と経済が共鳴する関係である．そのような関係を市は「環境経済」と名づけ，その実現を図るため，2005年3月，「豊岡市環境経済戦略」を策定した．

　戦略のねらいは，大きく三つある．

　第一は，環境行動自体の持続可能性を高めることである．美しい理念だけでスタートした環境行動がやがて消えていく例を私たちは多く見てきた．環境行動は，その大切さは頭では分かるが長続きしにくい，という厳しい現実を抱えている．しかし，続けなければ，事態を変えることはできない．そこで経済に裏打ちされることによって環境行動を持続させ，かつ広げていこうというねらいである．

　第二は，自立を図るということである．地方も自立を強く求められるようになった．地域経済の活性化が以前にも増して重要となってきた．しかし，どのような分野なら地域経済の発展が望めるのであろうか．市は，「環境」の分野がその可能性を持つ有力な分野だと考えている．コウノトリをめぐる活動は，当初から「コウノトリと人間と，どちらが大切なのか」「環境保全で

飯が食えるのか」といった疑問と批判にさらされてきた．環境経済は，それに対する答えでもある．

第三は，誇りを支えることである．もし豊岡が，環境破壊ではなく，環境を良くする，まさにそのことによって生計を立てているまちになったとしたら，豊岡の市民は自らを大いに誇ることができるだろう．地方が衰退してきた過程は，地方が誇りを失っていく過程でもあった．私たちは，誇りを取り戻し，それをまちづくりのエネルギーにつなげていく必要がある．

(2) 環境経済の具体例
■環境経済型企業
　豊岡に太陽電池を製造するカネカソーラーテックという企業がある．薄膜系で世界最高水準の変換効率をもつ太陽電池を生産している．世界中の人々が地球温暖化防止に貢献しようとして太陽電池を設置すればするほど，二酸化炭素の排出量は減り，企業の業績は上がる．製品の更なる品質向上やコストダウンも図られ，太陽電池の設置がさらに広がる．環境と経済が矛盾しないという代表例である．太陽電池は工場製品であるから，工場がどこにあっても理論上は同じものができる．しかし，製品の大部分が環境問題への関心が高いヨーロッパに輸出されているこの企業は，「私たちの夢にふさわしい場所．それがコウノトリのいる豊岡です」をキャッチフレーズにしている．

■環境創造型農業
　農業も決定的に重要である．コウノトリに最後に止めをさしたのは農薬であった．農薬は野生生物を死に追いやるのみならず，人間の健康も蝕んできた．しかし，「農薬はけしからん」と農家を批判するだけでは，事態は何も変わらない．ヨーロッパの地中海性気候では，年間の降水量が日本の3分の1程度であるうえに，夏は乾季で，寒い冬に雨が降る．植物の生育条件は良くない．これに対して，日本は，モンスーンアジアにあって，湿潤で暑い夏がある．光合成の条件が整い，草はあっという間に生えてくる．虫もわく．日本の農業は草との闘いだと言われてきた．田に這いつくばって行う草取りは，腰が曲がってしまうほどの重労働であった．ところが，農薬によって除

草と殺虫が簡単になった．収量も安定した．農家が農薬に飛びついたことには，それなりの理由があった．

そこで，農薬に頼らない農業を広げるため，豊岡では二つのことを考え，実行してきた．

第一は，農薬に頼らない技術体系の構築である．

特に稲作について，まず県の指導の下に，1995年から農薬の代わりにアイガモを使う「アイガモ農法」の導入を図ってきた．アイガモは草を食べ，虫を食べる．しかも水かきを使って水田内を泳ぎ回ると，水が濁って光合成がおきにくくなる．糞は有機の肥料になる．2008年度の作付面積は，約6ヘクタールである．

次に，同じく稲作について，「コウノトリ育む農法」の確立と普及を図ってきた．2001年，市は生きものを育む農業の学習会を始めた．そして2003年，県の農業改良普及センターやJAたじまも加わり，意欲的な農家と一体となって，安全な米と生きものを同時に育むことを目指す「コウノトリと共生する水田づくり」が始まった．各地の技術を取り入れ，組み合わせ，豊岡の地に合ったように体系化された農法は，2005年に「コウノトリ育む農法」と名づけられ，農業者自身と県の農業改良普及員たちの努力もあって，飛躍的に広がっている．2008年度の市内の作付面積は，約183ヘクタールであり，さらに近隣市町でも作付けが始まっている．

この農法は，①農薬の不使用または大幅な削減，②化学肥料の栽培期間中不使用，③種子の温湯消毒（種子消毒に農薬を使わない），④深水管理（水を深く張ることによって浮力で草が抜ける），⑤中干し延期（カエルを増やす），⑥早期湛水，できれば冬期湛水（カエルを増やす，雑草を抑える）などで構成されている[10]．

この農法で作付けをしている自身の水田に朝露に光る無数のクモの巣を発見したある農家は，「田んぼが自然界の法則に従って動いている」と述べている．農薬を使わなくても，クモやカエルなどが害虫を食べてくれるのである．

第二は，認証制度による農産物の安全・安心ブランド化である．前述のように技術体系の確立ができたとしても，それでもなお農薬に頼る慣行農法に

第 12 章　地域をあげた市民の取り組み：コウノトリ

比べれば，手間隙がかかる．収量も減る．したがって，農家の意欲を引き出し，生産を広げるためには，農産物を適正な価格で消費と結びつける仕組みの構築が不可欠であった．

　県は，2001 年に，①農薬や化学肥料の使用を低減した生産方式であること，②農薬を使用した場合は残留農薬が国基準の 10 分の 1 以下であることなどを要件とした「ひょうご安心ブランド」を立ち上げた．2007 年度実績で，市内の栽培面積は，米と野菜をあわせて約 411 ヘクタールである．この面積は，市の全作付面積の約 11% に相当する．なお，これ以外に，この制度には乗っていないが基準はクリアしている減農薬栽培の稲作が約 250 ヘクタールある．

　市は，2003 年，「ひょうご安心ブランド」の認証基準に，「土壌分析結果に基づき適正施肥を行うこと」という基準を上乗せした「コウノトリの舞」認証制度を設けた．2007 年度実績は，約 369 ヘクタール（ひょうご安心ブランドの内数）である．

　これらの認証を受けた農産物は，通常のものに比べ，1.2 倍から 2 倍の値段で店頭に並べられている．これもまた，環境経済の一例である．

　かつてコウノトリは農業によって絶滅に追いやられた．そのコウノトリが今，農業を押し戻している．しかも農業を変えながら．農業を再生させながら．

■コウノトリツーリズム

　コウノトリの絶滅と復活の物語が広く知られるようになるにつれ，豊岡を訪れる人が急激に増えてきた．コウノトリの郷公園の来場者は，2004 年度約 12 万人であったが，9 月に初の自然放鳥をした 2005 年度には 24 万人，2006 年度には約 49 万人，2007 年度は若干減少したが約 45 万人を記録した．大手旅行会社による，コウノトリの郷公園を訪れ，城崎温泉でコウノトリ育むお米と但馬牛を食べ，翌日は城下町出石を訪れるというツアーの他，中国からの環境学習旅行も始まっている．

5　帰ってきた子どもたち

　コウノトリをめぐるこれまでの取り組みによって，水田に様々な生き物が帰ってきた．カエルやメダカやドジョウやフナも帰ってきた．コハクチョウやマガンやヒシクイもやってくるようになった．コウノトリも帰ってきた．しかし，豊岡の水田風景に戻ってきたもののなかで，私たちが最も誇りに思うもの，それは，子どもたちである．

　農家の指導を受けながら自ら無農薬のコウノトリ育む農法に挑戦し，できた米を朝市で売る子どもたち．消費を増やすことが作付面積を増やす早道と考え，学校給食でコウノトリ育む米の使用を市長に直接訴え，実現させた子どもたち．泥んこになって田んぼの生きもの調査をする子どもたち．ビオトープ水田に舞い降りるコウノトリの観察を続ける子どもたち．

　子どもたちが，また水田に帰ってきた．

6　今後の課題

　コウノトリの野生復帰の取り組みは，放鳥後順調に進んでいるように見える．特に2008年に野外のペアが前年の2組から5組に増え，その5組から生まれた8羽が巣立つなどして，野外のコウノトリは一挙に28羽に増加した．

　しかし，それらの多くが今なおコウノトリの郷公園の餌にも依存していることは，豊岡における自然の回復がまだまだ不十分であることを物語っている．「コウノトリと人間と一体どちらが大切か」と詰問するような気分も，市民の間で折に触れて噴出する．

　こうしたなかで，①人々の理解をどのように広げ，自然再生の取り組みをいかに加速するのか．さらに，②放置するとすぐに草が生え，雨が降ると土砂が溜って「自然」に戻ろうとする湿地を適正に管理する技術をどのように築き上げるか，③広大な湿地を管理する社会的システム，すなわち労力と資金を持続的に確保し，投入する仕組みをどのように築き上げるか，④他地域

との連携をどのように図るか，⑤生物多様性の保全に関する知をどのように集積させ，体系化し，発信するのか，など，私たちの前にはなお様々な課題が横たわっている．私たちは，一歩ずつ一歩ずつ歩いて行こうと思う．

7 命への共感

　日本の野外で43年ぶりにコウノトリのヒナが孵った2007年5月20日は，豊岡にとって特別な日となった．

　ヒナ誕生以後，親鳥は，わが身を削るようにしてエサを与え，日差しの強い日には羽根を広げて日陰を作り，風の強い日にはしっかりと抱きかかえた．懸命に守り，寄り添うようにして2か月．今度は巣立ちを促すように巣から離れた．

　水田地帯に設置された人工巣塔の周囲には，ビーチパラソルの下でバスタオルを顔に巻きつけた新聞記者や放送局のカメラマンが，巣立ちの瞬間を捕らえようと待ち構えていた．近くの小学校の子どもたちが，テントのなかで夏休みの宿題をしながら，交代で観察を続けていた．市民も連れ立ってかけつけ，見守った．

　地上12.5mの高さの人工巣塔から下を覗き込み，羽を広げて浮き上がり，飛行の練習をする幼鳥．しかし，2か月を過ぎても幼鳥は巣立ちをしない．炎天下のなか，1日また1日と過ぎていく．

　8月2日には，巣塔のすぐ近くから花火が打ち上げられる．人々はやきもきし始めた．栄養が不足し，成長が充分でないのか．親鳥が甘やかせすぎではないのか．そんな周囲の不安をよそに，7月31日，幼鳥は突然大空に舞い上がった．皆が一斉に声をあげ，青空をバックに悠然と飛ぶ姿に心からの拍手を送った．日本の野外における巣立ちは，46年ぶりのことであった．

　コウノトリの飼育に人生の大半をかけてきた松島興治郎は，さらりと言ってのけた．

　「巣立ちは決して遅くはなかった．あの子にとっては，普通だったよ」

　ヒナの誕生と巣立ちは，多くの人々に感動を与えた．しかし，私たちはいっ

たい何に心を動かされたのだろうか．私たちの心を突き動かしたもの，それは輝く命であり，命への共感であったのだと私は思う．人々は，コウノトリの親子を見ながら，同じ命を持つものとしての，そしてやがて去っていく運命にあるものとしての自分たち自身の姿を見ていたのではないか，と思う．

　2008 年 3 月，豊岡市は，5 月 20 日を「生きもの共生の日」と制定した．

参照文献

1) 阪本勝（1966）『コウノトリ』神戸新聞出版部：60-61.
2) 池田啓（2007）『コウノトリがおしえてくれた』フレーベル館：20-24.
3) シュリーマン・H，石井和子訳（1998）『シュリーマン旅行記清国・日本』講談社学術文庫（1325）：139.
4) 菊池直樹・池田啓（2006）『但馬のコウノトリ』但馬文化協会：50-53.
5) 阪本勝（1966）『コウノトリ』神戸新聞出版部：3-13.
6) 豊岡市教育委員会（1994）『舞い上がれ再び』：23.
7) 小野泰洋・久保嶋江実（2008）『コウノトリ，再び』エクスナッレジ：75-79.
8) 菊池直樹（2006）『蘇るコウノトリ』東京大学出版会：34-36，99-104.
9) 国立天文台（2005），国土交通省土地・水資源局水資源部（2004）統計等．
10) 西村いつき（2006）「コウノトリを育む農法」，鷲谷いづみ編著『水田再生』，家の光協会：125-126.

column 13

農林業の変化の鳥への影響

● 植田睦之

　日本は狭い国土に多くの人が住んでいるため国土の多くは人の手が入っている．平地は水田や畑に，丘陵帯から低山帯は雑木林に，より険しい場所は林業の場として利用されてきた．このような利用の歴史のなか，湿地の鳥は水田を利用するようになり，草地の鳥は畑を利用するなど，鳥たちも人の土地利用に適応してきた．

　ところがエネルギー革命と農業の近代化により，近年，人による土地の利用が大きく変わった．燃料が石油やガスに変わったため雑木林は使われなくなり，材木利用の減少と安い洋材の輸入により植林も管理されなくなっている．農業の近代化に適していない小規模な水田や畑も放棄されている．このような環境の変化により多くの生物の生息環境が消滅し，生物多様性国家戦略のなかでも三大危機の一つに「人間活動の縮小による危機」があげられるまでになっている．

　「人間活動の縮小による危機」により個体数が減少した代表例はサシバである．サシバは谷津田と呼ばれる里山環境に多く生息する中型の猛禽類である．春は水田にいるカエルを捕食し，稲が伸びて水田で獲物をとりにくくなると，畔や斜面林でカエルや昆虫を獲る．そのため，大規模水田地帯ではなく谷津田を好むと考えられている[1]．このような谷津田は水田面積が狭くまた入り組んだ形をしているため機械化に適さず，生産効率が良くない．その

ため耕作放棄されたり住宅地等にされたりして農地として利用されなくなっている．このような生息地の減少によりサシバは急激に減少してしまった[2]．

また，林業活動の低下が影響した例としてはイヌワシがあげられる．林業が活発に行われていた頃には，伐採地が生じ，そこがイヌワシにとっての狩場になっていた．ところが林業活動の低下により伐採地が少なくなり，採食地や獲物になるウサギなどが減ってしまった．これが繁殖成績も低下の大きな原因になっていると考えられている[3]．イヌワシの採食地を作り出す意図的な間伐を行うことによりこの問題を解決しようと，環境省などが列状間伐によるイヌワシの採食地の創造を行っている[4]．

このような農林業活動の低下の影響がある反面，農業利用されている場所でも機械化に伴う単一化，農地整備，農薬や肥料の大量使用等の農業の近代化が進み，その環境の変化が鳥の生息地を奪っている．これらの問題については藤岡・吉田[5]が詳しくまとめているので，ここでは一部の事例を紹介する．たとえば水田は機械化がしやすいように乾田化された．乾田化は湿地の代替地として機能していた水田を質的に変えてしまった．カエル類などの生物が減少し，それがチュウサギなどの減少にとつながっていると考えられている[6]．同様のことは畑でも起きている．日本での研究例は少ないが，ヨーロッパでは農地の鳥の減少が深刻で，たとえばヒバリには農業を効率化するための農薬の増加（コラム1参照），耕作区画の大規模化や作物が春播きから秋播きに変化したりしたことなどが大きな影響を及ぼしたと考えられている[7,8]．秋播きへ変化は冬期に耕作することになり，冬期の鳥の重要な食物である耕作地の落下種子等を減らした．また秋播きすることは作物の草丈が春に高くなることにつながり，草丈の低い場所を好むヒバリにとって畑が好適な繁殖地ではなくなってしまった．また，たとえ1回目の繁殖ができたにしても2回目の繁殖は草丈が高くてできなく，繁殖回数が減ってしまうことにもつながっている．BTOやRSPBなどはこの問題の解決のため，農地のなかに4m程度の裸地を作ったり，畑の周囲に裸地を作ったりすることにより，営巣や採食に適した「空間」を作り出し，何もしない農地の4倍にまで草地性の鳥類の個体数を増やすことに成功している[9]．

農地は本来「生産の場」であり，そこを鳥類の生息場とすることは簡単な

ことではない．しかし，食の安全が問われる情勢下で，多少の生産性を犠牲にしても，水田を生物の生息地としても良いようにして生物がたくさんいるような水田での米＝安全な米としてブランド化してやや高い価格で販売することで，農家にとっても生物にとっても良い農業をする試みが全国各地で行われている．たとえば第1章で紹介されている佐渡のトキの保全の現場では，冬期湛水水田と農薬や化学肥料をできるだけ使わない農業によりトキの採食地となる水田を目指す農業で生産されたコメが「トキひかり」として販売され，第12章で紹介されているコウノトリの保全の現場では，同様のコメが「コウノトリの郷米」として販売されている．しかし，利用されなくなりつつある小規模農地に生息する種をどのように守っていくのかについては極めて難しい問題であり，一部ビオトープやボランティアの手により保全する活動も行われているが，そのような形で保全できる場所はごくわずかである．このようなものについては国による方針の決定とそれに基づく対応が必要だろう．

参照文献

1) 東淳樹（2004）「サシバとその生息地の保全に関する地域生態学的研究」『我孫子市鳥の博物館調査研究報告書』14：1-119.
2) Ueta, M., Kurosawa, R. and Matsuno, H. (2006) Habitat loss and the decline of Grey-faced Buzzards (*Butastur indicus*) in Tokyo, Japan. *Journal of Raptor Research* 40: 52-56.
3) 由井正敏（2007）「北上高地のイヌワシ *Aquila chrysaetos* と林業」『日鳥学誌』56：1-8.
4) 青山一郎（2006）「イヌワシを守る理由とその取り組み」『Birder』20（2）：42-45.
5) 藤岡正博・吉田保志子（2002）「農業生態系における鳥類多様性の保全」山岸哲・樋口広芳編『これからの鳥類学』，380-406，裳華房.
6) Fujioka, M. and Yoshida, H. (2001) The potential and problems of agricultural ecosystems for birds in Japan. *Global Envion. Res.* 5: 151-161.
7) Newton, I. (1998) *Population limitation in birds*. Academic Press, San Diego/London.
8) Donald, P. F. (2004) *The Skylark*. T & AD Poyser, London.
9) British Trust for Ornithology. (2007) Creating fields of plenty. *BTO News* 271: 14-15.
10) 呉地正行（2006）『雁よ渡れ』どうぶつ社.

II──鳥類保全のためのデータブック

第13章

鶴見みや古・金井　裕
Tsurumi Miyako・Kanai Yutaka

鳥の保全に参加しよう

1 鳥の保全を学ぶ

（1）何を，何から学ぶのか

　日本では，アホウドリやヤンバルクイナなど38種（亜種）の鳥類が，特に保護を必要とする鳥類（国内希少野生動植物種）として国で定められ，これら鳥類の保全のための取り組みが，環境省，農林水産省，文化庁などの国の機関，大学などの研究教育機関，さらに動物園や民間の保護団体によって進められている．本書第1部で詳しく紹介したように，現在，日本では野生個体が絶滅したトキ（第1章）やコウノトリ（第12章）の人工増殖が着々と進められ，外国産の個体を用いての国内での再生までもが行われている．現代に生きる私たちにとって，希少な野生動物の保全は必要なことは，当然のこととして受け止められている．しかし，いつ，どのようにしてトキやアホウドリは希少な鳥類になってしまったのだろうか．そして，それらを保全するためには何をどのように学んだらよいのだろうか．

　生物を保全する取り組みは，多くの場合，遺伝，形態，生理，行動，生態など，基礎的な生物学の情報の応用的な活用と言える．そのため，生物学を学ぶことができる大学なら，たとえ鳥を教える教員がいなくとも必要な知識の多くを得ることができるだろう．生物の保全を進めていく中では，生息環境との関係性が明らかにならないと，その取り組みが途中で行き詰まることがある．大学という機関の強みは，このような状況に陥った際に，まったく異なる研究を進める人たちが身近にいることで多面的な情報が得られる可能

性があることと言える．

　保全に取り組む場合，野生動物と人との関わりも重要な要素として考える必要がある．特に現代社会において，これを除外しての保全は考えられないであろう．第1部の各章で論じたように，「希少鳥類」とされる鳥類には，かつてはいわゆる「普通」に，あるいは「たくさんいた」鳥であったものが多い．トキ，コウノトリ，アホウドリしかり，これらの鳥類の著しい減少には人間の存在が大きくかかわってきているからである．日本人がどのように野生鳥類と関わってきたのか．歴史的な背景，国としての保全の取り組みの歴史を把握すること，すなわち人文科学や社会学の側から知識を得ることも必要であろう．財団法人山階鳥類研究所は，生物科学の分野だけでなく，このような情報を含んだ鳥類資料も長年集め続けている．

　また，かつては珍しい動物や，さまざまな地域に生息する動物を飼育し，人々に見せることを大きな目的としていた動物園が，近年では希少鳥類を人工的に増殖させる場として活用され，保全のための研究機関としての役割をも担う重要な存在になっていることも見逃せない．例えば，具体的な取り組みが今まさに動き始めた，小笠原諸島固有のアカガシラカラスバトでは，系統保存や来るべき野外放鳥のために，恩賜上野動物園が人工繁殖に取り組んでいる．このような保全の場としての動物園での取り組みも知っておく必要があろう．一方，鳥類の保全の必要性は理解できても，そこに人間の経済活動が関与する場合，問題はより複雑化する．その一例として農林漁業従事者にとっての鳥害問題がある．こういった鳥と人間をめぐる諸問題も保全を考える上で重要な事項である．

(2)「1冊読めば事足りる」本はない

　鳥類の保全に取り組むきっかけは，鳥が好きだから，環境保全の一環として，また，学校や研究室で与えられたテーマとしてなどその理由はさまざまだろう．しかし，これだけ読めば保全はばっちり，保全のバイブルといったものは存在しない．以下に先達の歩んできた鳥類保全の歴史，学問としての鳥類保全，さまざまな事例等についてのいくつか図書を紹介する．なかにはある程度の専門的な生物学の知識を要するものもあるが，できるだけ鳥類保

全に関する事例を多く含んだ図書を選定したつもりである．これらの図書が，これから鳥類保全を学ぼうとする方，実際に鳥類保全に取り組み，現在も悪戦苦闘しているであろう方々の思索の一助となれば幸いである．中には現在では入手が難しい図書もいくつかあるが，それらについては図書館等を利用していただきたい（鶴見みや古）．

■鳥獣保護の歴史・行政のとりくみについて知る

1) 山階芳麿著．1967．鳥の減る国ふえる国．日本鳥類保護連盟．
2) 林野庁編．1969．鳥獣行政のあゆみ．林野弘済会．
3) 環境庁自然保護局編．1981．自然保護行政のあゆみ：自然公園50周年記念．第一法規．
4) 環境庁自然保護局鳥獣保護課編集委員会編集発行．1976．わが国の鳥獣．日本鳥類保護連盟（発売）．
5) 日本自然保護協会編．2003．生態学からみた野生生物の保護と法律．講談社．（ISBN 4-06-155216-3）．

■鳥類保全・保全生物学について学ぶ

6) 山階芳麿編．1951．日本鳥類の生態と保護．共立出版．
7) 樋口広芳編．1996．保全生物学．東京大学出版会．（ISBN 4-13-060165-2）．
8) プリマック，R.B.・小堀洋美著．1997．保全生物学のすすめ：生物多様性保全のためのニューサイエンス．文一総合出版．（ISBN 4-8299-2116-1）．
9) 日本鳥類保護連盟編．1997．まもろう鳥みどり自然．中央法規出版．（ISBN 4-8058-4118-4）．
10) 山岸哲・樋口広芳編．2002．これからの鳥類学．裳華房．（ISBN 4-7853-5838-6）．
11) アスキンズ，R.A.著．黒沢令子訳．2003．鳥たちに明日はあるか：景観生態学に学ぶ自然保護．文一総合出版．（ISBN 4-8299-2175-7）．
12) 山階鳥類研究所編（山岸哲監修）．2007．保全鳥類学．京都大学学術出版会．（ISBN 978-4-87698-703-0）．

■絶滅を考える

13) シルヴァーバーグ，R. 著．佐藤高子訳．1983．地上から消えた動物．早川書房（ハヤカワ文庫 NF88）．
14) 五十嵐享平・岡部聡・村田真一編．1992．絶滅動物の予言．情報センター出版局．(ISBN 4-7958-1262-4)．
15) 朝比奈正二郎・今泉吉典ほか監修執筆．1992．レッドデータアニマルズ：日本絶滅危機動物図鑑．JICC 出版局．(ISBN 4-7966-0305-0)．
16) 荒俣宏著．1993．世界大博物図鑑別巻1：絶滅・希少鳥類．平凡社．(ISBN 4-582-51826-5)．

■鳥類保全に向けたとりくみを知る

17) マックナルティ，F. 著．藤原英司訳．1978．復活：アメリカシロヅル絶滅への挑戦．どうぶつ社．（文芸社刊．1968．「滅びゆく野生のいのち」の復刻版）．
18) ラバスティール，A. 著．幾島幸子訳．1994．絶滅した水鳥の湖．晶文社．(ISBN 978-4-7949-6187-7)．
19) アクセル，H. 著．黒沢令子訳．1995．よみがえった野鳥の楽園：英国ミンズミア物語．平凡社．(ISBN 4-582-52718-3)．
20) 新保國弘著．2000．オオタカの森：都市林「市野谷の森公園」創生への道．崙書房．(ISBN-13: 978-4-8455-0173-1)．
21) 竹内均編．近辻宏帰監修．2002．トキ．永遠なる飛翔：野生絶滅から生態・人工増殖までのすべて．ニュートンプレス．(ISBN 4-315-51653-8)．
22) 中村浩志著．2004．甦れ，ブッポウソウ．山と渓谷社．(ISBN 4-635-23000-7)．
23) ワトソン，J. 著．山岸哲・浅井芝樹・ダム水源地環境整備センター訳．2006．イヌワシの生態と保全．文一総合出版．(ISBN 978-4-8299-0018-5)．
24) 菊地直樹著．2006．蘇るコウノトリ：野生復帰から地域再生へ．東京大学出版会 (ISBN-13: 978-4130633260)．
25) 中村浩志著．2006．雷鳥が語りかけるもの．山と渓谷社．(ISBN 4-635-

23006-6).

■動物園での取り組み

26) 佐々木時雄著. 佐々木拓二編. 1977. 続動物園の歴史（世界編）. 西田書店.
27) 佐々木時雄著. 1987. 動物園の歴史：日本における動物園の成立. 講談社.（講談社学術文庫）. (ISBN 4-06-158774-9). （西田書店刊. 1975. の復刻版）.
28) ダレル, J. 著. 片岡しのぶ訳. 1992. 方舟記念日. 河出書房新社. (ISBN 4-309-20182-2).
29) タッジ, C. 著. 大平祐司訳. 1996. 動物たちの箱船：動物園と種の保存. 朝日新聞社. (ISBN 4-02-256998-0).

■鳥獣害および野生生物との共存を考える

30) 由井正敏・石井信夫著. 1994. 林業と野生鳥獣との共存に向けて：森林性鳥獣の生息環境保護管理. 日本林業調査会. (ISBN 4-88965-058-X).
31) 中村和雄編. 1996. 鳥獣害とその対策. 日本植物防疫協会（雑誌　植物防疫特別増刊号　No. 3）.
32) 宇田川武俊編. 2000. 農山漁村と生物多様性. 家の光協会. (ISBN 4-259-51767-8).
33) 藤岡正博・中村和雄著. 2000. 鳥害の防ぎ方. 家の光協会. (ISBN 4-259-51764-3).

■その他の参考図書，インターネットサイト

34) フィリップス, K. 著. 長谷川雅美・福山欣司訳. 1998. カエルが消える. 大月書店. (ISBN 4-272-44027-6).

　　本書は鳥についての本ではないが，身近に存在する生き物の減少を調べることの難しさ，原因の究明，保護に向けての活動を記録した科学ドキュメンタリーである．鳥類の保全にも大いに繋がるものであるので紹介する．

35) 中央農業総合研究センター / 鳥獣害研究サブチーム—参考図書　http://narc.naro.affrc.go.jp/kouchi/chougai/wildlife/books_j.htm

一見保全と逆行するように思えるが，保全と駆除あるいは防除は表裏一体をなすものである．このURLの紹介には「もっと鳥害のことや鳥のこと，あるいは農地での鳥の保全について勉強したいという人のための本のリストです．」とある．鳥害対策や保全，鳥類に関する一般書など幅広く紹介されているので，これから鳥類や保全について学ぼうとする方にとって大いに参考になるはずである．

[鶴見みや古]

2　絶滅危惧種の保全活動へ参加しよう

　絶滅危惧種がほんとうに絶滅しないようにするためには，保全のための活動が必要だ．

　絶滅危惧種のうち，種の保存法に指定された種は保護のための様々な規制があるが，さらに保護増殖事業計画が策定され，環境省や都道府県の自然保護担当部署により，生息環境の改善，飼育下繁殖や野生復帰事業など積極的に保護対策が実行されているものがある．また，天然記念物に指定されている種では，文化庁や地方自治体の教育委員会により調査や保護活動が行われている．他にも，多くのNGOなどが，個別に保全活動を行っている種もある．そして，NGOの活動はもちろんのこと，保護増殖事業や天然記念物の保護であっても，その活動の実施のためには市民の参加や協力が不可欠なものがたくさんある．

　表1に，絶滅危惧種の保全活動の事例をまとめてみたが，保護活動には大きく三つのタイプがある．

(1) 保護・保全活動

　種の保全に直接関わる活動は，大きく，1) 個体の保護に直接かかわる活動と，2) 生息環境を保全する活動に分かれる．個体保護に関わる活動では，飼育・繁殖や傷病個体の治療など，専門の施設や高度な技術が必要とされ，一般市民が参加するには難しい分野だが，財団法人山階鳥類研究所は，小笠

原でのアホウドリの取り組み（第1部2章）について，ヒナの飼育に携わるボランティアスタッフの参加を広く一般へ呼びかけている．また，事故や病気で弱っている鳥を市民が見つけることも多く，そのようなときは，都道府県の自然保護担当まで連絡する．

これに対し，市民参加で行われることが多いのが，生息環境の改善活動である．財団法人日本野鳥の会は，北海道東部でタンチョウとシマフクロウの生息地を買い取って保護区としているが，タンチョウ保護区では，市民の参加により茂りすぎた樹木を伐採して営巣環境を整える活動を行なっている．シマフクロウ保護区でも，やはり市民参加で植林を行って森林を育成している（第1部4章および11章参照）また，NPO法人リトルターンプロジェクトは，東京都大田区の森ケ崎水処理センターで，コアジサシが営巣可能な砂礫地の整備作業を行っている（第1部コラム2参照）．コアジサシについては，営巣環境整備や侵入者を防ぐための監視が各地で行われている．

ゴミの清掃活動も，重要な生息地管理活動である．最近，クロツラヘラサギが釣り糸をクチバシに絡めて採食できなくなってしまう事故が続いおり，また，クチバシが折れる事故も起こっているが，これもゴミによる事故である可能性が指摘されている．そこで沖縄や福岡などクロツラヘラサギの越冬地となっている干潟や湿地では，釣り糸やゴミの清掃活動が行われている．

また第1部10章で詳しく紹介しているが，中国地方では，ブッポウソウの営巣場所確保のために巣箱を設置する活動が行われていて，この活動は，本州中部や関東地方へも広がりつつある．

(2) 調査・研究活動

保全活動の計画・立案・実施と効果測定に欠かせないのが，調査・研究活動である．この点では，研究者による詳細な行動生態の調査・研究だけでなく，市民参加による生息数調査が成果をあげている事例がある．

環境省の委託を受け，全国各地で様々な鳥類に足環を付けて個体識別調査を行う山階鳥類研究所は，一般市民からの協力調査員を募り講習会などを通じてその技術を教えることによって，調査を長年継続している．この結果は，希少鳥類の渡りルートの解明などに生かされている．

奄美大島では，環境省と奄美野鳥の会が全国に呼びかけて調査員を募り，オオトラツグミの生息数調査が続けられている．この調査結果はレッドリストの改定の基礎資料となったが，財団法人日本野鳥の会は，三宅島で2008年よりアカコッコの生息数調査を開始し，調査協力者を募っている．
　全国での市民参加型調査も行われている．日本クロツラヘラサギネットワークは，国際調査に協力して，日本国内のクロツラヘラサギの生息数調査を実施している．またNPO法人バードリサーチはヒクイナの，財団法人日本野鳥の会はチュウヒ，日本ツル・コウノトリネットワークは，ツル類やコウノトリ，日本湿地ネットワークはヘラシギの生息記録情報の提供を呼びかけている．

(3) 活動への資金協力や生息地の農林産物購入
　言うまでもなく，保全のための様々な活動を続けるには，労力だけでなく活動資金が必要だ．絶滅危惧種の保全活動を続ける団体への寄付や販売物の購入も，保全活動への参加と言える．トキやコウノトリ，ガン類やツル類，サシバなどが代表的だが，そうした鳥の生息地の環境保全に配慮した農業が行われ，そこでの生産物が「トキひかり」，「コウノトリ育むお米」，「つるの里米」などブランド化されて販売されるようになってきている．これらの農産物を購入することは，生息環境の保全を進めるばかりでなく，絶滅危惧種の保全を進める地域社会づくりにも参加することになる．
　一口に絶滅危惧種の保全活動への参加といっても，このように様々な形がある．表1を参考に，実際に各地で行われている活動の最新情報を得て，読者の皆さんが，それぞれの参加方法を考えていただければ幸いである．

〔金井　裕〕

第13章 鳥の保全に参加しよう

表1 絶滅危惧鳥類の保全活動の事例．絶滅危惧ランク（EWからVU）毎に，2008年12月現在で知られる主なものを挙げた．

対象種と絶滅危惧ランク	活動連絡先	活動内容	市民が参加できる活動
野生絶滅（EW）			
トキ	佐渡トキ保護センター野生復帰ステーション	保護増殖事業計画（農林水産省，国土交通省，環境省，新潟県，佐渡市）により試験放鳥されたトキの追跡調査	調査：目撃情報の通報
	トキ野生復帰協議会	トキの生息地の環境改善（ビオトープの設置，生物多様性農法の推進）	環境改善作業への参加・農作物の購入
	トキファンクラブ	トキの保全に必要な活動の普及教育	
絶滅危惧IA類（CR）			
クロコシジロウミツバメ	環境省古自然保護官事務所	繁殖期の巡回	
	財団法人山階鳥類研究所	標識調査・土壌保全	資金支援
コウノトリ	コウノトリの郷	飼育下増殖，放鳥，調査研究（豊岡市・兵庫県・文化庁）	調査：目撃情報の通報
	豊岡市コウノトリ共生課	コウノトリの生息地の環境改善（ビオトープの設置，生物多様性農法の推進，農家・農業団体・豊岡市）	環境改善作業への参加・農作物の購入
クロツラヘラサギ	日本クロツラヘラサギネットワーク	生息数把握，傷病個体保護，開発行為の監視，環境改善・生息地清掃	調査参加，生息地清掃参加

321

対象種と絶滅危惧ランク	活動連絡先	活動内容	市民が参加できる活動
シジュウカラガン	八木山動物園・日本雁を保護する会	北部千島列島のエカルマ島で飼育増殖個体の放鳥と越冬数の把握・保護	調査：目撃情報の通報
カンムリウミスズメ	環境省西表自然保護官事務所	保護増殖事業計画・生息数や事故の監視	調査：目撃情報の通報
ヤンバルクイナ	環境省やんばる自然保護官事務所	保護増殖事業計画・マングースの捕獲、交通事故防止	調査：目撃情報の通報
ヘラシギ	JAWAN	越冬地・中継地での調査	調査：目撃情報の通報
ウミガラス	環境省・羽幌町／北海道海鳥センター	保護増殖事業計画・デコイ設置・監視	資金支援
エトピリカ	環境省釧路自然環境事務所	保護増殖事業計画・混獲の防止	調査：目撃情報の通報
アカガシラカラスバト	東京都環境局自然環境部計画課	保護増殖事業・飼育下繁殖（環境省 東京都 上野動物園）	
	関東森林管理局東京分局	希少野生動植物保護管理事業・外来樹種の排除、在来樹種の植林	
	NPO法人小笠原自然文化研究所	生息状況の追跡調査	調査：目撃情報の通報
シマフクロウ	環境省釧路自然環境事務所	保護増殖事業	
	財団法人日本野鳥の会	土地買い上げ・植林	植林への参加
ノグチゲラ	環境省やんばる自然保護官事務所	保護増殖事業・生息状況の追跡	調査：目撃情報の通報

第 13 章　鳥の保全に参加しよう

絶滅危惧 IB 類 (EN)

種名	団体	活動内容	参加形態
サンカノゴイ	日本野鳥の会千葉県支部	生息地の保全	資金支援
オオヨシゴイ	日本野鳥の会千葉県支部	生息地の保全	資金支援
ミゾゴイ	日本野鳥の会奥多摩支部	生息状況の追跡	調査：目撃情報の通報
オジロワシ	環境省釧路自然環境事務所	保護増殖事業（文部科学省、農林水産省、国土交通省、環境省）	
オガサワラノスリ	関東森林管理局東京分局	希少野生動植物保護管理事業	
イヌワシ	環境省猛禽類保護センター	保護増殖事業（環境省、農林水産省）	
	日本イヌワシ研究会	生息分布、生態調査	
	中部森林管理局	希少野生動植物保護管理事業	調査：目撃情報の通報
チュウヒ	財団法人日本野鳥の会	生息数・分布・生態調査	調査：目撃情報の通報
ブッポウソウ	ブッポウソウネットワーク	巣箱設置	巣箱設置
	日本野鳥の会広島県支部・岡山支部・鳥取県支部	巣箱設置	巣箱設置
ヤイロチョウ	社団法人生態系トラスト協会	高知県内の生息地取得	調査：目撃情報の通報
	日本野鳥の会宮崎県支部	御池野鳥の森の監視	

対象種と絶滅危惧ランク	活動連絡先	活動内容	市民が参加できる活動
アカコッコ	三宅島アカコッコ館	生息状況の追跡	調査参加
オオセッカ	オオセッカランド	仏沼での生息調査	
	日本野鳥の会千葉県支部	利根川周辺での生息調査	
ウチヤマセンニュウ	三宅島アカコッコ館	生息状況の追跡	調査：目撃情報の通報
ハハジマメグロ	関東森林管理局東京分局	希少野生動植物保護管理事業	
オガサワラカワラヒワ	関東森林管理局東京分局	希少野生動植物保護管理事業	
絶滅危惧Ⅱ類（VU）			
アホウドリ	環境省自然環境局野生生物課	生息地保全、営巣地分散、移動追跡	
	財団法人山階鳥類研究所		
コクガン	日本雁を保護する会	生息状況の追跡	調査：目撃情報の通報
ヒシクイ	日本雁を保護する会	生息状況の追跡、生息地の環境改善（冬水たんぼの推進、生物多様性農法の推進）	調査：目撃情報の通報、農作物の購入
	ヒシクイ保護基金	生息状況の追跡、生息地の環境改善（冬水たんぼの推進、生物多様性農法の推進）	農作物の購入
トモエガモ	加賀市鴨池観察館・財団法人日本野鳥の会	生息状況の追跡、生息地の環境改善（冬水たんぼの推進、生物多様性農法の推進）	農作物の購入

第 13 章　鳥の保全に参加しよう

種	団体・機関	活動	参加方法
オオワシ	文部科学省、農林水産省、国土交通省、環境省	鉛中毒対策	調査：目撃情報の通報、農作物の購入
サシバ	豊田自然観察の森・財団法人日本野鳥の会	生息状況の追跡・生息環境整備	ゴミ持ち帰り
ライチョウ	富山県、長野県、山梨県　中部森林管理局東京分局	生息状況の追跡・生息環境整備	
タンチョウ	環境省、農林水産省、国土交通省	生息環境整備	
	財団法人日本野鳥の会	給餌、保護区設置、普及教育、生息環境整備	環境管理キャンプ参加
	NPO法人タンチョウ保護調査連合	生息調査、営巣分布調査、標識調査	調査参加
	阿寒国際ツルセンター		
ナベヅル	環境省自然環境局野生生物課	越冬分散	調査：目撃情報の通報
マナヅル	財団法人日本野鳥の会	越冬分散	調査：目撃情報の通報
	出水市ツル博物館	生息調査、生息環境整備	
	周南市鶴いこいの里	生息調査、生息環境保全・ツルの移送	調査：目撃情報の通報、農作物の購入
	伊万里市役所	越冬誘致	

対象種と絶滅危惧ランク	活動連絡先	活動内容	市民が参加できる活動
マナヅル	四国ツル・コウノトリ保護ネットワーク	四国内のツル類の生息情報と保護の情報交換	調査：目撃情報の通報
	日本ツル・コウノトリネットワーク	国内のツル類の生息情報と保護の情報交換	調査：目撃情報の通報
ヒクイナ	NPO法人バードリサーチ	生息状況の追跡	調査：目撃情報の通報
アマミヤマシギ	環境省奄美自然保護官事務所・奄美野鳥の会	生息状況の追跡	調査：目撃情報の通報
ズグロカモメ	日本野鳥の会北九州支部，北九州市	生息状況の追跡，標識調査	調査：目撃情報の通報
ベニアジサシ	財団法人山階鳥類研究所	生息状況の追跡，標識調査	調査：目撃情報の通報
コアジサシ	日本野鳥の会熊本県支部，佐賀県支部	生息地保全	環境整備作業・監視への参加
	NPO法人リトルターンプロジェクト	生息地保全	環境整備作業・監視への参加
カンムリウミスズメ	三宅島アカコッコ館，日本野鳥の会宮崎県支部，石川県支部，三重県支部	各地での生息調査・生息環境整備	調査：目撃情報の通報

種	団体	調査内容	調査参加
オオトラツグミ	環境省奄美自然保護官事務所・奄美野鳥の会	生息状況の追跡	
コジュリン	日本野鳥の会千葉県支部,茨城支部	利根川周辺での生息調査	
	NPO法人オオセッカランド	仏沼での生息調査	

第14章

星野一昭
Hoshino Kazuaki

鳥類保全に関する法制度と希少鳥類保全施策の概要

1 鳥類保全に関する法制度の概要

　鳥類の保全を目的に含む法律としては，「鳥獣の保護及び狩猟の適正化に関する法律（鳥獣保護法）」，「絶滅のおそれのある希少野生動植物の種の保存に関する法律（種の保存法）」および「文化財保護法」があげられる．

　また，鳥類の生息地の保全に寄与する法律として，保護区を指定する「自然公園法」や「自然環境保全法」をあげることができる．

　さらに，国土の約2割を占める国有林管理の仕組みのなかに，野生鳥獣の保護を目的の一つとした保護林制度があり，これも，鳥類の保全を目的とした国の制度といえる．

　鳥類保全に関する法制度にはこのようなものがあるが，種の保存法については第3節で詳述するので，本節では鳥獣保護法，文化財保護法および保護林制度の概要を説明する．

【鳥獣保護法】

　鳥獣保護法は，1918（大正7）年に制定された狩猟法（改正狩猟法）を母体に発展してきた法律であり，鳥獣の捕獲規制，鳥獣の生息地の保護（鳥獣保護区特別保護地区制度等），鳥獣の科学的計画的な管理（特定鳥獣保護管理制度），狩猟の適正化などを図ることにより，鳥獣の保護に中心的な役割を果たしている．

江戸時代には将軍や藩主など限られた人しか狩猟を行うことが許されなかったが，明治維新により，多くの人が肉や毛皮，羽毛などを目的に狩猟を行うようになり，トキやアホウドリ，エゾシカなど狩猟対象となった鳥獣の個体数が急激に減少することとなった．また，その後も鳥獣の減少傾向は続いた．こうした背景の下に狩猟制度の適正化と鳥獣保護の強化が図られてきた．

　狩猟については，銃砲取締規則（1872（明治 5）年制定）により銃猟者に対する免許制度の前身が創設され，鳥獣猟規則（1873（明治 6）年制定）により銃猟に限定した狩猟制度が創設されたが，狩猟対象鳥獣は限定されておらず，銃器以外の猟具による狩猟は放任されたままであった．狩猟規則（1892（明治 25）年制定）に至り，ようやく網・わなも対象にされ，狩猟が禁止される保護鳥獣と保護期間も定められた．1895（明治 28）年には狩猟規則が狩猟法（旧法）となり，職業としての狩猟の区分が廃止され，1901（明治 34）年の改正では禁猟区制度が創設された．1918（大正 7）年には保護鳥獣の指定から狩猟鳥獣を指定する制度への変更など全面的な改正により，旧法が廃止され，新法としての狩猟法（改正狩猟法）が制定された．1950（昭和 25）年の改正では鳥獣保護区制度が導入されるなど，戦後も鳥獣保護を強化するための法改正が行われ，1963（昭和 38）年には狩猟法の改正により，鳥獣保護を法目的に明示し，名称も「鳥獣保護及狩猟ニ関スル法律」に変更された．その後幾度も改正が行われた後，1999（平成 11）年の改正により，個体数が著しく増加したり，減少している鳥獣について科学的計画的に保護管理を行うための特定鳥獣保護管理計画制度が導入された．2002（平成 14）年には口語体に改める全部改正が行われ，旧法は廃止されて，現在の鳥獣保護法に至っている．

　鳥獣保護法では鳥獣の保護管理は基本的に都道府県の自治事務とされ，国（環境省）が示す基本指針を踏まえて都道府県知事が作成する鳥獣保護事業計画に基づき保護管理が行われる．保護管理とは，鳥獣保護区の指定・管理，鳥獣捕獲の規制，狩猟の適正化などであり，特定の鳥獣については科学的計画的に個体数調整，防除，生息地整備を進めることとなっている．鳥獣保護法には国の行う事務も定められており，環境省は全国的または国際的な観点から保護管理すべき鳥獣の生息地を国指定鳥獣保護区に指定し，管理する他，

希少鳥獣（法施行規則第4条）に関する捕獲許可の権限を有している．

　国指定鳥獣保護区は指定目的に応じて，大規模生息地，集団渡来地，集団繁殖地，希少鳥獣生息地に4区分され，全国で合計66箇所，55万 ha が指定されている．このうち，希少鳥類の生息地保護のために指定された鳥獣保護区は12箇所で，知床（シマフクロウ），釧路湿原（タンチョウ），大潟草原（オオセッカ），森吉山（クマゲラ），大鳥朝日（イヌワシ），鳥島（アホウドリ），小笠原諸島（オガサワラノスリ，アカガシラカラスバト，オガサワラカワラヒワ，ハハジマメグロ），小佐渡東部（トキ），北アルプス（ライチョウ），湯湾岳（オーストンオオアカゲラ，ナミアカヒゲ，オオトラツグミ，ルリカケス），与那国（ヨナクニカラスバト，キンバト），西表（カンムリワシ，ヨナクニカラスバト，キンバト）である．湯湾岳と西表はそれぞれ希少哺乳類であるアマミノクロウサギとイリオモテヤマネコも保護対象となっている．

　法施行規則第4条にいう希少鳥獣とは，同施行規則の別表第二に掲載された鳥獣であり，後述する種の保存法の国内希少野生動植物種に指定された種と環境省レッドリストで絶滅のおそれがあるとされた種が含まれる．学術研究目的などでこれらの鳥獣の捕獲を行う際には環境大臣の許可が必要となる．

【文化財保護法】

　1950（昭和25）年に制定された文化財保護法は歴史的建造物や美術工芸品などのいわゆる狭義の文化財だけでなく，学術上価値の高い動植物とその生息地も天然記念物として保護の対象としている（特に重要なものは特別天然記念物に指定）．前身は1919（大正8）年制定の史跡名勝天然記念物保存法で，自然保護のための法制度が拡充される前に天然記念物の保護という形で，事実上自然保護に大きな役割を果たしてきた法制度である．

　希少鳥類としては，アホウドリ，カンムリワシ，コウノトリ，タンチョウ，トキ，ノグチゲラ，メグロ，ライチョウの7種が特別天然記念物に指定されている．生息地としては，「八代のツル及びその渡来地」，「鹿児島のツル及びその渡来地」の2か所が指定されている．

【保護林制度】

　希少鳥類の保全を直接または間接の目的とする法律によって指定された保護区以外の地域においては，国土面積の約2割を占める国有林がどのような方針で管理経営されるかが希少鳥類の保全にとって極めて重要である．これはたとえ保護区であっても規制の程度が弱い場合には同様である．

　国有林の管理経営の一環として，1915（大正4）年に，学術研究，貴重な動植物の保護，風致の維持等を目的とする保護林制度が導入された．1991（平成3）年には原生的な森林生態系からなる自然環境の維持を目的とした森林生態系保護地域が保護林の一つとして設定されることとなった．知床をはじめ27箇所，40万haが森林生態系保護地域に設定されており，希少鳥類の保全上も重要な役割を果たしている．

　現在7種類の保護林が設定されており，そのうちの一つが，特定動物の繁殖地・生息地の保護を図り，あわせて学術研究に役立てることを目的とする特定動物生息地保護林である．特定動物生息地保護林は全国で36箇所，約2万ha設定されており，このなかには希少鳥類であるシマフクロウ，クマゲラ，ライチョウ，イヌワシを対象に設定されているものが含まれている．

2　レッドリスト

　野生生物の生息状況を的確に把握し，評価することは，野生生物，特に希少生物の保全を図るうえで最も基礎となる取り組みである．絶滅のおそれのある野生動植物の保護を目的とした種の保存法の制定前にも，哺乳類と鳥類については鳥獣保護法に基づく保護管理が行われていたが，その他の希少な野生生物については保護地域の制度を除いて特別の保護策がとられることはなかった．

　こうした状況の下，1991（平成3）年に鳥獣以外の野生生物も対象に生息状況についての情報を収集し，絶滅のおそれの程度を評価したレッドリストとその解説本であるレッドデータブック「日本の絶滅のおそれのある野生生物」（脊椎動物編及び無脊椎動物編）が環境庁（当時）により作成された．当時

はレッドリストと称した一覧表は作成していなかったが，レッドデータブック対象種の一覧表がレッドリストそのものである．植物（維管束植物）については，植物分類学会の特別作業部会が㈶日本自然保護協会および㈶世界自然保護基金ジャパンの支援を受けて1986（昭和61）年にレッドデータブックを作成していた（出版は1989（平成元）年）ことから，初回の環境庁版レッドリスト（レッドデータブック）の対象にはなっていない．

1991（平成3）年に最初のレッドリスト（レッドデータブック）が作成された後，2回の見直しを経て（植物については1回），2006（平成18）年12月と2007（平成19）年8月に分けて次に示す10分類群についての最新のレッドリストが公表された．哺乳類，鳥類，爬虫類，両生類，汽水・淡水魚類，昆虫類，貝類，その他無脊椎動物（クモ形類，甲殻類等），植物Ⅰ（維管束植物），植物Ⅱ（蘚苔類，藻類，地衣類，菌類）．

レッドリストは法的拘束力を有するものではないが，広く社会に周知されることにより，開発行為を行う事業者が環境影響評価を行う際にレッドリストで絶滅のおそれがあるとされた種に配慮することが期待されている．初めてレッドリスト（レッドデータブック）が作成されて15年以上が経過し，社会的認知度は高まってきた．それだけにレッドリストの信頼性確保のために科学的データに基づいた定期的な見直しが必要である．

レッドリストの作成は次のプロセスで行われた．

評価基準の確認，評価カテゴリーの検討，評価チェックシートの設計，チェックシートに基づく対象種の評価等を行うために，「絶滅のおそれのある野生生物種の選定・評価検討会」が設置された．検討会は，分類群ごとの専門家からなる九つの分科会（爬虫類と両生類は同一分科会）と各分科会の座長からなる親検討会に分かれ，親検討会の座長は哺乳類分科会座長の阿部永北海道大学農学部元教授が務めた．評価基準，評価のカテゴリー，レッドリスト作成の全体プロセスについては親検討会で議論し，分科会では評価対象種の範囲の設定，各分類群に適したカテゴリー判定のためのチェックシートの設計，チェックシートに基づくカテゴリー判定が行われた．チェックシートの記入はそれぞれの種に詳しい専門家の協力を得て行われた．維管束植物については，植物分類学会が中心となって絶滅確率に基づく判定原案が作成

され，分科会で確認が行われた．植物に詳しい 500 名を超えるナチュラリストが調査員として基礎的データの収集に協力している．鳥類分科会では藤巻裕蔵 帯広畜産大学名誉教授を座長とする 6 名の検討員で検討が行われた．

評価のカテゴリーは次のとおりである．

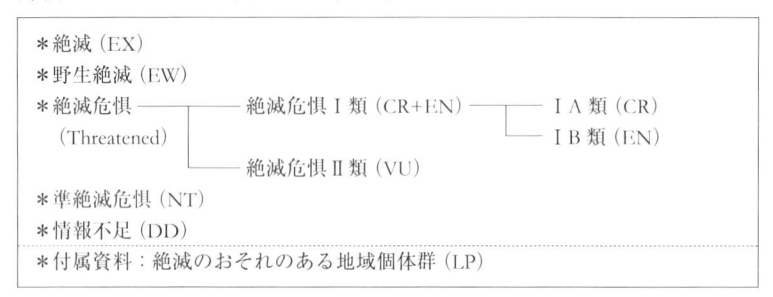

```
＊絶滅（EX）
＊野生絶滅（EW）
＊絶滅危惧 ─── 絶滅危惧Ⅰ類（CR+EN） ─── ⅠA 類（CR）
  （Threatened）                            ⅠB 類（EN）
              ─── 絶滅危惧Ⅱ類（VU）
＊準絶滅危惧（NT）
＊情報不足（DD）
＊付属資料：絶滅のおそれのある地域個体群（LP）
```

カテゴリー区分のための基準（評価基準）については，数値基準による評価が可能となるようなデータが得られない種も多いことから，定性的要件と定量的要件（国際自然保護連合（IUCN）が 2000（平成 12）年に採択した数値基準）が併用されている．定性的要件と定量的要件は厳密な対応関係にあるわけではないが，現時点では併用が最善と考えられるからである．カテゴリー判定のための情報が不足している分類群では IA と IB の区分を行わずにⅠ類としている．

情報不足と判定された種については，絶滅のおそれのある種（絶滅危惧種）または準絶滅危惧種とされる可能性がある種であるが，情報が不足しているため判定できない種であることに注意が必要である．また，絶滅のおそれのある地域個体群は，種自体はレッドリストのいずれのカテゴリーにも当てはまるものではないが，定性的な基準により，特定の地域個体群に絶滅のおそれがあると判断されたものである．このため，レッドリストの付属資料として公表されている．

今後はおおむね 5 年ごとにレッドリストの改訂が行われる予定であり，平成 20 年度から作業が始められている．レッドデータブックの改訂は次回のレッドリスト見直しにあわせて行われるため，今回の見直しではレッドデータブックの補遺が作成される．

次回改訂に当たっては，評価対象範囲の設定（新たに評価対象となりうる評

表1　鳥類のレッドリスト掲載種数

分類群	評価対象種数	絶滅	野生絶滅	絶滅のおそれのある種			準絶滅危惧	情報不足	絶滅のおそれのある地域個体群	掲載種数合計
				絶滅危惧I類		絶滅危惧II類				
				IA類	IB類					
鳥類	約700 (約700)	13 (13)	1 (1)	92 (89)		39 (47)	18 (16)	17 (16)	2 (2)	143 (137)
				53 (42)						
				21(17)	32(25)					

価可能な既存情報が収集できるグループの有無），関係学会との連携強化，保全活動によって現状が維持されている種の取り扱い，遺伝的多様性の観点の考慮などが課題である．

【鳥類レッドリストの概要】

　2007（平成19）年12月に公表された鳥類レッドリストの概要を紹介する．各カテゴリーに該当する種数は表1のとおり（括弧内は旧レッドリストの種数）．なお，評価対象種数は約700種（亜種を含む）で，定期的に日本近海に現れる海鳥は対象となるが，外来生物，国内他地域からの導入種，迷鳥（本来の渡りのコースや分布域から外れて渡来した鳥）は対象外とされた．

　絶滅危惧IA類の21種（亜種）には，シマフクロウ，コウノトリ，アカガシラカラスバト，ヤンバルクイナ，ノグチゲラなどが含まれている．（詳細は環境省報道発表資料（2006（平成18）年12月22日）を参照願いたい．）

　今回の見直しで明らかになった主な点は次のとおり．

①絶滅のおそれのある種の総数は3種増加し92種となり，鳥類の13％の種に絶滅のおそれがある．詳細に見ると，1998（平成10）年作成の旧レッドリストよりランクが下がった種が11種であるのに対し，今回新たに絶滅のおそれのある種と判定された9種を含め，ランクが上がった種が26種あり，多くの種がより上位のランクへ移行していた．ランクの上がった種の多くが草原，低木林や島嶼部を生息地としていた．

②沖縄本島北部地域に生息するヤンバルクイナと小笠原に生息するアカガシラカラスバトのランクが，ともに絶滅危惧IB類から絶滅危惧IA類に上がり，生息環境の悪化や外来生物による影響により，絶滅のおそれがさら

に高まっていることが示唆された.
③奄美地方に生息するオオトラツグミ,アマミヤマシギ,オーストンオオアカゲラ,アマミコゲラ等のランクは下がった.旧レッドリストで絶滅危惧Ⅱ類であったルリカケスはランク外となった.これは,森林植生の回復による生息環境の改善傾向という要因とともに,信頼のできるデータが多く集積されたという面が大きい.
④草原や低木林に生息するシマアオジ,チゴモズ,アカモズ,ヨタカや,里山を生息地とするブッポウソウのランクが上がった.その要因としては生息環境の悪化が示唆された.
⑤猛禽類では,里山を中心に生息するサシバがランク外から絶滅危惧Ⅱ類に新たに入った.オオタカについては絶滅危惧Ⅱ類から準絶滅危惧(生息条件の変化によっては絶滅危惧に移行する可能性があるもの)となった.

3 種の保存法

　絶滅のおそれのある野生動植物の保護を目的とした種の保存法(「絶滅のおそれのある野生動植物の種の保存に関する法律」)が制定されたのは,1992(平成4)年である.この法律の制定前にも,絶滅のおそれのある特定の鳥類を保護する法律は存在した.日本にとって初めての二国間渡り鳥等保護条約である「日米渡り鳥等保護条約」(1972(昭和47)年署名,74年発効)の締結を契機に国内外の絶滅のおそれのある鳥類の輸出入と国内取引を規制するために制定された「特殊鳥類の譲渡等の規制に関する法律(特殊鳥類法)」(1972(昭和47)年制定)である.また,絶滅のおそれのある野生動植物の国際取引を規制するワシントン条約(1980(昭和55)年締結,同年発効)で商業目的の国際取引が禁止されている種(附属書Ⅰ掲載種)の水際規制を補完する目的で制定された「絶滅のおそれのある野生動植物の譲渡の規制等に関する法律」(1987(昭和62)年制定)も存在した.
　種の保存法制定の背景としては,国内外で絶滅のおそれのある野生生物の保護の機運が高まったことがあげられる.すなわち,1986(昭和61)年に環

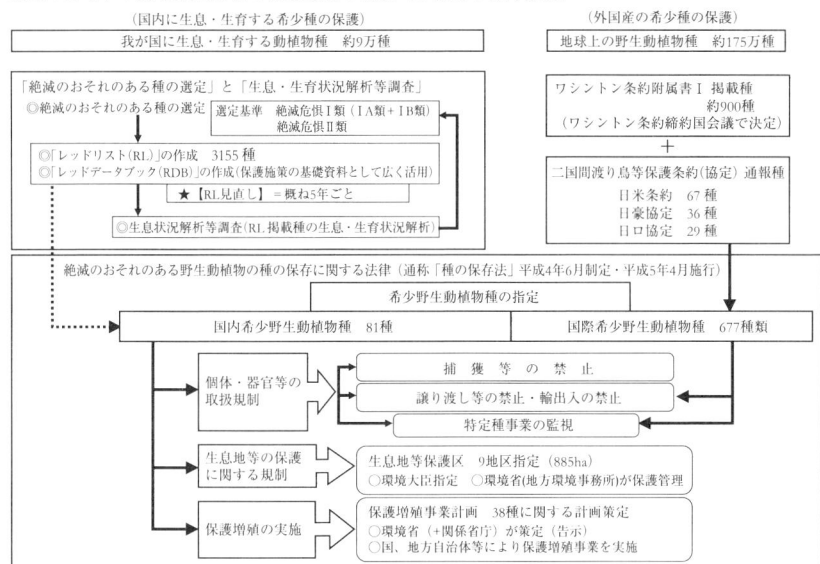

第14章 鳥類保全に関する法制度と希少鳥類保全施策の概要

絶滅のおそれのある野生生物の保全施策の概要（平成20年12月現在）

（国内に生息・生育する希少種の保護）　　　　　　　　　（外国産の希少種の保護）

我が国に生息・生育する動植物種　約9万種	地球上の野生動植物種　約175万種

「絶滅のおそれのある種の選定」と「生息・生育状況解析等調査」
- 絶滅のおそれのある種の選定　選定基準　絶滅危惧 I 類（I A類＋I B類）／絶滅危惧Ⅱ類
- 「レッドリスト（RL）」の作成　3155種
- 「レッドデータブック（RDB）」の作成（保護施策の基礎資料として広く活用）
  ★【RL見直し】＝概ね5年ごと
- 生息状況解析等調査（RL掲載種の生息・生育状況解析）

ワシントン条約附属書 I 掲載種
約900種
（ワシントン条約締約国会議で決定）
＋
二国間渡り鳥等保護条約（協定）通報種
　日米条約　67種
　日豪協定　36種
　日ロ協定　29種

絶滅のおそれのある野生動植物の種の保存に関する法律（通称「種の保存法」平成4年6月制定・平成5年4月施行）

希少野生動植物種の指定

国内希少野生動植物種　81種	国際希少野生動植物種　677種類

個体・器官等の取扱規制
- 捕獲等の禁止
- 譲り渡し等の禁止・輸出入の禁止
- 特定種事業の監視

生息地等の保護に関する規制
- 生息地等保護区　9地区指定（885ha）
  ○環境大臣指定　○環境省（地方環境事務所）が保護管理

保護増殖の実施
- 保護増殖事業計画　38種に関する計画策定
  ○環境省（＋関係省庁）が策定（告示）
  ○国、地方自治体等により保護増殖事業を実施

図1　種の保存法の仕組み

境庁自然保護局（当時）の鳥獣保護課が野生生物課となり，絶滅のおそれのある野生生物を選定するレッドリスト（レッドデータブック）の作成が進められたこと．また，国際的にも，1988（昭和63）年に開催されたワシントン条約第7回締約国会議で第8回締約国会議が1992（平成4）年に我が国で開催されることが決定されたこと，さらに同じ1992（平成4）年にリオデジャネイロで開催される地球サミット（国連環境開発会議）を目標に生物多様性条約の作成交渉が進められていたことである．

種の保存法の柱は，絶滅のおそれのある野生動植物について捕獲・採取，譲渡等を原則禁止にし，必要な場合には生息地保全のための保護区の設定と保護増殖事業を行うことである．また，国内の野生動植物だけでなく，海外の種であっても，絶滅のおそれのある野生動植物保護のための国際協力の観点から，国際的な規制対象種であれば譲渡や輸出入等が規制される．（図1参照）

種の保存法で「国内希少野生動植物種（法第4条）」に指定され規制対象と

なっている種は 81 種あり，このうち鳥類は 38 種である．閣議決定された「希少野生動植物種保存基本方針 (法第 6 条)」に国内希少野生動植物種の選定要件が定められている．選定対象種は，以下のいずれかの理由から人為影響により生息生育状況について存続に支障を来す事情が生じている種である．

　①存続に支障を及ぼす程度に個体数が著しく少ないか，または著しく減少しつつある．
　②全国の分布域の相当の部分で生息地または生育地 (「生息地等」) が消滅しつつある．
　③分布域が限定されており，かつ，生息地等の生息・生育環境が悪化している．
　④分布域が限定されており，かつ，生息地等において過度に捕獲または採取されている．

　レッドリストで絶滅のおそれが高いとされた種のうち，特に保護対策が必要と考えられるものについて，国内希少野生動植物種に指定するための生息実態把握調査が行われている．2007 (平成 19) 年に閣議決定された第 3 次生物多様性国家戦略では，戦略期間の 5 年間に 15 種の新規指定が数値目標として掲げられている．

　「国際希少野生動植物種 (法第 4 条)」についても，捕獲・採取，譲渡等が規制される．国際希少野生動植物種には，ワシントン条約の附属書 I として商業目的の国際取引が禁止されている野生動植物の種とアメリカ，ロシアおよび豪州と締結している二国間渡り鳥等保護条約に基づき相手国から絶滅のおそれのある鳥類として通報のあった種があわせて 677 種類 (科，属，種，亜種および変種) 指定されている．

　特に緊急に捕獲・採取や譲渡等の禁止措置が必要な種については，緊急指定種 (法第 5 条) の制度がある．この制度の適用は，新種の記載，絶滅種の再発見，または国内で初めての生息確認の場合に限られるが，生息情報を詳細に調査して国内希少野生動植物種の指定手続きを進めている間に捕獲・採取により大きな影響を受けると推定される種について，3 年を限度に審議会答申などの手続きを省略して，緊急に捕獲禁止等の措置を講ずるものである．1994 (平成 6) 年にワシミミズク (初確認種)，クメジマボタル (新種)，イリオ

モテボタル（新種）の3種が，2008（平成20）年3月にはタカネルリクワガタ（新種）が指定されている．

　生息生育環境を保全するための生息地等保護区（法第36条）は9地区，885haが指定されているが，広域を移動する鳥類についての保護区は設定されていない．

　国内希少野生動植物種に指定された種のうち，生息状況の把握，生息地の整備，繁殖の促進などが必要なものについては，保護増殖事業計画（法第45条）を策定して，生息状況調査，生息環境の改善，飼育繁殖等の事業が実施されている．この計画は環境省が単独で策定する場合と農林水産省，国土交通省や文部科学省と共同で策定する場合がある．また，地方自治体や民間団体は環境大臣の確認・認定を得ることにより，計画に基づく事業を実施することができる．これにより，対象となる種の取り扱いに際して種の保存法の許可等の手続きが不要となる．

　国内希少野生動植物種に指定されている鳥類38種の種名と各種についての保護増殖事業計画の策定状況とレッドリストのカテゴリーは表2のとおり．緊急指定種を経て1997（平成9）年に指定されたワシミミズクを除く37種は法律施行時の1993（平成5）年に指定されている．37種はいずれも特殊鳥類法により絶滅のおそれのある鳥類として保護されていたものである．

4　保護増殖事業

　国内希少野生動植物種に指定されている82種のうち，38種について保護増殖事業計画が策定されている．鳥類は14種について保護増殖事業計画が策定されており，その概要は表3のとおり．

　保護増殖事業は，対象となる種または種群ごとに設置されている専門家からなる保護増殖分科会の助言を受けながら進められている．事業の実施方法は様々であるが，いずれの場合も対象となる種の保護に関わっている研究機関・専門家の協力を得て実施されている．環境省が実施する保護増殖事業の他，保護増殖事業計画の共同策定省がそれぞれの所管事業の一環として実施

表2　国内希少野生動植物種（鳥類）

科　名	種　名	保護増殖事業計画	レッドリスト
アホウドリ科	アホウドリ	○	Ⅱ類（VU）
ウ科	チシマウガラス		ⅠA類（CR）
コウノトリ科	コウノトリ		ⅠA類（CR）
トキ科	トキ	○	野生絶滅（EW）
カモ科	シジュウカラガン		ⅠA類（CR）
タカ科	オオタカ		準絶滅危惧（NT）
	イヌワシ	○	ⅠB類（EN）
	ダイトウノスリ		ⅠA類（CR）
	オガサワラノスリ		ⅠB類（EN）
	オジロワシ	○	ⅠB類（EN）
	オオワシ	○	Ⅱ類（VU）
	カンムリワシ		ⅠA類（CR）
	クマタカ		ⅠB類（EN）
ハヤブサ科	シマハヤブサ		ⅠA類（CR）
	ハヤブサ		Ⅱ類（VU）
キジ科	ライチョウ		Ⅱ類（VU）
ツル科	タンチョウ	○	Ⅱ類（VU）
クイナ科	ヤンバルクイナ	○	ⅠA類（CR）
シギ科	アマミヤマシギ	○	Ⅱ類（VU）
	カラフトアオアシシギ		ⅠA類（CR）
ウミスズメ科	エトピリカ	○	ⅠA類（CR）
	ウミガラス	○	ⅠA類（CR）
ハト科	キンバト		ⅠB類（EN）
	アカガシラカラスバト	○	ⅠA類（CR）
	ヨナクニカラスバト		ⅠB類（EN）
フクロウ科	ワシミミズク		ⅠA類（CR）
	シマフクロウ	○	ⅠA類（CR）
キツツキ科	オーストンオオアカゲラ		Ⅱ類（VU）
	ミユビゲラ		ⅠA類（CR）
	ノグチゲラ	○	ⅠA類（CR）
ヤイロチョウ科	ヤイロチョウ		ⅠB類（EN）
ヒタキ科	アカヒゲ		Ⅱ類（VU）
	ホントウアカヒゲ		ⅠB類（EN）
	ウスアカヒゲ		情報不足（DD）
	オオトラツグミ	○	Ⅱ類（VU）
	オオセッカ		ⅠB類（EN）
ミツスイ科	ハハジマメグロ		ⅠB類（EN）
アトリ科	オガサワラカワラヒワ		ⅠB類（EN）

表3 鳥類を対象とした保護増殖事業計画の概要

種　名	告示年月日		生息状況把握	生息環境改善	飼育繁殖	分散化	再導入	事故防止	監視	傷病個体救護	普及啓発	共同策定省
			\multicolumn{9}{c}{主な計画内容}	
アホウドリ	当初	1993/11/26	○	○							○	
	変更	2006/8/9	○	○				○	○		○	文科、農水
トキ	当初	1993/11/26			○						○	
	変更	2004/1/29	○	○	○	○	○				○	農水、国交
タンチョウ		1993/11/26	○	○	○			○			○	農水、国交
シマフクロウ		1993/11/26	○	○	○			○			○	農水
イヌワシ		1996/6/18	○	○	○						○	農水
ノグチゲラ		1998/7/28	○	○	○						○	農水
オオトラツグミ		1999/8/31	○	○							○	農水
アマミヤマシギ		1999/8/31	○	○							○	農水
ウミガラス		2001/11/30	○	○	○						○	
エトピリカ		2001/11/30	○	○	○						○	
ヤンバルクイナ		2004/11/19	○	○	○			○	○	○	○	文科、農水、国交
オジロワシ		2005/12/1	○	○				○		○	○	文科、農水、国交
オオワシ		2005/12/1	○	○				○		○	○	文科、農水、国交
アカガシラカラスバト		2006/8/9	○	○	○						○	文科、農水

する保護増殖事業もある．また，動物園や研究機関など地方自治体や民間団体が環境大臣の確認・認定を受けて実施している保護増殖事業もある．

【種の保存法制定以前の取り組み】

　種の保存法が制定され，法に基づく保護増殖事業計画が策定される以前から，希少鳥獣の保護増殖の取り組みは行われていた．1974（昭和49）年に環境庁（当時）は特定鳥獣保護増殖対策検討会を設け，絶滅のおそれのある鳥獣について，飼育繁殖等の必要性の検討を開始した．翌年には，文化庁との協議により，天然記念物に指定されている絶滅のおそれのある鳥獣であって，鳥獣保護法や自然公園法等で十分な規制がなされている保護区内に生息

するものまたは国際条約により保護対象とされているものについては，環境庁（当時）が保護増殖を実施することとされた．コウノトリについては，当時，わが国には飼育下の個体しか存在しなかったため，引き続き文化庁が天然記念物としての保護増殖を行うこととされた．こうした経緯を経て，トキは 1975（昭和 50）年，アホウドリは 1981（昭和 56）年，シマフクロウとタンチョウは 1984（昭和 59）年，ウミガラスは 1986（昭和 61）年から環境庁（当時）による保護増殖が開始された．鳥類以外では，イリオモテヤマネコは 1979（昭和 54）年，ツシマヤマネコは 1989（平成元）年に保護増殖が開始された．これらの保護増殖の取り組みは種の保存法制定後は，法に基づく保護増殖事業として現在まで継続されている．

【その他の保護事業】

種の保存法に基づく保護増殖事業ではないが，国指定鳥獣保護区における保護管理の一環として，1 万羽を超えるツル（マナヅルとナベヅル）が越冬する鹿児島県出水市におけるツルのねぐら用水田の借り上げと給餌等の事業が環境省により実施されている．隣接する天然記念物の区域では文化庁による補助事業も実施されている．

【生息域外保全基本方針】

生息環境の保全整備や繁殖条件の改善の取り組みだけでは絶滅のおそれが高い種についてはトキやヤンバルクイナ，ツシマヤマネコなどのように人為管理下において飼育繁殖の取り組みも行われている．環境省が実施するもの以外にも動物園や植物園における取り組みも行われている．その他の種についても，こうした生息域外保全の取り組みが様々な主体により行われているが，共通する基本的考え方が無かったため，遺伝的攪乱などの懸念も生じている．このため，環境省により㈳日本動物園水族館協会および㈳日本植物園協会の協力を得て，生息域外保全基本方針が 2008（平成 20）年 12 月に策定された．

【種ごとの取り組みの状況】

　種の絶滅を回避し，遺伝的多様性を維持しながら安定的な個体群の存続を確保するために必要とされる対策は種の置かれた状況により異なる．生息状況のモニタリングを基本として，阻害要因の影響把握を行う段階のものもあれば，人為管理下で飼育繁殖を行い，野生に復帰させるために飼育繁殖個体の再導入を実施するものもある．

　保護増殖事業の主な内容は，生息状況把握，生息環境（繁殖条件）改善，飼育繁殖，分散化，再導入，事故防止，監視，傷病個体救護および普及啓発であり，これらのうちから対象となる種に必要な事業が実施されることになる．

　以下に保護増殖事業計画が策定されている鳥類ごとに環境省が実施しているものを中心に事業の概要を紹介する．

■アホウドリ（詳しくは第2章参照）

　伊豆諸島の南に位置する火山島である鳥島で絶滅されたと思われていたアホウドリは1951（昭和26）年に再発見された．その後，鳥島のアホウドリの調査と保護対策に東邦大学の長谷川博教授が大きな役割を果たした．環境庁（当時）では1981（昭和56）年に長谷川教授と㈶山階鳥類研究所の協力を得て，鳥島の急傾斜地に形成されているアホウドリの繁殖地の環境改善事業（砂防工事やハチジョウススキの植栽）を開始した．

　1992（平成4）年からは鳥島内の崩壊のおそれのない緩傾斜地に新たな繁殖地を形成させるための実物大模型と音声装置による誘導も行った．新たな繁殖地形成が順調に進んでいることを受けて，2008（平成20）年2月には火山島でなく過去にアホウドリが繁殖していた小笠原諸島の聟島にアホウドリのヒナがヘリコプターで移送され，新たな繁殖地を形成させる取り組みが開始された．この事業は山階鳥類研究所が中心となって，環境省，米国魚類野生生物局と共同で実施されている．鳥島におけるアホウドリの生息数は2000羽程度にまで回復しており，聟島に新たな繁殖地が形成されることにより，アホウドリは絶滅のおそれのある鳥類でなくなることが期待されている．

　環境省ではアホウドリの生息状況を把握するためにヒナに標識を装着する

調査を行っている他，2001（平成 13）年からは米国魚類野生生物局と共同で衛星発信機装着によるアホウドリの追跡調査も実施しており，繁殖期の採餌行動や渡りのルートなどについての知見が蓄積されつつある．

■ **トキ**（詳しくは第 1 章参照）

　新潟県佐渡島を最後の生息地としたトキは 5 羽まで減少し，自然繁殖に期待できない状況に至ったことから，1981（昭和 56）年に野生個体 5 羽がすべて捕獲され，飼育下において繁殖に取り組むことになった．様々な取り組みが行われてきたが，成功することはなく，日本産最後のトキである雌のキンは 2003（平成 15）年に死亡した．しかし，その 4 年前の 1999（平成 11）年に中国国家主席から天皇陛下に寄贈された 2 羽のつがいとその翌年に日本に提供された 1 羽の雌をもとに繁殖が順調に進み，2007（平成 19）年には 100 羽を超えるまでとなった．

　こうした状況にあるトキの保護増殖事業計画には，個体の繁殖および飼育，生息環境の整備，再導入の実施，飼育個体の分散，中国との相互協力の推進が盛り込まれている他，その他事項として，生殖細胞等の保存，再導入に関する技術の研究および開発，普及啓発および地域の自主的保護活動の推進，関係者間の連携による効果的な事業の推進が盛り込まれており，この計画に沿って事業が進められている．

　現在のトキ保護増殖事業の重点は再導入による野生復帰に置かれているが，同時に安定的に飼育繁殖が行われることも重要である．このため，トキについては野生復帰と飼育繁殖の二つの専門家会合が設置され，両座長をはじめ数人の専門家は両方の専門家会合の構成員となり，両者の連携を図りながら，野生復帰と飼育繁殖についての具体的取り組み方針などの検討が行われている．

　小佐渡東部に 60 羽の定着を目指した野生復帰のための試験放鳥が 2008（平成 20）年 9 月に行われ，10 羽のトキが放鳥された．放鳥個体のモニタリングは地元住民の協力を得て行われており，トキの生態に関する貴重なデータが得られている．

　野生復帰のためにはトキの餌場の確保や地域住民の理解と協力が不可欠で

あることから，農林水産省，国土交通省，新潟県，佐渡市，農業団体，地域住民，大学等教育機関，ボランティア等が協力して，ビオトープ作り，環境保全型農業の推進，餌生物に配慮した水田周辺整備，トキに配慮した河川づくり，営巣木の保全，トキとの共生のための普及啓発など様々な取り組みが進められている．官民を問わずトキの関係者が参加する地元協議会も設置され，各主体間の情報の共有と意見交換の場となっている．

鳥インフルエンザ等の感染症による絶滅の危機を回避するためには佐渡だけでトキを飼育するのではなく，分散することが不可欠である．このため，緊急的な措置として2つがい（4羽）のトキが2007（平成19）年12月に東京都の多摩動物公園に移送された．2008（平成20）年12月には，トキ受け入れの意向を表明していた石川県，島根県出雲市，新潟県長岡市が分散飼育実施地に決定された．

■ **タンチョウ** (詳しくは第11章参照)

明治時代には絶滅したと考えられていたタンチョウが1924（大正13）年に釧路湿原で再発見されて以降，地域住民による給餌や文化庁補助による保護事業が行われてきたが，1984（昭和59）年から環境庁（当時）が保護増殖事業を進めている．種の保存法に基づく保護増殖事業計画には，生息状況モニタリング，冬季給餌，越冬地の分散化などが盛り込まれている．

生息状況モニタリングとしては，航空機を用いた繁殖状況調査や多くのボランティアの協力を得て行われる一斉カウント調査が行われている他，タンチョウ保護団体による詳細な生息数把握調査も続けられている．こうした調査により，近年では生息数が1200羽を超えたと推定されている．

餌が不足する冬季の給餌（飼料用トウモロコシ）は環境省が北海道に委託して釧路湿原周辺の3箇所の給餌場において行われている．この他，北海道による給餌も行われている．冬季の給餌は餌不足を解消するために不可欠な事業であるが，一方で釧路湿原周辺部に過度の集中を引き起こしていることから，越冬地・繁殖地の分散も課題であり，サロベツ湿原の新規繁殖地における生息調査などが進められている．また，タンチョウが電線に衝突する事故を防止するために，給餌場やねぐらなどタンチョウが集まる場所に近い電線

にはタンチョウが識別しやすいように黒と黄色の防護カバーが装着されている．

■シマフクロウ（詳しくは第4章参照）
　道東地域を中心に生息数130羽程度と推定されているシマフクロウについては，限られた生息地における営巣に適した洞のある大木の減少や餌場である小河川の魚類の減少に対する取り組みとして，巣箱の設置・補修と繁殖期における給餌が行われている．また，繁殖状況の把握，ヒナへの標識装着によるモニタリング，傷病個体の救護，監視，分散，事故防止のための道路橋欄への旗の設置などの取り組みが行われている．

■イヌワシ
　保護増殖事業計画には，生息・繁殖状況の把握，繁殖地における環境の把握と維持改善，卵およびヒナの移入，飼育下での繁殖などが盛り込まれており，これまで，環境省において繁殖阻害の現状把握と分析，巣の点検と補修，死亡原因調査と残留環境汚染物質の実態調査などが行われてきた．また，動物園では飼育繁殖の取り組みが進められている．ヒナの移入については，巣立つ可能性が少ない第2ヒナを捕獲し，九州のつがいの巣へ移入することが試みられたが実現には至っていない．

■ノグチゲラ
　沖縄本島北部だけに分布する一属一種の中型キツツキ．保護増殖事業計画が策定された1998（平成10）年以降，生息状況や生態に関しての基礎的情報を集めるために標識個体追跡による生態調査を中心に事業が進められてきた．これにより，成鳥の定住性，行動圏の広さ，つがい関係の継続などノグチゲラに関する多くの基礎的知見が得られた．今後はより広い範囲での行動や若鳥の分散，冬場の生態の把握等に関する情報の収集を行うことが課題であり，発信機の装着・追跡調査が実施される予定である．

■オオトラツグミ
　奄美大島と加計呂麻島だけに分布する本種の生態については，照葉樹の壮

齢林に生息し，ミミズなどの土壌動物を捕食すること以外はほとんど知られていないことから，繁殖生態の解明や好適な生息・繁殖環境条件の把握，個体数の推定などを行うために，営巣場所の探索と繁殖行動の観察，コールバック法による生息状況調査と個体数推定，林道を利用した目視センサスなどの調査が続けられている．

■アマミヤマシギ

南西諸島の一部に分布する本種の奄美大島，加計呂麻島および徳之島における生息状況を把握するため，2003（平成15）年から繁殖期と育雛期に全島調査が実施されている．調査は夜間に林道を自動車で走行し，林道上に出現する個体を観察，カウントする自動車センサスにより実施．奄美大島では各期の調査の走行距離は約600kmに及んでおり，データは3次メッシュ情報として整理されている．

■ウミガラス

北海道沿岸島嶼を繁殖の南限とする海鳥．天売島において，飛来・繁殖状況のモニタリング，実物大模型と音声装置による営巣地への誘引，捕食者であるハシブトガラスの駆除が行われている．また，地元住民へ定期的にモニタリング結果を報告するなど普及啓発の取り組みも行われている．

■エトピリカ

北海道東部を繁殖の南限とする海鳥．根室沖のユルリ島・モユルリ島ではドブネズミの駆除が課題となっており，駆除方法の検討が行われている．浜中小島では実物大模型と音声装置による誘引の取り組みが行われている他，漁協の協力を得て，混獲防止のために一部魚種の刺し網禁止と各種刺し網の自粛海域の設定がなされている．また，エトピリカを題材とした海洋環境教育など普及啓発の取り組みも進められている．

■ヤンバルクイナ（詳しくは第3章参照）

飛べない鳥であるヤンバルクイナは沖縄本島北部だけに生息する．生息数

は1000羽程度と推定されており，分布域に侵入しているマングースや野生化したネコによる捕食,好適な生息環境の減少などによる影響を受けている．保護増殖事業計画には，生息状況および生態の把握，生息環境の維持および改善，飼育下における繁殖および繁殖個体の再導入，普及啓発などが盛り込まれている．

　生息状況および生態を把握するため,プレイバック法による生息状況調査,集落周辺個体のラジオテレメトリー調査などが行われている．外来生物であるマングースの駆除も進められている．また，NPO法人動物たちの病院がヤンバルクイナの分布域内に保護収容施設と飼育繁殖施設を設置し，傷病個体の保護，抱卵放棄された卵の人工孵化などの活動を行っている．2007（平成19）年には23羽が交通事故（21羽死亡）に遭うなど，交通事故対策はヤンバルクイナの保護にとって重要な課題であり，関係機関等からなる連絡協議会によるドライバーに対する普及啓発などの取り組みが進められている．

　環境省では，2008（平成20）年度から飼育繁殖施設を建設し，NPO法人や動物園と連携してヤンバルクイナの飼育繁殖に取り組むこととなった．飼育繁殖の取り組みの進展に合わせて，今後は野生個体群の補強のための放鳥について具体的な検討が必要である．

■オジロワシ

　冬季に日本に飛来し，越冬する大型の猛禽類で，一部の個体は北海道で繁殖している．保護増殖事業計画は，本種の生息状況，生息環境，繁殖状況および繁殖環境を把握し，生息および繁殖を圧迫する要因の軽減，除去を行うことにより，本種が自然状態で安定的に存続できる状態とすることを目標として策定された．越冬個体数調査，人的餌資源の影響調査，自然河川利用形態調査，ハザードマップ作成（交通事故，電線衝突，鉛中毒の発生可能性を評価した地図），傷病個体の保護，普及啓発などの取り組みが進められている．

■オオワシ（詳しくは第7章参照）

　オホーツク海周辺地域で繁殖し，冬季に日本に飛来する大型の猛禽類である．保護増殖事業計画の内容はほぼオジロワシと同じであるが，国内では繁

殖していないため，オジロワシの計画には記載のある飼育下で繁殖した個体の導入の可能性検討は含まれていない．オジロワシの項に記載した事業はすべてオオワシについても行われている．また，日口渡り鳥等保護条約に基づくオオワシの共同調査が日本とロシアで行われている．

■アカガシラカラスバト

　生息数40羽程度と推定される小笠原諸島の固有亜種．2000（平成12）年に東京都が保護増殖事業計画を策定し，父島で捕獲した個体を上野動物園で飼育し，飼育繁殖技術の確立を目指した取り組みが進められるとともに，検討会を設置して，環境庁（当時），林野庁等関係機関とともに保護増殖の取り組みが進められてきた．2006（平成18）年には国の保護増殖事業計画が策定され，都の検討会の発展的解消により環境省の保護増殖分科会が設置され，本種の保護増殖事業が種の保存法に基づいて関係機関の連携により進められることとなった．

　分科会の検討を経て策定された3か年の中期実施計画（2007年12月〜2010年11月）では，生息状況および生態の把握，生息環境の維持改善，地元の理解促進，飼育下繁殖の四つの目標ごとに環境省，林野庁，東京都など各機関の実施内容がとりまとめられ，標識調査，生態把握調査，外来樹アカギなどの駆除，野外でのネコ対策，飼育下個体による自然育雛のための餌や飼育環境の改善などの取り組みが進められている．

索　引
（事項・地名／鳥類名）

■ 事項・地名

CO_2 排出削減　175
DDT　20 →農薬
DNA の塩基配列解析　9, 56, 82
　　　ハプロタイプ　9
　　　ミトコンドリア DNA　9
IUCN（国際自然保護連合）　75
MHC 多型　10
NGO　131
PCB　22, 288
ST ライン　54
USFWS →米国魚類野生生物局

[あ 行]

亜成鳥　80
油汚染　22
アホウドリ回復チーム　31
域外保全 →生息域外保全
域内保全 →生息域内保全
育雛　65
伊豆鳥島　25, 30
移送　38
一腹卵数　206
一極集中　278 →分散
遺伝子攪乱　196
遺伝的距離　248
遺伝的多様性　67
稲作文化　136
移入生物　71
違法飼育　195
ウエストナイルウイルス　281 →感染症
上野動物園　150
衛星対応型発信機　40
営巣　116
　　　営巣環境　263
餌生物　56
エゾシカ保護管理計画　161
越冬地　50

越冬地放鳥　112 →放鳥
オオタカ保護ネットワーク　189
大町山岳博物館　151
小笠原諸島　31
汚染物質　20, 22
温暖化　141 →地球温暖化

[か 行]

飼い猫適正飼養条例　63
開発　76, 192
海ita汚染　44 →環境汚染
外来種　58
家禽化　268 →人慣れ，ペット化
隔離分布　133
鹿児島市立平川動物園　84
カスミ網　200-201
過密化　257
環境汚染　226
環境改変　77
環境経済型企業　301
環境経済戦略　300
環境収容力　274
環境省（環境庁）　54, 81
　　　環境省野生生物課　337
環境創造型農業　301
環境変化　226
環境保全型農法　13
環境問題　152
感染症／伝染病　267, 281
　　　ウエストナイルウイルス　281
　　　鳥インフルエンザ　10, 278, 281
　　　鳥マラリア　281
干拓地　278
乾田化　308
希少種　22
気候変動に関する政府間パネル（IPCC）
　　　141

351

索　引

給餌活動　257, 274
給餌場　266
旧北区東部湿地ネットワーク（EPW）会議　113
漁業活動　44
漁業被害　252
キラウエア野生生物保護区　36
近親つがい　81
空間スケール　197
駆除事業　56
釧路湿原野生生物保護センター　84, 162
釧路市動物園　84
釧路丹頂鶴保護会　258
クリーンエネルギー　175
血統登録　68
減農薬　225 →農薬
高山帯　146
交通事故死　64
行動圏　83
行動生態　60
コウノトリツーリズム　303
コウノトリの郷公園　290
コウノトリ育むお米　320
コウノトリ市民研究所（NPO法人）　295
コウノトリ保護協賛会　288 →但馬コウノトリ保存会
高密度化　262 →過密化
小型発信機　56
国際自然保護連合（IUCN）　23
国際湿地保全連合　125
国際鳥類保護会議　27, 129 →バードライフ・インターナショナル
国際保護鳥　5, 27
国内希少野生動植物種　59
個体群　42
個体群持続可能性分析（PVA：population viability analysis）　8
個体識別　81
個体数増加　91
子どもたちへの普及・啓発　222 →普及啓発活動
固有亜種　349
コロニー　49
混獲　44

[さ　行]

採餌
採餌海域　44
採餌行動　12
採餌成功率　12
再導入（translocation）　17, 42
在来種　58
佐渡トキ保護センター　7
佐渡巡りトキを語る移動談義所　15-16
里山　148, 307
産卵　84
飼育個体　59, 68, 344
飼養動物との共生推進総合モデル事業　63
死因　79
シェルター　69
事故死　79
自然環境保全法　329
自然公園法　329
自然再生　14
自然再生計画　15
自然破壊　148
自然放鳥　292 →放鳥
自然保護団体　255
自然歴史遺産　60
湿原　261
自動給餌式ニオ　269
死亡事故　272
死亡率　254
シミュレーションモデル　44
市民団体　49
社会の合意形成　16
十三崖チョウゲンボウ繁殖地　210
十三崖チョウゲンボウ繁殖地環境整備事業　214
集団営巣　207
集団繁殖地　48
銃猟　200
出生地　81
種の絶滅　154
種の保存法　85 →絶滅のおそれのある希少野生動植物種の保存に関する法律
狩猟鳥　138, 201
順化施設　10
衝突事故　176
食害　145
じる田　287
知床森林生態系保護地域　85
人為給餌　92
人為的移動　83

索引

人工飼育　5
人工増殖　8, 51
人工孵化　67
新種　52
水銀剤農薬　288 →農薬
水田魚道　297
巣立ちヒナ　79
ステークホルダー　15
巣箱　77
刷り込み　33
生活様式　77
生息域外保全　5, 59
　　　生息域外保全基本方針　342
生息域内保全　5, 59
生息環境　54, 61
　　　生息環境管理　254
　　　生息環境の整備　13
生息状況調査　166
生息地　48
　　　生息地の分断化　81
　　　生息地保全　75, 196
生息密度　54
生存率　44
生態系　42
　　　生態系サービス　225
生態的回廊（コリドー）　94, 100
成鳥　80
性判定　82
生物多様性国家戦略　307
生物多様性の保全　286
生命表　18
石油天然ガス開発　173 →開発
絶滅　3, 51, 334
絶滅危惧種（絶滅の危機に瀕した種／絶滅の
　　　おそれがある種）　30, 110
絶滅危惧種の評価基準　334 →レッドリスト
絶滅のおそれのある野生生物種の選定・評価
　　　検討会　333
絶滅のおそれのある希少野生動植物の種の保
　　　存に関する法律（種の保存法）　85, 329
尖閣諸島　25-26
全国野生生物保護実績発表大会　242
染色体の核型分析　82
全ソ狩猟業研究所カムチャツカ支部　113
総合保養地域整備法　188
ソ連科学アカデミー北方生物問題研究所
　　　（IBPN）　113

存続可能最小個体数（MVP：minimum viable
　　　population）　8

[た　行]
鷹狩り　196
托卵　100
但馬コウノトリ保存会　288
段階的放鳥　292 →放鳥
地球温暖化　150 →温暖化
中継地放鳥　111 →放鳥
中国国家林業局　128
中枢神経症状　163 →鉛中毒症
鳥害問題　314
鳥獣の保護及び狩猟の適正化に関する法律
　　　（鳥獣保護法）　189, 329
鳥類繁殖地図調査　242
つがい形成　82
つるの里米　320
ディルドリン（HEOD）　20 →農薬
デコイ　28
伝染病 →感染症
天然記念物　59
同意の形成　15 →社会的合意形成
冬期湛水　13
どうぶつたちの病院（NPO法人）　69
トキの島再生研究プロジェクト　15
トキひかり　320
特殊鳥類調査　53
特殊鳥類の譲渡等の規制に関する法律（特殊
　　　鳥類法）　336
特定鳥獣保護管理計画制度　253
特別天然記念物　5
ドジョウ一匹運動　289
ドライブオーバーゲート（グレーチング）
　　　64
鳥インフルエンザ　10, 278, 281 →感染症
鳥マラリア　281 →感染症

[な　行]
内水面漁業協同組合　255
長野県中野市十三崖→十三崖のチョウゲンボ
　　　ウ繁殖地
中干し　296
鉛中毒症／鉛中毒死　157-158
ナワバリ　59
日米渡り鳥等保護条約　156, 336
日露渡り鳥等条約（旧日ソ渡り鳥条約）　156

索　　引

日中渡り鳥等保護協定　156
日本雁を保護する会　111
日本クロツラヘラサギネットワーク　320
日本鳥類保護連盟　242
日本鳥類目録　52
日本ツル・コウノトリネットワーク　320
日本動物園水族館協会　84
日本野鳥の会（財団法人）　187, 319
　　　日本野鳥の会栃木県支部　184
ニュージーランド環境保全局（DOC）　34
人間活動の縮小による危機　307
ねぐら　265
農業との共存　222
農作物被害統計データ　252
農薬　21, 288
　　　DDT　20
　　　ディルドリン（HEOD）　20
　　　減農薬　225
　　　水銀剤農薬　288
　　　無農薬　225
　　　有機塩素系農薬　20
農林業活動の低下　308
農林業被害　157
農林水産省　61

[は　行]

バードウォッチング　53
バードストライク　180
バードライフ・インターナショナル　4, 129
　　→国際鳥類保護会議
バードリサーチ（NPO法人）　225
ハザードマップ　348
ハプロタイプ　9→DNAの塩基配列解析
繁殖
　　　繁殖開始時期　153
　　　繁殖成功率　28, 59, 264
　　　繁殖成績　50
　　　繁殖生態　60
　　　繁殖地　155
　　　　　繁殖地放鳥　113→放鳥
バンディング事業　81
ビオトープ　13
飛翔生昆虫　245
人慣れ　270→家禽化，ペット化
氷河期　134
兵庫県立コウノトリ保護増殖センター
　　　290-291

兵庫県立大学自然・環境科学研究所　294
標識調査　113
ファウンダー　68
風力発電／風車　175-176, 180
富栄養化　22
孵化　67
普及啓発活動　43
普通種　224
ふゆみずたんぼ（冬水田んぼ）　120
プレイバック法　55
文化財保護法　329
文化庁　278
分散　81, 278→一極集中
分布域　81
　　　分布域拡大　91
米国魚類野生生物局（USFWS）　31, 36, 125
ペット　61
　　　ペット化　268→家禽化，人慣れ
ペリット（吐瀉物）　167
放獣　108
放鳥　13
　　　越冬地放鳥　112
　　　自然放鳥　292
　　　中継地放鳥　111
　　　段階的放鳥　292
　　　繁殖地放鳥　113
抱卵　65
牧畜文化　136
保護活動　48
保護増殖事業　59, 96, 339
捕食／捕食者　58, 88

[ま　行]

マイクロチップ　63
円山川水系自然再生計画　298
マングース　56
密猟　183, 186
甑島列島　31
無精卵　84
無毒弾（代替弾）　170→鉛中毒症
無農薬　225→農薬
無飛力　58
猛禽類　186
モニタリング　43

[や　行]

八木山動物公園　125

薬剤　22
野生化　10, 111
野生個体　58
野生生物課→環境省
野生復帰　85, 292
野生復帰ステーション　8
山階鳥類研究所（財団法人）　51
やんばる（山原）　52
やんばる地域ロードキル発生防止に関する連絡会議　66
やんばる野生生物保護センター　65
有害鳥獣捕獲（駆除）数　252
有機塩素系農薬　20 →農薬

幼鳥　183

[ら　行]
ラムサール条約登録地　275
林野庁　59
レッドリスト　59, 105, 332
ロシア科学アカデミー　116

[わ　行]
若鳥　254
ワシントン条約　195, 336
渡りルート　175

■鳥類名

アオカケス　100, 282
アオゲラ　242
アオサギ　21
アオジ　201
アオタカ　183, 185
アオツラカツオドリ　200
アオバズク　246
アオバト　100
アカアシカツオドリ　32
アカオノスリ　181
アカガシラカラスバト　349
アカコッコ　71, 320
アカヒゲ　200
アカモズ　224, 336
アトリ　201-202
アナホリフクロウ　181
アブラヨタカ　230
アホウドリ　第2章および, 48, 72, 200, 313-314, 319, 330-331, 342-344
アホウドリ類　23, 27, 31-33, 35
アマミコゲラ　336
アマミヤマシギ　71-72, 200, 336, 347
アメリカガラス　282
アリスイ　230
イヌワシ　181, 190, 241, 308, 331-332, 346
ウスアカヒゲ　200
ウミガラス　342, 347
ウミスズメ類　45
エゾライチョウ　138
エトピリカ　347

エボシガラ　282
オオアジサシ　200
オオウミガラス　45
オオカナダガン　103-105
オオコノハズク　246
オーストラリアシロカツオドリ　32
オーストンウミツバメ　25
オーストンオオアカゲラ　331, 336
オオタカ　第8章および, 21, 100, 200, 336
オオトラツグミ　99, 320, 331, 336, 346
オオトリシマクイナ　58
オオハクチョウ　121, 281
オオバン　170
オオヨシゴイ　200
オオワシ　第7章および, 279, 348-349
オガサワラカワラヒワ　331
オガサワラノスリ　331
オシドリ　246
オジロワシ　158-160, 166, 170-172, 174-176, 180, 279, 348-349
カオジロガン　114
カシラダカ　201-202, 225
カナダガン　103-105, 123
カラス類　150, 183-184, 206, 245, 252-254
ガラパゴスアホウドリ　23
カリガネ　114
カリフォルニアコンドル　170
カワウ　21, 252-255
カワラヒワ　201
ガンカモ・ハクチョウ　153

索　引

ガンカモハクチョウ類　15, 103-107, 111-114, 120, 122, 125, 153, 157, 172, 200, 258-259, 281, 297, 320
カンムリウミスズメ　71
カンムリワシ　331
キクイタダキ　100
キタタキ　200
キツツキ類　53, 239, 242, 245, 346
キンバト　331
グアムクイナ　58-59, 68
クイナ類　51, 53, 58-59
クマゲラ　99, 331-332
クマタカ　161, 187, 190, 281
クロアシアホウドリ　23, 25, 31, 35-36, 38
クロツラヘラサギ　131, 278, 282, 319-320
コアジサシ　48-50, 319
コアホウドリ　23, 25, 31, 33-34, 36, 39
コウウチョウ　100
コウノトリ　第12章および, 17, 43, 150, 200, 309, 313-314, 320, 331, 335, 342
コガラ　282
コクガン　200
コサギ　224
コハクチョウ　111, 297, 304
コマツグミ　282
コムクドリ　153
サギ類　15, 296
サシバ　128-129, 131, 224, 307-308, 320, 336
シギチドリ類　130, 152
シジュウカラガン　第5章および, 131, 200
シマアオジ　128, 131, 200, 336
シマフクロウ　第4章および, 319, 331-332, 335, 342, 346
シュバシコウ　285, 293
シラコバト　200
シロアホウドリ　33-34, 40
シロエリハゲワシ　181
シロハラ　201
スズメ　15, 184
ダイサギ　128
タゲリ　297
タンチョウ　第11章および, 131, 285, 319, 331, 342, 345-346
チゴモズ　224-225, 336
チュウサギ　308
チュウヒ　320
チョウゲンボウ　第9章および, 49, 143, 150, 245
チョウセンオオタカ　195
チョウセンオオワシ　155-156
ツクシガモ　200
ツグミ　201-202
ツグミ類　201
ツツドリ　100
ツミ　72
ツル類　48, 99, 130-131, 200, 278-279, 320, 342
トキ　第1章および, 51, 68, 150, 200, 309, 313-314, 320, 330-331, 342, 344-345
トモエガモ　200, 278, 282
ナベヅル　130, 200, 248, 278-279, 342
ナミアカヒゲ　331
ニシツノメドリ　32
ニュージーランドクイナ　52
ニュージーランドヒメアジサシ　32
ノグチゲラ　53, 59-60, 331, 335, 346
ノスリ　186
ハイガシラアホウドリ　36
ハイタカ　20-21, 186
ハシブトガラス　49, 58, 72, 101, 143, 224, 254, 281, 347
ハチクマ　247
ハハジマメグロ　331
ハヤブサ　21, 187, 205, 207, 209
ハワイミツスイ類　281
ヒクイナ　224, 320
ヒシクイ　114-116, 200, 304
ヒバリ　308
ヒメシジュウカラガン　104-105
フクロウ類　75
ブッポウソウ　第10章および, 319, 336
ヘラシギ　131, 320
ペリカン　129
ホオジロ　201
ホントウアカヒゲ　200
マガン　104, 107, 111, 181, 304
マダラヒタキ　153
マナヅル　130, 200, 248, 278-279, 342
ママジロクイナ　58
マミチャジナイ　201
メグロ　331
メジロ　203, 225
ヤイロチョウ　200
ヤマショウビン　128
ヤンバルクイナ　第3章および, 71, 313, 335,

342, 347-348
ヨタカ　224, 336
ヨナクニカラスバト　331
ライチョウ　第6章および, 152, 331-332
リュウキュウカラスバト　53
リュウキュウメジロ　203

リョコウバト　45
ルリカケス　331, 336
ワシタカ類　158, 161-162, 166-167, 171, 189,
　　210, 279
ワシミミズク　338-339
ワタリアホウドリ　23

著者略歴

【編著者】
山岸　哲（やまぎし　さとし）
財団法人　山階鳥類研究所所長
1939年長野県生まれ．信州大学教育学部卒．大阪市立大学理学部教授，京都大学大学院理学研究科教授を経て，2002年より現職．
鳥類学と保全生物学の理論・実践両面での牽引車として，新潟大学「超域朱鷺プロジェクト」特任教授，応用生態工学会会長，中央環境審議会委員（野生生物部会長），コウノトリ保護・増殖（野生化）対策会議座長，トキ野生化専門家会議座長などを勤める．第8回山階芳麿賞受賞（1999）．
著書に，
『アカオオハシモズの社会』（編著　京都大学学術出版会，2002），『オシドリは浮気をしないのか』（中央公論社，2002），『これからの鳥類学』（編著　裳華房，2002），『保全鳥類学』（監修　京都大学学術出版会，2007），『トキの研究』（監訳　新樹社，2007）など多数．

【著　者】　　五十音順
市田則孝（いちだ　のりたか）
バードライフ・インターナショナル副会長
1946年生まれ．鳥類やその生息環境の保全を専門に，アジア各国のパートナー団体と協力して鳥類や自然環境の保全を推進．英国鳥類保護協会RSPBからゴールドメダル受賞（2001）．
主な著書に，
『野鳥調査マニュアル』（分担執筆　東洋館出版，1990），『環境論』（分担執筆　武蔵野美術大学出版部，2002），『トキの研究』（共訳　新樹社，2007）．

植田睦之（うえた　むつゆき）
特定非営利活動法人バードリサーチ代表．
1970年生まれ．日本野鳥の会の研究センター研究員を経て，バードリサーチを設立．各地の鳥類観察者/研究者と共に鳥類の生息状況や生態を把握して自然保護に役立てる活動をしている．
主な著書に，
『宇宙からツルを追う』（分担執筆　読売新聞社，1994），『森の野鳥を楽しむ101のヒント』（分担執筆　日本林業技術協会，2004）．

著者略歴

遠藤孝一(えんどう　こういち)
NPO法人オオタカ保護基金代表・日本オオタカネットワーク代表・日本野鳥の会栃木県支部副支部長
1958年生まれ．栃木県を拠点に，オオタカ，サシバ，クマタカなどの猛禽類の研究，保護，普及活動を行う．
主な著書に，
『オオタカの生態と保全：その個体群保全に向けて』(共編著　日本森林技術協会，2008)，
『オオタカの営巣地における森林施業2 —— 生息環境の改善を目指して』(分担執筆　日本森林技術協会，2008)．

尾崎清明(おざき　きよあき)
財団法人　山階鳥類研究所標識研究室室長
1951年生まれ．東邦大学理学部生物学科卒．鳥類生態学．鳥類標識調査と人工衛星追跡による鳥の渡り生態を研究．トキ・アホウドリ・ヤンバルクイナなど希少鳥類の研究と保全に関わる．
主な著書に，
『世界鳥名事典』(分担執筆　三省堂，2005)，『保全鳥類学』(分担執筆　京都大学学術出版会，2007)，『鳥学大全』(分担執筆　東京大学出版会，2008)．

金井　裕(かない　ゆたか)
財団法人日本野鳥の会主席研究員
1982年に日本野鳥の会に入局後，東京港野鳥公園など野鳥保護区・施設の造成・環境管理・環境教育計画の作成に従事．また，ヤイロチョウなど希少種の生息現況や，自然環境保全基礎調査の鳥類分布調査，人工衛星を利用したツル類等の移動調査や衛星画像を利用した鳥類の生息地解析を実施．
2008年より東京港野鳥公園勤務．最近では，サンクチュアリ室東京港野鳥公園チーフレンジャー，日本ツル・コウノトリネットワーク副会長，環境省鳥インフルエンザ専門家会議委員・感染経路等調査ワーキンググループ委員として，ツル類の保護など渡り鳥の保全のための国際連携，鳥インフルエンザ対策，外来鳥類問題への対応などに取り組んでいる．
主な著書に，
『日本型環境教育の提案』(分担執筆　小学館，1992)，『宇宙からツルを追う』(分担執筆　読売新聞社，1994)，『景相生態学』(分担執筆　朝倉書店，1996)，『保全鳥類学』(分担執筆　京都大学学術出版会，2007)．

呉地正行(くれち　まさゆき)
日本雁を保護する会会長

1949年生まれ．東北大学物理学科卒業．
ガン類とその生息地の保全・保護活動を，国内外の関係者のネットワークを作りながら実践している．最近は生息環境の回復をめざす「ふゆみずたんぼ」の取り組みを提唱している．
日本鳥学会鳥学研究賞(1981)，日本鳥類保護連盟総裁賞(1994)，「みどりの日」自然環境功労者環境大臣表彰：保全活動部門(2001)を受賞．
主な著書に，
『鳥類生態学入門』(分担執筆　築地書店，1997)，"A THREAT TO LIFE: The Impact of Climate Change on Japan's Biodiversity"(分担執筆　IUCN＋築地書店，2000)，『雁よ渡れ』(どうぶつ社，2006)．

古南幸弘(こみなみ　ゆきひろ)
財団法人　日本野鳥の会自然保護室室長(事務局専従職員)．
1961年生まれ．日本野鳥の会事務局に専従職員として1986年入局．レンジャーとして受託先の横浜市立「横浜自然観察の森」に勤務．1996年から財団事務局の自然保護部署に勤務．里山の保全に関するキャンペーン，諫早干潟や愛知県・海上の森などの全国の重要な野鳥生息地の保護活動の支援に携わり，野鳥の密猟や違法販売の問題，鳥獣保護法の改正等の環境法制への提言，風力発電による野鳥への影響軽減等に取り組んでいる．
主な著書に，
『雑木林の植生管理：その生態と共生の技術』(分担執筆　ソフトサイエンス社，1996)，『生態学からみた野生生物の保護と法律』(分担執筆　講談社，2003)，『市民参加型社会とは：愛知万博計画過程と公共圏の再創造』(分担執筆　有斐閣，2005)．

齊藤慶輔(さいとう　けいすけ)
猛禽類医学研究所・代表．獣医師．
専門は保全医学，野生動物医学．1994年より環境省釧路湿原野生生物保護センターを拠点に絶滅の危機に瀕した希少猛禽類の保護・研究活動を行う．近年最も力を注いでいる研究テーマは，猛禽類の鉛中毒根絶と環オホーツク海沿岸におけるオオワシ繁殖地の保護．環境省 希少野生動植物種保存推進員，オオワシ・オジロワシ保護増殖分科会検討委員，WAWV(世界野生動物獣医師協会)理事，ロシア連邦サハリン州生物多様性委員会(Biodiversity Group)委員，日本野生動物医学会幹事，ワシ類鉛中毒ネットワーク副代表，サハリン・ジャパン・ワイルドライフネットワーク代表，北海道ラプターリサーチ代表．

髙木憲太郎(たかぎ　けんたろう)
特定非営利活動法人バードリサーチ　研究員．
1977年生まれ．生命理学修士．動物行動学，鳥類生態学専攻．

著者略歴

北海道にてハシボソガラスの貝落とし行動を研究したのち，財団法人日本野鳥の会でカワウの調査研究や保護管理の業務を担当し，「特定鳥獣保護管理計画技術マニュアル（カワウ編）」を編集．現在はバードリサーチにて，カワウの各種業務のほかミヤマガラスの初認時期などを調査している．

田畑孝宏（たばた　たかひろ）
長野県飯田市立上村中学校教諭
1963年生まれ．信州大学教育学部生態研究室卒．ブッポウソウの繁殖分布とその生態を研究するとともに，小中学校の児童生徒とともに鳥類保全に取り組む．「めざそうブッポウソウの住む村『天龍村』！」（天龍小学校5学年）で第33回全国野生生物保護実績発表大会環境庁長官賞（1998），「伍和にフクロウを呼びもどそう大作戦II」（阿智第二小学校6学年）で信州教育プラン21プレゼンテーションコンクール最優秀賞（2006），「伍和にフクロウを呼びもどそう大作戦」（阿智第二小学校6学年）で第41回全国野生生物保護実績発表大会環境大臣賞を受賞．
主な著書に，
『自然と生きるためにできること』（分担執筆　ポプラ社，1994），『下伊那川たんけんブック』（分担執筆　国土交通省天竜川上流河川事務所，2007）．

鶴見みや古（つるみ　みやこ）
財団法人　山階鳥類研究所資料室長
東京農業大学農学部農学科卒業，主として図書資料の収集および整理に従事．
主な著書に，
『おもしろくてためになる鳥の雑学』（分担執筆　日本実業出版社，2004），『鳥と人間』（分担執筆　日本放送出版協会，2006）．

出口智広（でぐち　ともひろ）
財団法人　山階鳥類研究所標識研究室研究員
1973年生まれ．博士（農学）．専門は行動生態学，海洋生態学
主な著書に，
『われら地球家族　鳥と人間』（分担執筆　日本放送出版協会，2006）．『鳥類学』（共訳　エス・プロジェクト，2009, in press）．

中貝宗治（なかがい　むねはる）
兵庫県豊岡市長
1954年生まれ．京都大学法学部を卒業後，1978年4月，兵庫県庁に入庁．1991年4月，兵庫県議会議員に当選．2001年7月に豊岡市長に当選．2005年5月，1市5町の合併によ

る新「豊岡市」の市長に就任.
主な著書に,
『鸛(こうのとり)飛ぶ夢』(北星社, 2000).

中村浩志(なかむら ひろし)
信州大学教育学部教授
1947年生まれ. 信州大学教育学部卒業. 京都大学大学院博士課程単位修得(理学博士). 山階鳥類研究所より第11回「山階芳麿賞」受賞(2002). 2000年よりライチョウ会議会長. 2006年より日本鳥学会会長.
主な著書に,
『戸隠の自然』『軽井沢の自然』『千曲川の自然』(いずれも編著 信濃毎日新聞社, 1991, 1992, 1999),『カケスの森』(フレーベル館, 1998),『甦れ, ブッポウソウ』(山と渓谷社, 2004),『雷鳥が語りかけるもの』(山と渓谷社, 2006).

早矢仕有子(はやし ゆうこ)
札幌大学法学部准教授
北海道大学大学院農学研究科博士後期課程修了. 博士(農学). 大学院在籍時よりシマフクロウの生態研究・保護に取り組み続ける. 第20回青少年科学文化振興賞受賞(1997).
主な著書に,
『生態学からみた北海道』(分担執筆 北海道大学図書刊行会, 1993).

星野一昭(ほしの かずあき)
環境省自然環境局野生生物課長
1954年生まれ. 東京大学理学部生物学科卒業. 環境庁に1978年入庁. 尾瀬や北アルプスで国立公園レンジャーとして勤務した後, 在ケニア大使館や地球環境局で国際的な環境問題を担当. 鹿児島県庁や釧路自然環境事務所では希少鳥類の保護や世界自然遺産の登録と管理に関わった.
2007年から現職. トキの野生復帰や渡り鳥保護のための国際協力に取り組んでいる.
主な著書に,
『緑の景観と植生管理』(分担執筆 ソフトサイエンス社, 1987),『環境ハンドブック』(分担執筆 (社)産業環境管理協会, 2002),『地球環境条約:生成・展開と国内実施』(分担執筆 有斐閣, 2005).

本村 健(もとむら けん)
中野市立博物館学芸員
1967年生まれ. 動物生態学専攻. 博士(農学).

主な著書に,
『オオタカの営巣地における森林施業:生息環境の管理と間伐などにおける対応』(分担執筆　社団法人日本林業技術協会, 1998).

百瀬邦和(ももせ　くにかず)
特定非営利活動法人タンチョウ保護研究グループ理事長
1951年長野県生まれ. 東邦大学生物学科卒業後, 国際ツル財団(USA)にて研修, 帰国後タンチョウ保護調査連合結成に参加. (財)山階鳥類研究所資料室に勤務したのち2007年にNPO法人を設立し現職. 現在はタンチョウをテーマとして, 空中調査を中心とした繁殖状況把握, 標識調査, 繁殖環境調査, 生息数確認調査等を行なうと共に, タンチョウを対象に活動している関係各国の研究者とともに「国際タンチョウネットワーク」の設立準備を進めている.
主な著書に
『レッドデータアニマルズ1〜8』(分担執筆　講談社, 2000-2001), 『おもしろくてためになる鳥の雑学事典』(分担執筆　日本実業出版社, 2004), 『世界鳥名辞典』(分担執筆　三省堂, 2005).

日本の希少鳥類を守る	©S. Yamagishi et al. 2009

2009年4月1日　初版第一刷発行

編著者　　山　岸　　哲

発行人　　加　藤　重　樹

発行所　**京都大学学術出版会**
京都市左京区吉田河原町159
京大会館内（〒606-8305)
電　話（075）761-6182
FAX（075）761-6190
URL http://www.kyoto-up.or.jp
振　替　01000-8-64677

ISBN 978-4-87698-777-1　　　印刷・製本　㈱クイックス東京
Printed in Japan　　　定価はカバーに表示してあります